高等学校教材·电子通信与自动控制技术

数字电子技术

主　编　江火平

副主编　张秦菲　王富强

参　编　李　婧　郑晶晶

西北工业大学出版社

西　安

【内容简介】 本书共 9 章,主要内容包括数制与编码,基本逻辑运算及集成逻辑门,布尔代数与逻辑函数化简,组合逻辑电路,触发器,时序逻辑电路,脉冲信号的产生与整形电路,数/模和模/数转换,存储器和可编程逻辑器件。

本书可作为普通高等院校电子类、电气类、检测仪器类和自动控制类专业的教材或参考书,也可供相关人员参考。

图书在版编目(CIP)数据

数字电子技术/江火平主编 . —西安:西北工业大学出版社,2024.8. - - ISBN 978 - 7 - 5612 - 9311 - 9

Ⅰ. TN79

中国国家版本馆 CIP 数据核字第 2024SZ 7754 号

SHUZI DIANZI JISHU

数 字 电 子 技 术

江火平　主编

责任编辑:付高明　杨丽云	策划编辑:孙显章	
责任校对:李阿盟	装帧设计:李　飞	

出版发行:西北工业大学出版社

通信地址:西安市友谊西路 127 号　　　邮编:710072

电　　话:(029)88493844,88491757

网　　址:www. nwpup. com

印　刷　者:陕西向阳印务有限公司

开　　本:787 mm×1 092 mm　　　1/16

印　　张:17.5

字　　数:342 千字

版　　次:2024 年 8 月第 1 版　　　2024 年 8 月第 1 次印刷

书　　号:ISBN 978 - 7 - 5612 - 9311 - 9

定　　价:65.00 元

前　言

随着电子技术的快速发展,新的器件、电路日新月异,数字电子技术已经从最初的电子管、晶体管、小规模集成电路,发展到了超大规模集成电路和可编程逻辑器件,相应地,数子电路的设计过程和设计方法也在不断地演变和发展。从美国对我国中兴和华为的制裁、西方的芯片"卡脖子"等事件到华为的鸿蒙系统、中国芯——华为 SOC 手机芯片麒麟的应用,以及"中国制造 2025"计划等,说明我们要具有科技强国的责任与担当,继续奋发图强、大力发展集成电路产业,掌握核心科技。

本书共分 9 章:第 1 章讲解数制与编码;第 2 章讲述基本逻辑运算及集成逻辑门;第 3 章讲解布尔代数与逻辑函数化简,化简是数字电子技术的学习基础,包含公式化简和卡诺图化简;第 4 章讲述组合逻辑电路,主要内容是组合逻辑电路的分析与设计,以及组合逻辑电路的应用;第 5 章讲述触发器,触发器是记忆元件,是学习时序电路的基础;第 6 章讲述时序逻辑电路,主要介绍时序逻辑电路的分析设计,以及常用的时序逻辑部件计数器和移位寄存器的原理与应用;第 7 章介绍脉冲信号的产生与整形电路,主要讲述 555定时器及其应用;第 8 章讲述数/模和模/数转换;第 9 章讲述存储器与可编程逻辑器件。

在编写本书的过程中,为便于学生自学,在内容选取和安排上,着重突出基本概念、基本原理和基本方法,多举典型例题,培养和训练学生分析问题和解决问题的能力,并在各章之后选编一定数量和难度适中的练习题，以帮助学生巩固和加深对基本内容的理解和掌握。

本书可作为高等学校电子类、计算机类、电气类、检测仪器类和自动控类等专业的"数字电子技术基础"课程的教材或参考书使用，也可作为专科生"数子电子技术基础"课程的教材，还适合自学考试、夜大、函大、职大的学生选用。

本书由江火平主编，其中江火平编写了第 1～3 章，第 4、5、9 章由王富强编写，第 6～8 章由张秦菲编写，李婧、郑晶晶编写本书的习题及部分内容。

本书的出版得到了西北工业大学张裕民老师的支持和帮助，在此表示谢意。

在编写本书的过程中，笔者参考了大量参考文献与资料，在此向这些作者表示感谢。

由于笔者水平有限，书中缺点和不足之处在所难免，诚恳希望读者批评指正。

编　者

2023 年 12 月

目　　录

目　录

第 1 章　数制与编码

数字设备及计算机存在两种不同类型的运算,即逻辑运算和算术运算。逻辑运算实际上是实现某种控制功能,而算术运算是对数据进行加工。算术运算的对象是数据,因此对数据的基本特征和性质应有所了解。同时,数字设备中采用二进制数,因而在数字设备中表示的数、字母、符号等都要以特定的二进制码来表示——这就是二进制编码。本章将对数制的一些基本知识进行介绍,同时还将介绍一些常用的编码。

1.1　进位计数制的基本概念

进位计数制也叫位置计数制,其计数方法是把数划分为不同的数位,在某一数位累计到一定数量之后,该位又从零开始,同时向高位进位。在这种计数制中,同一个数码在不同的数位上所表示的数值是不同的。进位计数制可以用少量的数码表示较大的数,因而被广泛采用。下面先给出进位计数制的两个概念,即进位基数和数位的权值。

(1)进位基数。在一个数位上,规定使用的数码符号的个数叫该进位计数制的进位基数或进位模数,记作 R。例如十进制,每个数位规定使用的数码符号为 0,1,2,…,9,共 10 个,故其进位基数 $R=10$。

(2)数位的权值。某个数位上数码为 1 时所表征的数值,称为该数位的权值,简称“权”。各个数位的权值均可表示成 R^i 的形式,其中 R 是进位基数,i 是各数位的序号。序号按如下方法确定:整数部分,以小数点为起点,自右向左依次为 $0,1,2,…,n-1$;小数部分,以小数点为起点,自左向右依次为 $-1,-2,…,-m$。n 是整数部分的位数,m 是小数部分的位数。

某个数位上的数码 a_i 所表示的数值等于数码 a_i 与该位的权值 R^i 的乘积。可见,R 进制的数为

$$(N)_R = a_{n-1}a_{n-2}\cdots a_2 a_1 a_0 . a_{-1} a_{-2} \cdots a_{-m}$$

又可以写成如下多项式的形式:

$$(N)_R = a_{n-1}R^{n-1} + a_{n-2}R^{n-2} + \cdots a_2 R^2 + a_1 R^1 + a_0 R^0 + a_{-1}R^{-1} +$$

$$a_{-2}R^{-2} + \cdots + a_{-m}R^{-m} = \sum_{i=-m}^{n-1} a_i R^i$$

该式对任何进位制均是适用的。常用进位计数制有十进制、二进制、八进制和十六进制。

1.1.1 十进制

在十进制中,每个数位规定使用的数码为 $0,1,2,\cdots,9$,共 10 个,故其进位基数 R 为 10。其计数规则是"逢十进一"。各数位的权值为 10^i,i 是各数位的序号。十进制数用下标"D"表示,也可省略。例如:

$(368.258)_D = 3\times10^2 + 6\times10^1 + 8\times10^0 + 2\times10^{-1} + 5\times10^{-2} + 8\times10^{-3}$

十进制数人们最熟悉,但在数字设备中一般都不采用十进制,因为要用 10 种不同的电路状态来表示十进制的 10 个数码,机器实现起来困难,而且不经济。

1.1.2 二进制

二进制是目前数字设备、计算机采用的数制。在二进制中,每个数位规定使用的数码为 $0,1$,共 2 个数码,其计数规则是"逢二进一",故其进位基数 R 为 2,各数位的权值为 2^i,i 是各数位的序号。二进制数用下标"B"表示。

例如,一个多位二进制数表示如下:

$(1011.01)_B = 1\times2^3 + 0\times2^2 + 1\times2^1 + 1\times2^0 + 0\times2^{-1} + 1\times2^{-2}$

为便于理解和熟悉二进制,下面列出十进制数和二进制数的关系式:

$(1101.01)_B = 1\times2^3 + 1\times2^2 + 0\times2^1 + 1\times2^0 + 1\times2^{-2}$
$= 8+4+0+1+0.25 = (13.25)_D$

采用二进制数有以下优点:

(1)因为它只有 0 和 1 两个数码,所以二进制数只需两个状态,在数字电路中利用一个具有两个稳定状态且能相互转换的开关器件就可以表示一位二进制数,所以采用二进制数的电路容易实现,且工作稳定可靠。例如,三极管的导通与截止、节点电位的高与低、继电器的闭合与断开等,二进制是数字系统唯一认识的代码。

(2)算术运算规则简单。二进制数的算术运算和十进制数的算术运算规则基本相同,唯一区别在于二进制数是"逢二进一"及"借一当二",而不是"逢十进一"及"借一当十"。

二进制数的计算:

加法:①$0+0=0$;②$0+1=1+0=1$;③$1+1=10$(有进位);④$1+1+1=11$。

减法:①$0-0=0$;②$1-1=0$;③$1-0=1$;④$0-1=1$(有借位)。

乘法:①$0\times0=0$;②$0\times1=0$;③$1\times0=0$;④$1\times1=1$。

除法:二进制只有两个数(0,1),因此它的商是 1 或 0。

例如:

加法运算	减法运算	乘法运算	除法运算

$$
\begin{array}{r}
1101.01 \\
+\ 1001.11 \\
\hline
10111.00
\end{array}
\qquad
\begin{array}{r}
1101.01 \\
-\ 1001.11 \\
\hline
0011.10
\end{array}
$$

乘法运算
$$
\begin{array}{r}
1101 \\
\times\ \ 110 \\
\hline
0000 \\
1101 \\
1101 \\
\hline
1001110
\end{array}
$$

除法运算
$$
\begin{array}{r}
101\cdots 商 \\
101\overline{)11011} \\
101 \\
\hline
111 \\
101 \\
\hline
10\cdots 余数
\end{array}
$$

例 1-1　求 $(1011011)_2 + (1010.11)_2 = ?$

解
$$
\begin{array}{r}
1011011 \\
+\quad 1010.11 \\
\hline
1100101.11
\end{array}
$$

则　　　　　　$(1011011)_2 + (1010.11)_2 = (1100101.11)_2$

例 1-2　求 $(1010110)_2 - (1101.11)_2 = ?$

解
$$
\begin{array}{r}
1010110 \\
-\quad 1101.11 \\
\hline
1001000.01
\end{array}
$$

则　　　　　　$(1010110)_2 - (1101.11)_2 = (1001000.01)_2$

例 1-3　求 $(1011.01)_2 \times (101)_2 = ?$

解
$$
\begin{array}{r}
1011.01 \\
\times\quad 101 \\
\hline
1011.01 \\
00000.0 \\
+\ 101101 \\
\hline
111000.01
\end{array}
$$

则　　　　　　$(1011.01)_2 \times (101)_2 = (111000.01)_2$

可见,二进制乘法运算可归结为"加法与移位"。

例 1-4　求 $(100100.01)_2 \div (101)_2 = ?$

解
$$
\begin{array}{r}
111.01 \\
101\overline{)100100.01} \\
101 \\
\hline
1000 \\
101 \\
\hline
110 \\
101 \\
\hline
101 \\
101 \\
\hline
0
\end{array}
$$

则 $\qquad (100100.01)_2 \div (101)_2 = (111.01)_2$

可见,二进制除法运算可归结为"减法与移位"。

1.1.3 八进制

在八进制中,每个数位上规定使用的数码为 $0,1,2,3,4,5,6,7$,共 8 个,故其进位基数 R 为 8,其计数规则为"逢八进一"。各数位的权值为 8^i,i 是各数位的序号。

八进制数用下标"O"表示,例如:

$$(752.34)_O = 7 \times 8^2 + 5 \times 8^1 + 2 \times 8^0 + 3 \times 8^{-1} + 4 \times 8^{-2}$$
$$= 448 + 40 + 2 + 0.375 + 0.062\,5 = 490.437\,5$$

因为 $2^3 = 8$,所以三位二进制数可用一位八进制数表示,字长缩短了 2/3。

1.1.4 十六进制

在十六进制中,每个数位上规定使用的数码符号为 $0,1,2,\cdots,9$,A,B,C,D,E,F,共 16 个,故其进位基数 R 为 16,其计数规则是"逢十六进一"。各数位的权值为 16^i,i 是各数位的序号。

十六进制数用下标"H"表示,例如:

$$(BD2.3C)_H = B \times 16^2 + D \times 16^1 + 2 \times 16^0 + 3 \times 16^{-1} + C \times 16^{-2}$$
$$= 11 \times 16^2 + 13 \times 16^1 + 2 \times 16^0 + 3 \times 16^{-1} + 12 \times 16^{-2}$$
$$= 281\,6 + 208 + 2 + 0.187\,5 + 0.046\,875 = 3\,026.234\,375$$

因为 $2^4 = 16$,所以四位二进制数可用一位十六进制数表示,字长缩短了 3/4。

为便于比较,表 1.1.1 列出几种进位制对照。由表 1.1.1 可以十分方便地写出二进制与八进制、十六进制的关系,例如:

$$(10101100.1001)_B = (254.44)_O = (AC.9)_H$$

因为二进制由机器实现起来十分容易,而十进制为人们熟悉,八进制和十六进制可压缩字长,所以,这几种数制都会用到,从而必然会遇到不同数制之间的转换问题。在计算机应用系统中,二进制主要用于机器内部的数据处理,八进制和十六进制主要用于书写程序,十进制主要用于运算最终结果的输出。

表 1.1.1 不同数制的对照关系表

十进制数	二进制数	八进制数	十六进制数	十进制数	二进制数	八进制数	十六进制数
0	0	0	0	11	1011	13	B
1	1	1	1	12	1100	14	C
2	10	2	2	13	1101	15	D
3	11	3	3	14	1110	16	E
4	100	4	4	15	1111	17	F
5	101	5	5	16	10000	20	10
6	110	6	6	17	10001	21	11
7	111	7	7	20	10100	24	14
8	1000	10	8	32	100000	40	20
9	1001	11	9	100	1100100	144	64
10	1010	12	A				

1.2 数 制 转 换

1.2.1 其他进制数转换为十进制数

不同数制之间的转换方法有若干种。把非十进制数转换成十进制数采用按权展开相加法。具体步骤是,首先把非十进制数写成按权展开的多项式,然后按十进制数的计数规则求其和。

例 1 - 5 $(10101.11)_B = ( )_D$。

解 按权展开

$(10101.11)_B = 1 \times 2^4 + 0 \times 2^3 + 1 \times 2^2 + 0 \times 2^1 + 1 \times 2^0 + 1 \times 2^{-1} + 1 \times 2^{-2}$
$= 16 + 0 + 4 + 0 + 1 + 0.5 + 0.25 = (21.75)_D$

例 1 - 6 $N = (153.07)_O = ( )_D$。

解 $N = 1 \times 8^2 + 5 \times 8^1 + 3 \times 8^0 + 0 \times 8^{-1} + 7 \times 8^{-2}$
$= 64 + 40 + 3 + 0.109\ 375$
$= (107.109\ 375)_D$

例 1 - 7 求 $N = (E93.A)_H = ( )_D$。

解 $N = 14 \times 16^2 + 9 \times 16^1 + 3 \times 16^0 + 10 \times 16^{-1}$
$= 3584 + 144 + 3 + 0.625$
$= (3731.625)_D$

说明:数码为 0 的那些项可以不写。

1.2.2 十进制数转换成其他进制数

十进制数分为整数和小数两部分,它们的转换方法不同。

1.整数转换

整数转换,采用基数连除法,即将待转换的十进制数除以将转换为新进位制的基数,取其余数,其步骤如下:

(1)将待转换十进制数除以新进位制基数 R,记下所得的商和余数,其余数作为新进位制数的最低位(LSB)。

(2)将上一步所得的商再除以 R,记下所得商和余数,余数作为新进位制数的次低位。

(3)重复做第(2)步,将每次所得之商除以新进位制基数,记下余数,得到新进位制数相应的各位,直到最后相除之商为 0,这时的余数即为新进位制数的最高位(MSB)。

(4)将各个余数转换成 R 进制的数码,并按照和运算过程相反的顺序把各个余数排列起来,即为 R 进制的数。

例 1-8 求 $(427)_D=($ $)_H$。

解

```
    16 | 427        余数
    16 | 26 ………… 11=B   最低位
    16 | 1  ………… 10=A
         0  ………… 1=1    最高位
```

即 $(427)_D=(1AB)_H$

例 1-9 求 $(427)_D=($ $)_O$。

解

```
    8 | 427         余数
    8 | 53 ………… 3   最低位
    8 | 6  ………… 5
        0  ………… 6   最高位
```

即 $(427)_D=(653)_O$

例 1-10 求 $(11)_D=($ $)_B$。

解

```
    22 | 11         余数
    2  | 5  ………… 1   最低位
    2  | 2  ………… 1
    2  | 1  ………… 0
         0  ………… 1   最高位
```

即 $(11)_D=(1011)_B$

2.小数转换

纯小数部分的转换采用基数乘法,即将待转换的十进制的纯小数,逐次乘以新进位制基数 R,取乘积的整数部分作为新进位制的有关数位。把十进

制的纯小数 M 转换成 R 进制数的步骤如下：

（1）将待转换的十进制纯小数乘以新进位制基数 R，取其整数部分作为新进位制纯小数的最高位。

（2）将上一步所得小数部分再乘以新进位制基数 R，取其积的整数部分作为新进位制小数的次高位。

（3）重复做第（2）步，直到小数部分为 0 或者满足精度要求为止。

（4）将各步求得的整数转换成 R 进制的数码，并按照和运算过程相同的顺序排列起来，即为所求的 R 进制数。

例 1 - 11　求 $(0.875)_D = (\quad)_B$。

解

$$
\begin{array}{r}
0.875 \\
\times \quad 2 \\
\hline
1.750 \\
2 \\
\hline
1.500 \\
2 \\
\hline
1.000
\end{array}
$$

······整为1　b_{-1}

············1　b_{-2}

············1　b_{-3}

即　　　　　　　　　　$(0.875)_D = (0.111)_B$

例 1 - 12　求 $(0.85)_D = (\quad)_H$。

解

$0.85 \times 16 = 13.6$······$13 = D$　最高位

$0.6 \times 16 = 9.6$······$9 = 9$

$0.6 \times 16 = 9.5$······$9 = 9$

$\vdots$　　　　　　　　$\vdots$　最低位

即　　　　　　　　　　$(0.85)_D = (0.D991\cdots)_H$

例 1 - 13　求 $(0.35)_D = (\quad)_O$。

解

$0.35 \times 8 = 2.8$············2　最高位

$0.8 \times 8 = 6.4$·········6

$0.4 \times 8 = 3.2$·········3

$0.2 \times 8 = 1.6$·········1

$\vdots$　　　　　　　$\vdots$　最低位

即　　　　　　　　　　$(0.35)_D = (0.2631\cdots)_O$

例 1 - 14　求 $(0.39)_D = (\quad)_B$。

解

$0.39 \times 2 = 0.78$　　$b_{-1} = 0$

$0.78 \times 2 = 1.56$　　$b_{-2} = 1$

$0.56 \times 2 = 1.12$　　$b_{-3} = 1$

$0.12 \times 2 = 0.24$　　$b_{-4} = 0$

$0.24 \times 2 = 0.48$　　$b_{-5} = 0$

$0.48 \times 2 = 0.96$　　$b_{-6} = 0$

$$0.96 \times 2 = 1.92 \qquad b_{-7} = 1$$
$$0.92 \times 2 = 1.84 \qquad b_{-8} = 1$$
$$0.84 \times 2 = 1.68 \qquad b_{-9} = 1$$
$$0.68 \times 2 = 1.36 \qquad b_{-10} = 0$$
$$\vdots \qquad\qquad \vdots$$

即 $\qquad\qquad (0.39)_O = (0.0110001111\cdots)_B$

例 1-14 中不能用有限位数实现准确的转换。转换后的小数究竟取多少位合适呢?实际中常用指定转换位数,如指定转换为八位,则 $(0.39)_D = (0.01100011)_B$;也可根据转换精度确定位数。如此例要求转换精度优于 0.1%,即引入一个小于 $1/2^{10}$ 等于 $1/1\,024$ 的舍入误差,则转换到第十位时,转换结束。

如果是一个既有整数又有小数的数,则整数和小数应分开转换,再相加得转换结果。

例 1-15 求 $(11.375)_D = (\quad)_B$。

解

$$
\begin{array}{r|l}
2 & 11 \\
\hline
2 & 5 \ \cdots\cdots\cdots\cdots\ 1 \\
\hline
2 & 2 \ \cdots\cdots\cdots\cdots\ 1 \\
\hline
2 & 1 \ \cdots\cdots\cdots\cdots\ 0 \\
\hline
& 0 \ \cdots\cdots\cdots\cdots\ 1 \\
\end{array}
$$

得 $\qquad\qquad (11)_D = (1011)_B$

$$0.375 \times 2 = 0.75$$
$$0.75 \times 2 = 1.5$$
$$0.5 \times 2 = 1.0$$

得 $\qquad\qquad (0.375)_D = (00.011)_B$

即 $\qquad\qquad (11.375)_D = (1011.011)_B$

1.2.3 二进制数转换成八进制数或十六进制数

由于二进制数与八进制数和十六进制数之间正好满足 2^3 和 2^4 关系,所以它们之间的转换十分方便。

二进制数转换成八进制数(或十六进制数)时,其整数部分和小数部分可以同时进行转换。其方法是:以二进制数的小数点为起点,分别向左、向右,每三位(或四位)分一组。对于小数部分,最低位一组不足三位(或四位)时,必须在有效位右边补 0,使其足位。然后,把每一组二进制数转换成八进制(或十六进制)数,并保持原排序。对于整数部分,最高位一组不足位时,可在有效位的左边补 0,也可不补。

例 1-16 求 $(1011011111.10011)_B = (\quad)_O = (\quad)_H$。

解　　　　　　　　　$\underbrace{1}\ \underbrace{011}\ \underbrace{011}\ \underbrace{111}.\ \underbrace{100}\ \underbrace{110}$
　　　　　　　　　　1　3　3　7　.　4　6

得　　　　　　$(1011011111.100110)_B = (1337.46)_O$

　　　　　　　　　$\underbrace{1011}\ \underbrace{0111}\ \underbrace{11}.\ \underbrace{1001}\ \underbrace{1000}$
　　　　　　　　　2　D　F　.　9　8

得　　　　　　$(1011011111.10011)_B = (2DF.98)_H$

1.2.4　八进制数或十六进制数转换成二进制数

八进制(或十六进制)数转换成二进制数时,只要把八进制(或十六进制)数的每一位数码分别转换成三位(或四位)的二进制数,并保持原排序即可。整数最高位一组左边的 0,及小数最低位一组右边的 0,可以省略。

例 1 - 17　求 $(36.24)_O = ($　$)_B$。

解　$(36.24)_O = (\underbrace{011}\underbrace{110}.\underbrace{010}\underbrace{100}) = (11110.0101)_B$
　　　　　　　　　 3　 6 　.　2 　4

例 1 - 18　求 $(3DB.46)_H = ($　$)_B$。

解　$(3DB.46)_H = (\underbrace{0011}\underbrace{1101}\underbrace{1011}.\underbrace{0100}\underbrace{0110}) = (1111011011.0100011)_B$
　　　　　　　　　 3 　D 　B 　.　4 　6

1.3　编　　码

在数字设备中,任何数据和信息都是用代码来表示的。在二进制中只有两个符号,如有 n 位二进制,它可有 2^n 种不同的组合,即可以代表 2^n 种不同的信息。指定某一组合去代表某个给定的信息,这一过程就是编码,而将表示给定信息的这组符号叫作码或代码。实际上,前面讨论数制时,我们用一组符号来表示数,这就是编码过程。由于指定可以是任意的,所以存在多种多样的编码方案。

1.3.1　二—十进制码

因为二进制由机器容易实现,所以数字调和中广泛采用二进制。但是,人们对十进制熟悉,对二进制不习惯。为兼顾两者,我们用一组二进制数符来表示十进制数,这就是用二进制码表示的十进制数,简称 BCD 码(Binary Coded Decimal)。它具有二进制数的形式,却又具有十进制数的特点。它可以作为人与数字系统联系的一种中间表示。

用二进制码元来表示"0~9"这 10 个数符,必须用四位二进制码元来表示,而四位二进制码元共有 16 种组合,从中取出 10 种组合来表示"0~9"的编码

方案约有 $A_{16}^{10} = \dfrac{16!}{(16-10)!} \approx 2.9 \times 10^{10}$ 种。几种常用的 BCD 码见表 1.3.1。若某种代码的每一位都有固定的"权值",则称这种代码为有权代码;否则,叫无权代码。

表 1.3.1　几种常用的 BCD 码

十进制数	8421 码	5421 码	2421 码	余 3 码	Gray 码
0	0000	0000	0000	0011	0000
1	0001	0001	0001	0100	0001
2	0010	0010	0010	0100	0001
3	0011	0011	0011	0110	0010
4	0100	0100	0100	0111	0110
5	0101	1000	1011	1000	0111
6	0110	1001	1100	1001	0101
7	0111	1010	1101	1010	0100
8	1000	1011	1110	1011	1100
9	1001	1100	1111	1100	1000

1. 8421 码

8421 码是有权码,各位的权值分别为 8,4,2,1。虽然 8421 码的权值与四位自然二进制码的权值相同,但二者是两种不同的代码。8421 码只是取用了四位自然二进制代码的前 10 种组合。

2. 余 3 码

余 3 码是 8421 码的每个码组加 0011 形成的。其中的 0 和 9,1 和 8,2 和 7,3 和 6,4 和 5,各对码组相加均为 1111,具有这种特性的代码称为自补代码。余 3 码各位无固定权值,故属于无权码。

3. 2421 码

2421 码的各位权值分别为 2,4,2,1,2421 码是有权码,也是一种自补代码。

用 BCD 码表示十进制数时,只要把十进制数的每一位数码,分别用 BCD 码取代即可。反之,若要知道 BCD 码代表的十进制数,只要把 BCD 码以小数点为起点向左、向右每四位分一组,再写出每一组代码代表的十进制数,并保持原排序即可。

若把一种 BCD 码转换成另一种 BCD 码,应先求出某种 BCD 码代表的十进制数,再将该十进制数转换成另一种 BCD 码。

若将任意进制数用 BCD 码表示,应先将其转换成十进制数,再将该十进制数用 BCD 码表示。

例 1 - 19　求 $(902.45)_D = ($　$)_{8421BCD}$。

解　$(902.45)_D = (100100000010.01000101)_{8421BCD}$

例 1 - 20　求 $(10000010.1001)_{5421BCD} = ($　$)_D$。

解　$(10000010.1001) = (52.6)_D$
　　　　　5　2 . 6

例 1 - 21　求 $(01001000.1011)_{余3BCD} = ($　$)_{2421BCD}$

解　$(01001000.1011)_{余3BCD} = (15.8)_D = (00011011.1110)_{2421BCD}$

例 1 - 22　$(73.4)_8 = ($　$)_{8421BCD}$

解　$(73.4)_8 = (59.5)_{10} = (01011001.0101)_{8421BCD}$

1.3.2　可靠性代码

代码在产生和传输的过程中,难免发生错误。为减少错误的发生,或者在发生错误时能迅速地发现或纠正,广泛采用了可靠性编码技术。利用该技术编制出来的代码叫可靠性代码,最常用的有格雷(Gray)码和奇偶校验码。

1. 格雷码

若任何相邻的两个码组(包括首、尾两个码组)中,只有一个码元不同,则把这种代码称作格雷码。

在编码技术中,把两个码组中不同的码元的个数叫作这两个码组的距离,简称码距。由于格雷码的任意相邻的两个码组的距离均为 1,故又称为单位距离码。另外,由于首尾两个码组也具有单位距离特性,所以格雷码也叫循环码。格雷码属于无权码。

下面列出二、三、四位格雷码,从中可找出一定的规律。

其规律如下：以虚线为界，将高位 0 改为 1，其余各位倒着往上数，顺着往下写，即得格雷码。按此规律可以写出更多位的格雷码。

格雷码的编码方案很多，典型的格雷码见表 1.3.2，表中同时给出了四位自然二进制码。

表 1.3.2　典型的 Gray 码

十进制数	二进制码	Gray 码	
	$B_3 B_2 B_1 B_0$	$G_3 G_2 G_1 G_0$	
0	0000	000 0	⋯一位反射对称轴
1	0001	00 01	⋯二位反射对称轴
2	0010	0011	
3	0011	0 010	⋯三位反射对称轴
4	0100	0110	
5	0101	0111	
6	0110	0101	
7	0111	0100	⋯四位反射对称轴
8	1000	1100	
9	1001	1101	
10	1010	1111	
11	1011	1110	
12	1100	1010	
13	1101	1011	
14	1110	1001	
15	111	1000	

格雷码的单位距离特性可以降低其产生错误的概率，并且能提高其运行速度。例如，为完成十进制数 7 加 1 的运算，当采用四位自然二进制码时，计数器应由 0111 变为 1000，由于计数器中各元件特性不可能完全相同，所以各位数码不可能同时发生变化，可能会瞬间出现过程性的错码。变化过程可能为 0111→1111→1011→1001→1000。虽然最终结果是正确的，但在运算过程中出现了错码 1111，1011，1001，这会造成数字系统的逻辑错误，而且使运算速度降低。若采用格雷码，由 7 变成 8，只有一位发生变化，就不会出现上述错码，而且运算速度会明显提高。

表 1.3.2 中给出的格雷码还具有反射特性，即按表中所示的对称轴，除最高位互补反射外，其余低位码元以对称轴镜像反射。利用这一特性，可以方便地构成位数不同的格雷码。

2.奇偶校验码

奇偶校验码是一种可以检测一位错误的代码。它由信息位和校验位两部分组成。

信息位可以是任何一种二进制代码。它代表着要传输的原始信息。校验位仅有一位,它可以放在信息位的前面,也可以放在信息位的后面。其编码方式有以下两种:

(1)使每一个码组中信息位和校验位的"1"的个数之和为奇数,称为奇校验。

(2)使每一个码组中信息位和校验位的"1"的个数之和为偶数,称为偶校验。表 1.3.3 给出了 8421 码奇偶校验码。

表 1.3.3 带奇偶校验的 8421 码

十进制数	8421		8421 奇偶校验	
0	0000	1	0000	0
1	0001	0	0001	1
2	0010	0	0010	1
3	0011	1	0011	0
4	0100	0	0100	1
5	0101	1	0101	0
6	0110	1	0110	0
7	0111	0	0111	1
8	1000	0	1000	1
9	1001	1	1001	0
	信息位	校验位	信息位	校验位

接收方对接收到的奇偶校验码要进行检测,看每个码组中"1"的个数是否与约定相符,若不相符,则为错码。

奇偶校验码只能检测一位错码,但不能测定哪一位出错,也不能自行纠正错误。若代码中同时出现多位错误,则奇偶校验码无法检测。但是,由于多位同时出错的概率要比一位出错的概率小得多,并且奇偶校验码容易实现,因而该码被广泛采用。

1.3.3 字符代码

对各个字母和符号编制的代码叫字符代码。字符代码的种类繁多,目前在计算机和数字通信系统中被广泛采用的是美国信息交换标准代码(American

Standard Code for Information Interchange, ASCII),其编码表见表1.3.4。

表1.3.4 ASCII

$B_4 B_3 B_2 B_1$ 行码		0	1	2	3	4	5	6	7
		$B_7 B_6 B_5$ 列码							
		0	0	0	0	1	1	1	1
		0	0	1	1	0	0	1	1
		0	1	0	1	0	1	0	1
0	0000	NUL	DLE	Sp	0	@	P	|	p
1	0001	SOH	DC1	!	1	A	Q	a	q
2	0010	STX	DC2	"	2	B	R	b	r
3	0011	ETX	DC3	#	3	C	S	c	s
4	0100	EOT	DC4	$	4	D	T	d	t
5	0101	ENQ	NAK	%	5	E	U	e	u
6	0110	ACK	SYN	&	6	F	V	f	v
7	0111	BEL	ETB	'	7	G	W	g	w
8	1000	BS	CAN	(	8	H	X	h	x
9	1001	HT	EM	)	9	I	Y	i	y
A	1010	LF	SVB	*	:	J	z	j	z
B	1011	VT	ESC	+	;	K	[	k	{
C	1100	FF	FS	,	<	L	\	l	|
D	1101	CR	GS	—	=	M	]	m	}
E	1110	SO	RS	.	>	N	ˆ	n	~
F	1111	SI	US	/	?	O	—	o	DFL

读码时,先读列码 $B_7 B_6 B_5$,再读行码 $B_4 B_3 B_2 B_1$,则 $B_7 B_6 B_5 B_4 B_3 B_2 B_1$ 即为某字符的七位 ASCII。例如字母 K 的列码是 100,行码是 1011,所以 K 的七位 ASCII 是 1001011。注意,表中最左边一列的 A,B,…,F 是十六进制数的六个数码。

习 题 一

1.1 数字设备为什么常采用二进制?

1.2 下列 4 种不同数制表示的数中,数值最大的一个是(　　)。

A. 八进制数 227　　　　　　　B. 十进制数 789

C. 十六进制数 1FF　　　　　　D. 二进制数 1010001

1.3 下列 4 种不同数制表示的数中,数值最小的一个是(　　　)。

A. 八进制数 36 　　　　　　　　　　B. 十进制数 32

C. 十六进制数 22 　　　　　　　　　D. 二进制数 10101100

1.4 计算机内部采用的数制是(　　　)。

A. 十进制　　　　B. 二进制　　　　C. 八进制　　　　D. 十六进制

1.5 将十六进制数 $N = (1FA3.B3)_H$ 按权展开。

1.6 将下列二进制数转换成十进制数。

(1)11000000;(2)1010.101;(3)11011.01;(4)10110.101。

1.7 将下列二进制数转换成十进制数。

(1)11010110;(2)110.011;(3)11110.110。

1.8 将下列八进制数转换成十进制数。

(1)2365;(2)5.76;(3)345。

1.9 将下列十六进制数转换成十进制数。

(1)4BF;(2)D.1C;(3)1211。

1.10 将下列十进制数转换成二进制数。

(1)43.6875;(2)45.378。

1.11 求 $(68.125)_D = ($ 　　　$)_O$。

1.12 将下列十进制数转换成十六进制数。

(1)252;(2)269;(3)1023。

1.13 将下列二进制数转换成八进制数。

(1)10111011.01100111;(2)101101011;(3)11110010.1011。

1.14 将下列二进制数转换成十六进制数。

(1)10100101011;(2)1111101011011;(3)11110010.1011。

1.15 将下列十六进制数转换成二进制数。

(1)C1B;(2)26CE;(3)BB.67。

1.16 将十六进制数 8FE.FD 转换成二进制数、八进制数和十进制数。

1.17 将十进制数 136.45 转换成 8421 码和余 3 码。

1.18 求 $(110001000010)_{2421码} = ($ 　　　　　$)_D$。

1.19 求 $(010001011000)_{余3码} = ($ 　　　　　$)_D$。

第 2 章　基本逻辑运算及集成逻辑门

　　门电路是数字电路中最基本的单元电路。门电路的输入量与输出量满足一定的逻辑关系。其按逻辑功能来分,有与门电路、或门电路、与非门电路、或非门电路等。用门电路可以组成各种复杂的逻辑电路,用以实现任何所要求的逻辑功能。本章着重介绍集成 TTL 门电路、NMOS 门电路和 CMOS 门电路,帮助读者掌握这些门电路的特点、外部特性和逻辑功能,对其内部电路也要做一些了解,以有助于合理地选择和正确地使用。

　　我们日常用的电子产品,例如手机、电脑等,其组成肯定离不开集成电子电路,虽然电子电路有这么多强大的功能,但它的组成就是由这些默默无闻的元器件支撑的,一旦有一个元器件损坏或不工作,那么整个庞大的集成电路将极有可能会崩盘。正所谓天下兴亡,匹夫有责,国家的发展兴旺和我们每个现实中的个人都是息息相关的,每个同学都要有使命、有责任担当,树立正确的人生观、价值观、世界观,培养自身与国家使命、责任相结合的价值观,学有所成之后力争到祖国最需要的地方去,为祖国的建设发展献一份力。

2.1　二极管的开关特性

　　脉冲数字电路中的二、三极管和场效应管基本上都工作在开关状态,即饱和、导通和截止状态。因此必须了解它们在开关状态下工作的特点,同时还要研究它们在"开"与"关"状态转换过程中所出现的问题。

　　理想开关的条件是:接通时,开关电阻等于零,即在开关上无压降;断开时,开关电阻等于无穷大,即没有电流流过开关。常见的开关有闸刀式、按钮式、拉线式等。这些机械开关近于理想开关,但属于机械触点式,其惯性大、体积大、质量大、功耗大,有时产生颤动和火花,易损坏,寿命短,速度很低(每分钟在几千次以内)。用晶体管做开关就能克服机械开关的缺点,虽然它不是理想开关,但是能满足数字电路的要求。

　　二极管电路如图 2.1.1(a)所示,二极管的特性如图 2.1.1(b)所示,u_D 为二极管两端的电压。

2.1.1　静态特性

二极管开关特性的电路和伏安特性分别如图 2.1.1(a)(b)所示。输入电压 u_I 的波形如图 2.1.1(c) 的上图所示，正向电压值为 U_1，反向电压值为 $-U_2$，在不考虑动态变化过程的条件下，其正向导通电流为

$$I_1 = \frac{U_1 - U_D}{R_L}$$

式中：U_D 为二极管导通时的正向压降(硅管 $U_D \approx 0.7$ V，锗管 $U_D \approx 0.2$ V)。

当输入电压 u_I 为反向电压 $-U_2$ 时，流过二极管和 R_L 中的电流为 $-I_S$，与输入 u_I 相对应的电流波形如图 2.1.1(c) 中的下图粗实线所示。由以上分析可见，二极管开关不是理想开关，正向导通时有压降 U_D，反向截止时有反向饱和电流 I_S。

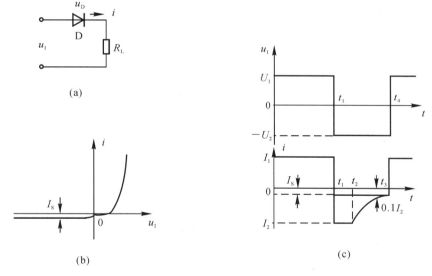

图 2.1.1　二极管开关特性

(a) 电路；　(b) 二极管的伏安特性；　(c) 二极管的动态特性

2.1.2　动态特性

1. 二极管从正向导通到反向截止的动态过程

如图 2.1.1(c) 所示，当 $t = t_1$ 时，输入电压 u_I 由 $+U_1$ 突变到 $-U_2$，而二极管不能立刻截止，因为二极管有电容效应(PN 结的势垒电容和扩散电容)，电容两端的电压不能突变，也就是存在电容充放电的渐变过程。在输入电压突变的瞬间，二极管仍维持突变前的压降值 U_D 和极性，这瞬间的反向电流为

$$I_2 = -\frac{U_2 + U_D}{R_L}$$

— 17 —

当 $t = t_2$ 时,存储电荷基本消散,反向电流开始下降。当 $t = t_3$ 时,反向电流降到 $0.1 I_2$。

$t_s = t_2 - t_1$ 叫存储时间。这是消散存储电荷的时间,体现了扩散电容效应。

$t_t = t_3 - t_2$ 叫下降时间。这段时间势垒区变宽的过程,体现了势垒电容效应。

$t_{re} = t_s + t_t$ 叫反向恢复时间。

用二极管做开关是利用它的单向导电特性。当外加电压频率较高,输入的反向电压保持的时间小于 t_{re} 时,二极管就失去了单向导电的特性,也就不能做开关了。

t_{re} 的大小不仅取决于二极管的结构,而且也与二极管的工作情况有关。结面积大,则 t_{re} 大;正向导通电流大,存储电荷多,t_{re} 也大。反向电压大时存储电荷消散得快,t_{re} 减小。通常开关管的 t_{re} 都在 ns(纳秒)级,如开关管 2CK 型的 $t_{re} \leqslant 5$ ns。

2. 二极管从反向截止到正向导通

当输入电压 u_1 由 $-U_2$ 突变到 $+U_1$ 时,首先要使 PN 结的势垒区变窄,而后还要建立一定的扩散电荷的浓度分布,这都需要有个过程。不过这个过程是由多数载流子迅速地扩散运动来完成的,因此,时间非常短促,可以忽略不计,故在图 2.1.1(c)中未表示出来。

2.2 三极管的开关特性

2.2.1 三极管的饱和与截止工作状态

三极管电路及工作状态图解分析分别如图 2.2.1(a)(b)所示。

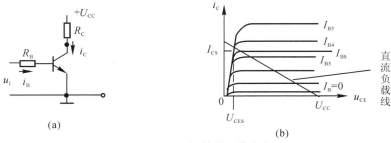

(a)

图 2.2.1 三极管的工作状态

(a)电路; (b)工作状态图解

三极管是一种电流放大元件,如以 i_B 为输入电流,i_C 为输出电流,如图 2.2.1(a)所示,则两者的关系满足

$$i_C = \beta i_B + I_{CEO} \approx \beta i_B$$

式中：β 为电流放大系数。

三极管的输出特性如图 2.2.1(b)所示。从图 2.2.1(a)中可得出管压降 u_{CE} 为

$$u_{CE} = U_{CC} - i_C R_C$$

式中：U_{CC} 和 R_C 是固定的常数；u_{CE} 与 i_C 的关系是一条直线，反映在三极管的输出特性图中就是一条直流负载线，如图 2.2.1(b)所示。

1. 饱和工作状态

从图 2.2.1(b)所示的直流负载线上可以看出，随着基极电流 i_B 的增加，集电极电流 i_C 也增加，管压降 u_{CE} 就随之减小（$u_{CE} = U_{CC} - i_C R_C$）。在 i_B 达到某一值后再增加，i_C 基本上不增加了，就称三极管饱和了。如图 2.2.1(b)中所示的，当 i_B 由 I_{B4} 增加到 I_{B5} 时，而 i_C 不变，三极管失去了放大作用，这时对应的管压降 $u_{CE} = U_{CES}$，叫饱和压降，对于开关管来说，$U_{CES} \approx 0.3$ V 左右，可近似地看作集电极与发射极短路，相当于开关接通。对于 NPN 硅管来说，这时 $U_{BE} \approx 0.7$ V，$U_{CES} \approx 0.3$ V，发射结处于正偏置，集电结也处于正偏置。当三极管刚刚达到饱和区的边缘时，叫临界饱和。这时对应的基极电流 I_{BS} 叫临界饱和基极电流，对应的集电极电流为 I_{CS}，此时电流关系仍满足 $I_{CS} = \beta I_{BS}$，管压降为 U_{CES}。I_{BS} 可由下式估算：

$$I_{BS} = \frac{I_{CS}}{\beta} = \frac{U_{CC} - U_{CES}}{\beta R_C} \approx \frac{U_{CC}}{\beta R_C} \quad (U_{CC} \gg U_{CES})$$

如果电路中实际的基极电流 $i_B > I_{BS}$，则三极管就已经饱和了（或称过饱和）；若 $i_B = I_{BS}$，则三极管是临界饱和；若 $i_B < I_{BS}$，则三极管工作在放大区。

2. 截止工作状态

三极管工作在截止状态时的电路如图 2.2.2(a)(b)所示。

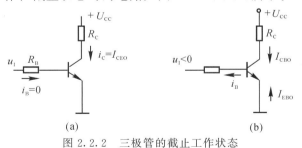

(a)　　　　　　　　　(b)

图 2.2.2　三极管的截止工作状态

当 $u_1 = 0$ 或 $i_B = 0$ 时

$$i_C = I_{CEO}$$

式中：I_{CEO} 叫穿透电流，且 $I_{CEO} = (1 + \beta) I_{CBO}$，$I_{CBO}$ 叫集电结反向饱和电流，如图 2.2.2(a)所示。

当 $u_1 < 0$ 时,发射结与集电结均为反偏置,这时 $i_C = I_{CBO}$,$i_E = I_{EBO}$,其方向如图 2.2.2(b)中所示。

由于 I_{CBO},I_{EBO} 和 I_{CEO} 均很小,可视为零,三极管发射极与集电极之间近似于开路,相当于开关断开,三极管的这种工作状态称为截止状态。

可见,用三极管做开关也不是理想开关,导通时有饱和压降,截止时还有漏电流。

3. 判断三极管饱和与截止的方法

判断饱和方法:① 用基极电流来判断,分别求出临界饱和基极电流 I_{BS} 和实际基极电流 I_B,若 $I_B \geq I_{BS}$,三极管就饱和了。② 用管压降来判断,先计算出实际电路中的基极电流 I_B,按放大状态求出 $I_C = \beta I_B$,再求出管压降 $U_{CE} = U_{CC} - I_C R_C$,对 NPN 硅管(开关管)来说,若 $U_{CE} \leq 0.3$ V,三极管就饱和了。

判断截止的方法:用发射结电压来判断,对 NPN 硅管来说 $U_{BE} \leq 0$,对 PNP 锗管来说 $U_{BE} \geq 0$,三极管就可靠截止了。实际上,如果考虑到发射结的阈值电压,对 NPN 硅管来说 $U_{BE} < 0.5$ V 也就截止了。

2.2.2 三极管的开关时间

前面分析的三极管饱和与截止工作状态都是静态的,当两种工作状态转换时也需要一个过程,这就是下面所要讨论的动态特性。三极管开关电路的电路和动态特性如图 2.2.3(a)(b)所示。从图 2.2.3(b)中可以看出,三极管的导通与截止是不能紧随输入量变化立即转换工作状态的,而是有个延迟过程。下面分段加以解释。

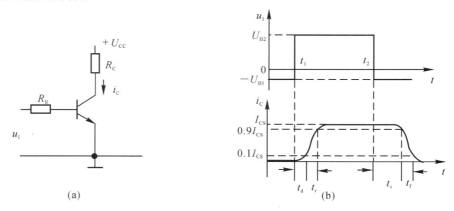

图 2.2.3 三极管开关电路的电路和动态特性
(a) 电路; (b) 输入电压与集电极电流的对应波形

(1) 当 $t = t_1$ 时,输入电压 u_1 由 $-U_{B1}$ 跃升到 $+U_{B2}$,这时发射结势垒区要由宽变窄。载流子扩散也需要有一个过程,集电极电流从零开始增加,当集电

极电流 i_C 增加到饱和值 I_{CS} 的 $\frac{1}{10}$ 时，这段时间叫作延迟时间，用 t_d 表示。

（2）集电极电流 i_C 由 $0.1I_{CS}$ 上升到 $0.9I_{CS}$，这段时间叫上升时间，用 t_r 表示。

（3）当 $t=t_2$ 时，输入电压 u_1 由 $+U_{B2}$ 突降到 $-U_{B1}$，但集电极电流不能立即为零。由于扩散电容效应，存储的电荷不能立刻消散，故 I_{CS} 还要维持一段时间才能开始下降，由 t_2 算起到 i_C 下降到 $0.9I_{CS}$ 这段时间叫存储时间，用 t_s 表示。

（4）i_C 由 $0.9I_{CS}$ 下降到 $0.1I_{CS}$ 就算截止了，这段时间叫下降时间，用 t_f 表示。

通常把 $t_{on}=t_d+t_r$ 叫开通时间，它表示三极管从截止状态到饱和状态所需的时间。而把 $t_{off}=t_s+t_f$ 叫关闭时间，它表示三极管从饱和状态到截止状态所需的时间。不同型号的三极管这些参数值是不同的，一般为几十到几百纳秒。

由于三极管存在 t_{on} 和 t_{off}，所以开关速度受到限制，其中存储时间 t_s 占主导地位。

2.3　基本逻辑门电路

构成数字电路最基本的单元是门电路，门电路的输入量与输出量满足一定的逻辑关系，又叫作逻辑门电路。门电路的种类很多，按逻辑功能来分，最基本的有 3 种，即"与门""或门"和"非门"，它们的输入量与输出量之间的逻辑关系分别符合与逻辑、或逻辑和非逻辑。

2.3.1　逻辑变量与逻辑函数

人们对某些事情进行判断（即进行逻辑推理），都是根据一些前提是否成立来作出决定的。如决定"能举行篮球比赛吗？"，则根据如下一些前提："专业裁判来了""比赛场地有了""首发球员和替补球员人数够了""比赛用球和口哨等器材准备好了"，只有上述前提均满足方能举行篮球比赛，否则不能举办。又如设计一个火灾报警系统，设有烟感、温感和紫外光感三种类型的火灾报警系统，为了防止误报警，则根据如下前提：当其中有 1 种类型的探测器发出火灾检测信号时，报警系统产生报警控制信号。上述推理过程如用逻辑语言来说明，我们将前提称为逻辑命题，如该命题成立则是逻辑真，不成立便是逻辑假，结论也是一种逻辑命题，但是该命题与前提具有因果关系，只有当前提满足一定的条件时，结论方才成立。这种关系就是逻辑函数。必须说明的是,所有逻辑命题必须满足二值律,则逻辑命题只能有两种逻辑值,不是逻辑真就是逻辑假,不存在第三种似是而非的值。在讨论数字系统时,我们将逻辑命题这一术语称为逻辑变量,用字母 A,B,C 等来表示。在数字系统中选择 0 和 1 来代表两种逻辑值,如令 0 代表逻辑假,则 1 代表逻辑真,当然也可反过来 1 代表假,0 代表真,这仅仅是不同的逻辑规定而已。显然 0 和 1 没有任何数量的概念,它们仅仅被定义为两种逻辑值,是用来判断真伪的形式符号,可见它们无大小和正负之分。这点要与第 1 章介绍的数制中二进制数的 0,1 区分开来。定义了逻辑变量,则可写出逻辑函数的表示形式。如前述的"能上课吗?"就是所有前提的函数,可写成 $F=f(A,B,C)$。

由于引入了 0 和 1 两个符号,我们就可以用类似代数的方法去分析逻辑运算问题。当然逻辑运算有其自身的规律,这就是逻辑代数要讨论的问题。

由于逻辑变量只有两种取值 0 和 1,所以,可以用一种很简单的表格来描述函数的全部真、伪关系,称这种表为真值表。真值表左边一栏列出逻辑变量的所有组合。显然,组合的数与变量有关,一个变量有两种组合 0,1;二个变量有四种组合 00,01,10,11;三个变量有八种组合 000,001,010,100,011,101,110,111。不难推出,n 个逻辑变量有 2^n 种组合。真值表右边一栏为对应每种逻辑变量组合的逻辑函数。为了不漏掉一种组合,逻辑变量的取值按二进制数大小顺序排列。

例 2-1 列出前述"能举行篮球比赛吗?"问题的真值表。设前提即输入变量:专业裁判 A,比赛场地 B,球员人数 C,比赛器材 D。输出变量即结论:报警控制信号即逻辑函数为 F;逻辑赋值:用 1 表示肯定,用 0 表示否定,则其真值表见表 2.3.1。

表 2.3.1 例 2-1 真值表

输入				输出	输入				输出
A	B	C	D	F	A	B	C	D	F
0	0	0	0	0	1	0	0	0	0
0	0	0	1	0	1	0	0	1	0
0	0	1	0	0	1	0	1	0	0
0	0	1	1	0	1	0	1	1	0
0	1	0	0	0	1	1	0	0	0
0	1	0	1	0	1	1	0	1	0
0	1	1	0	0	1	1	1	0	0
0	1	1	1	0	1	1	1	1	1

例 2-2 列出前述"火灾报警系统"问题的真值表。设前提即输入变量:烟感 A,温感 B,紫外线光感 C。输出变量即结论:报警控制信号即逻辑函数

为 F;逻辑赋值:用 1 表示肯定,用 0 表示否定,其真值表见表 2.3.2。

表 2.3.2　例 2 - 2 真值表

输　入			输　出
A	B	C	F
0	0	0	0
0	0	1	1
0	1	0	1
0	1	1	1
1	0	0	1
1	0	1	1
1	1	0	1
1	1	1	1

2.3.2　与门电路

1. 与逻辑概念

例如,由两个开关 A、B 和一个指示灯 L 相串联组成的电路如图 2.3.1 所示,灯的亮或灭状态,完全取决于两个开关的状态,两个开关有 4 种可能的组合状态,见表 2.3.3。

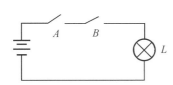

图 2.3.1　两开关串联的电路

表 2.3.3　逻辑操作表

开　关		灯
A	B	L
断	断	灭
断	通	灭
通	断	灭
通	通	亮

表 2.3.4　真值表

输　入		输出
A	B	L
0	0	0
0	1	0
1	0	0
1	1	1

把开关 A、B 的状态看作是灯亮或灯灭的条件或输入,而灯的亮或灭看作是结果或输出。

(1)逻辑操作表:包括输入(条件)和输出(结果)全部可能出现的状态组合表。由逻辑操作表可以看出,只有开关 A 与 B 均接通时灯才亮,否则灯就不亮,这就符合与逻辑关系。

(2)与逻辑:只有当决定某事件发生(如灯亮)的全部条件均具备时(如开关全接通)事件才发生。当输入 A 与 B 与……全为 1 时,输出 L 才为 1,若输入中有一个或一个以上为 0 时,则输出就为 0。输入的个数不限。

(3)真值表:用字符 1 和 0 代替逻辑操作表中输入和输出的相应状态所得

到的表,见表 2.3.4(1 代表开关接通和灯亮,0 代表开关断开和灯灭)。

2. 与门电路和逻辑符号

能实现与逻辑关系的电路叫与门电路,以两个输入的与门电路为例,如图 2.3.2(a)所示,在工程应用中为了简便,而采用统一的逻辑符号表示,如图 2.3.2(b)所示。

A,B 为与门的输入,L 为输出,把二极管 D_1,D_2 视为理想二极管,即导通时压降为零,截止时视为断开,并规定输入和输出的高电平为 1,低电平为 0。下面来分析一下图 2.3.2(a)所示电路的输入与输出是否符合与逻辑。

当 $A=B=0$(低电平 0)时,二极管 D_1,D_2 均导通,则 $L=0(0)$。

当 $A=0(0)$,$B=1$(高电平 5 V)时,D_1 导通,D_2 截止,则 $L=0(0)$。

当 $A=1$ (5 V),$B=0(0)$时,D_1 截止,D_2 导通,则 $L=0(0)$。

当 $A=B=1$(5 V)时,D_1,D_2 均截止,则 $L=1$(高电平 5 V)。

将以上的分析结果列成真值表(见表 2.3.5),故该电路完全符合与逻辑关系。

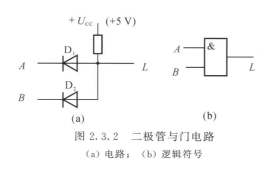

图 2.3.2 二极管与门电路
(a)电路; (b)逻辑符号

表 2.3.5 真值表

输	入	输出
A	B	L
0	0	0
0	1	0
1	0	0
1	1	1

3. 逻辑乘

用真值表虽然明确表示与逻辑关系,但在分析运算上并不方便,从真值表中可以找出输出 L 与输入 A,B 间的关系,可借用普通代数的乘法来描述,即用逻辑式来表示为

$$L=A \cdot B \quad 或 \quad L=A \times B \quad 或 \quad L=A B$$

逻辑乘就能表示与逻辑关系。

2.3.3 或门电路

1. 或逻辑概念

例如,由两个开关 A,B 并联再与一个指示灯 L 串联组成的电路,如图 2.3.3 所示,灯亮、灯灭状态,完全取决于两个开关的状态,其逻辑操作表见表 2.3.6。如果用 1 表示开关接通和灯亮,用 0 代表开关断开和灯灭,得到的真

值表见表 2.3.7。

A,B 两个并联开关中至少有一个开关接通灯就亮,只有当两个开关都断开时灯才灭。因此就可以得出或逻辑的定义。

或逻辑定义:决定某事件发生的所有条件中,只要有一个或一个以上条件具备时,事件就发生,只有全部条件均不具备时,事件才不会发生。

或逻辑的数学表示为:当输入 A 或 B 或……,只要有一个或一个以上为 1 时,输出就为 1;只有输入全为 0 时,输出才为 0。

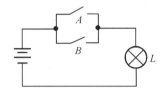

图 2.3.3　两开关并联的电路

表 2.3.6　逻输操作表

输	入	输出
A	B	L
断	断	灭
断	通	亮
通	断	亮
通	通	亮

表 2.3.7　真值表

输	入	输出
A	B	L
0	0	0
0	1	1
1	0	1
1	1	1

2. 或门电路和逻辑符号

能实现或逻辑关系的电路叫或门电路,以两个输入的或门电路为例,其电路图和逻辑符号如图 2.3.4(a)(b)所示。

假设二极管 D_1,D_2 为理想二极管,输入和输出高电平为 1,低电平为 0,对照电路图分析如下:

当 $A=B=0(0)$时,二极管 D_1,D_2 均不导通,则 $L=0$。

当 $A=0$,$B=1(5\ V)$时,D_2 导通,D_1 截止,则 $L=1$。

当 $A=1$,$B=0$ 时,D_1 导通,D_2 截止,则 $L=1$。

当 $A=B=1(5\ V)$时,D_1,D_2 均导通,则 $L=1$。

其真值表见表 2.3.8,可见输入与输出完全符合或逻辑关系。

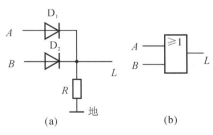

图 2.3.4　二极管或门电路

（a）电路；　（b）逻辑符号

表 2.3.8　真值表

输	入	输出
A	B	L
0	0	0
0	1	1
1	0	1
1	1	1

3. 逻辑加

为了便于分析和运算,从真值表中可以看出输出 L 与输入 A,B 的关系可借用普通代数的加法来描述,其逻辑表达式为

$$L = A + B$$

逻辑加就表示或逻辑关系,但要注意的是在逻辑加法运算中 $1+1=1$,这是与普通代数有本质区别的。

2.3.4 非门电路

1. 非逻辑概念

例如,由一个开关 A 和一个指示灯 L 并联的电路如图 2.3.5 所示,其逻辑操作表和真值表见表 2.3.9 和表 2.3.10。由表很容易看出非逻辑(或叫逻辑非)的含意。

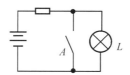

图 2.3.5 开关和灯的并联电路

表 2.3.9 逻辑操作表

A	L
断	亮
通	灭

表 2.3.10 真值表

A	L
0	1
1	0

逻辑非的数学表示为:输入为 1 时,输出为 0;输入为 0 时,输出为 1。

2. 非门电路和逻辑符号

能实现非逻辑关系的电路叫非门电路,如图 2.3.6(a)所示,该电路就是一个反相器。非门的逻辑符号如图 2.3.6(b)所示。

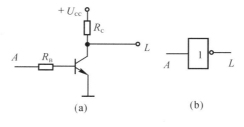

图 2.3.6 非门
(a)电路; (b)逻辑符号

当输入 A 为高电平时,三极管饱和导通,管压降 U_{CE} 等于饱和压降,$U_{CES} \approx 0$,则输出为低电平,当输入 A 为低电平时,三极管截止,$U_{CE} \approx U_{CC}$,则输出为高电平,与表 2.3.10 所示的真值表完全相符。

3. 逻辑非

非门的输入与输出的逻辑关系为

$$L=\overline{A}$$

由表达式可见,当 $A=0$ 时,$L=\overline{A}=\overline{0}=1$;当 $A=1$ 时,$L=\overline{A}=\overline{1}=0$,进而可推出 $\overline{\overline{A}}=A$。

2.3.5　TTL 反相器(非门)

TTL 反相器是 TTL 门电路中最简单的一种,其典型电路如图 2.3.7 所示。

设电源电压 $U_{CC}=+5$ V,输入高电平 $U_{IH}=3.6$ V,输入低电平 $U_{IL}=0.3$ V,三极管发射结导通压降 $U_{BE}=0.7$ V。

由图可知,当输入 $u_1=U_{IL}=0.3$ V($A=0$)时,T_1 的发射结必然导通,导通后 T_1 的基极电位为

$$U_{B1}=U_{IL}+U_{BE}=$$
$$0.3\ \text{V}+0.7\ \text{V}=1\ \text{V}$$

$U_{B1}=1$ V 加在 T_1 的集电结和 T_2,T_5 两管的发射结相串接的支路上,可见 T_2,T_5 肯定截止,输出就为高电平,此时,T_1 处于深饱和状态,$u_{CE1}\approx0.1$ V。

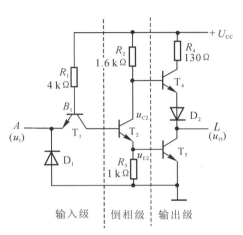

图 2.3.7　TTL 反相器的典型电路

由于 T_2 截止,电源 U_{CC} 经 R_2 向 T_4 提供基极电流 I_{B4} 使 T_4 导通。这时 T_4 的发射极电位 U_{E4} 为

$$U_{E4}=U_{CC}-I_{B4}R_2-U_{BE4}\approx U_{CC}-U_{BE4}=5\ \text{V}-0.7\ \text{V}=4.3\ \text{V}$$

I_{B4} 很小,$I_{B4}R_2$ 可忽略不计。T_4 的发射极电位 U_{E4} 经过二极管 D_2 的压降(0.7 V)就是输出电压 u_O 的高电平 U_{OH},其值为

$$U_{OH}=U_{E4}-U_{D2}=4.3\ \text{V}-0.7\ \text{V}=3.6\ \text{V}$$

输出高电平为 3.6 V,即 $L=1$。

当输入信号 $u_1=3.6$ V($A=1$)时,假设没有 T_2 管,这时 T_1 管的基极电位 $U_{B1}=u_{IH}+U_{BE1}=3.6$ V$+0.7$ V$=4.3$ V,但由于 T_2 的存在,T_1 管的集电结和 T_2,T_5 管两个发射结共 3 个 PN 结串联,就使 U_{B1} 被钳在 2.1 V,不可能是 4.3 V。这时 $T_2\sim T_5$ 均饱和导通,则 T_2 管的集电极电压降低,使 T_4 截止,输出为低电平,$U_{OL}=0.3$ V,即 $L=0$。

通过以上分析,可知该电路的输入与输出符合反相逻辑关系,即 $L=\overline{A}$。

本电路输出级的 T_4 和 T_5 在工作中始终处于一通一止。这种互补式有

利于降低功耗和提高带负载能力。

电路中的二极管 D_2 的作用是确保 T_5 饱和导通时 T_4 能可靠地截止。

D_1 是输入端钳位二极管,防止输入端的负电压过高而使输入端发射极电流过大。这个二极管允许通过的最大电流约为 20 mA。

2.4 复合门电路

为了便于实现各种不同的逻辑函数,除了前面介绍的 3 种基本门(与门、或门和非门)以外,还有与非门、或非门、与或非门、异或门、同或门等复合门。

2.4.1 TTL 与非门

1. TTL 与非门的典型电路(T1000 系列)

TTL 与非门的典型电路如图 2.4.1 所示,它与前面讲过的反相器的差别只是前面输入端的 T_1 改用多发射极三极管。

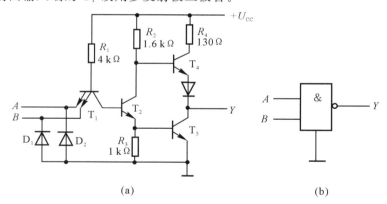

(a) (b)

图 2.4.1 TTL 与非门电路

(a) 电路; (b) 符号

多发射极三极管的结构就相当于两个三极管并联,如图 2.4.2 所示。

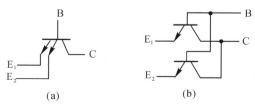

(a) (b)

图 2.4.2 多发射极三极管符号及等效电路

(a) 多发射极三极管符号;(b) 等效电路

在图 2.4.1 所示与非门电路中,只要 A,B 当中有一个低电平,则 T_1 必有一个发射结导通,并将 T_1 的基本极电位钳在 1 V(假定 $U_{IL}=0.3$ V,$U_{BE}=0.7$ V)。这时 T_2 与 T_5 均不导通,输出为高电平 U_{OH}。只有当 A,B 同时为高电平时,T_2 与 T_5 才均导通,并使输出为低电平 U_{OL}。因此,输出量 Y 与 A,B 符合与非的逻辑关系,即

$$Y=\overline{A \cdot B}$$

2. 电压传输特性

TTL 与非门的电压传输特性就是输出电压 u_O 与输入电压 u_I 的关系曲线,如图 2.4.3 所示。

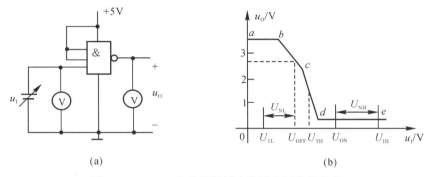

图 2.4.3　TTL 与非门测试电路及电压传输特性
(a) 测试电路;　(b) 电压传输特性

当输入电压 $u_I<0.6$ V 时,$u_{B1}<1.3$ V,T_2 和 T_5 截止,而 T_4 导通,故输出为高电平 $u_O\approx3.6$ V,对应图中的 ab 段,此段称为曲线的截止区。

当 0.7 V$<u_I<1.3$ V 时,T_2 导通,而 T_5 仍然截止。这时 T_2 工作在放大区,随着 u_I 的升高,u_{CI} 和 u_O 线性地下降,就是图中的 bc 段,这一段称为特性曲线的线性区。

当 u_I 上升到 1.4 V 左右时,u_{B1} 约为 2.1 V,T_2,T_5 均导通,而 T_4 截止,u_O 急剧下降为低电平,就是图中的 cd 段,称为转折区。此段的中点对应的输入电压叫阈值电压或门槛电压,用 U_{TH} 表示,通常 $U_{TH}=1.4$ V。

在 $u_I>1.4$ V 以后,输出电压保持低电平 $u_O\approx0.3$ V 不再变化,对应图中的 de 段,为饱和区。

从电压传输特性曲线可以反映出 TTL 与非门几个主要特性参数:开门电平 U_{ON}、关门电平 U_{OFF} 和阈值电平 U_{TH}。

开门电平 U_{ON} 是指在保证输出为额定低电平(0.35 V)的条件下,允许输入高电平的最小值。一般 $U_{ON}\leq1.8$ V。

关门电平 U_{OFF} 是指在保证输出为额定高电平(3 V)的 90%(2.7 V)的条

件下,允许输入低电平的最大值,一般 $U_{OFF} \geqslant 0.8$ V。

3. 输入端噪声容限

在保证 TTL 与非门可靠地工作的情况下,允许输入电压 u_I 有一定的波动范围,在这个范围内,输出与输入的逻辑关系是可靠的。

当输入为低电平 U_{IL} 时,叠加一个正向干扰,只要不超过关门电压 U_{OFF},逻辑关系就不会被破坏,这个允许干扰电压的幅度就叫作低电平噪声容限,用 U_{NL} 表示,即

$$U_{NL} = U_{OFF} - U_{IL}$$

当输入为高电平 U_{IH} 时,叠加一个负向干扰电压,只要总电压不超过开门电压 U_{ON},逻辑关系就不受影响。这个允许干扰电压的幅度叫作高电平噪声容限,用 U_{NH} 表示,即

$$U_{NH} = U_{IH} - U_{ON}$$

噪声容限的大小,就表明了电路抗干扰能力的大小。

4. TTL 与非门的其他参数

(1) 输入短路电流 I_{IS}。当 TTL 与非门一个输入端接低电平或接地时,其他输入端接高电平,如图 2.4.4(a)所示,则

$$I_{IS} \approx \frac{U_{CC} - U_{BE}}{R_1} = \frac{5 - 0.7}{4} \text{ mA} \approx 1.1 \text{ mA}$$

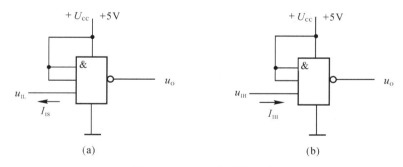

图 2.4.4　TTL 与非门电路

(2)高电平输入电流 I_{IH}:当输入电压 $u_I = U_{IH} = 3.6$ V 时,如图 2.4.4(b)所示,由输入端流入门电路的电流叫高电平输入电流 I_{IH},通常 $I_{IH} \approx 10$ μA。

(3)关门电阻 R_{OFF} 和开门电阻 R_{ON}。有时在实际电路中门电路的输入端需要接入电阻 R,如图 2.4.5 所示。由于有 I_{IS} 或 I_{IH} 的作用,R 的阻值大小会影响电路实际输入电压 u_I'。

当输入电压为低电平 U_{IL}(或接地)时,由于有 I_{IS} 流过,u_I' 会高于 u_I,为了不破坏逻辑关系,$u_I' < U_{OFF}$,则对电阻 R 是有限制的,应满足 $R \leqslant 0.7$ kΩ(推导

略），就称关门电阻 $R_{OFF}=0.7 \text{ k}\Omega$。

当电阻 $R \geqslant 2.5 \text{ k}\Omega$ 时，虽然 $u_1 \approx 0$，而 $u_1' \geqslant U_{ON}$，实际门的输入电压 u_1' 是高电平。就称开门电阻 $R_{ON}=2.5 \text{ k}\Omega$。

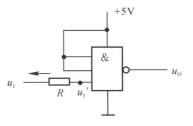

图 2.4.5　输入端接入电阻的
TTL 与非门电路

（4）扇出系数 N。当 TTL 与非门电路输出高电平时 T_4 导通，T_5 截止，此时门电路是向负载输出电流的，输出的电流增加，输出的高电平会降低。

当电路输出为低电平时，T_4 截止，T_5 导通，此时是由负载向门电路灌入电流的，该电流增大，则输出低电平升高。

在数字系统中，后级门就是前级门的负载，为保证输出高电平不低于 3.2 V 和低电平不高于 0.35 V，能带动负载门（同类型）的个数 N 就是扇出系数。通常要求 $N \geqslant 8$。

（5）平均传输延迟时间 t_{PD}。平均传输延迟时间是用来表示与非门电路开关速度的参数。当与非门输入一个方波电压信号时，因为电路存在着延迟，对应的输出电压不能立刻随之变化，所以在时间坐标上有一定的时间移位，如图 2.4.6 所示。

输出由高电平跳变到低电平时输入波形与输出波形在 $\frac{1}{2}$ 幅度处对应的时间差为

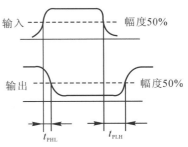

图 2.4.6　平均传输延迟时间 t_{PD}

延迟时间 t_{PHL}，输出由低电平跳变到高电平时的延迟时间为 t_{PLH}，两者的算术平均值叫平均传输延迟时间 t_{PD}。

依据 t_{PD} 的长短可把门电路按工作速度分为低速、中速、高速和超高速电路。

低速电路：$40 \text{ ns} < t_{PD} < 160 \text{ ns}$。

中速电路：$15 \text{ ns} < t_{PD} < 40 \text{ ns}$。

高速电路：$6 \text{ ns} < t_{PD} < 15 \text{ ns}$。

超高速电路：$t_{PD} < 6 \text{ ns}$。

5. TTL 电路的改进系列

（1）T2000 系列（74H 系列）。将图 2.4.1 中所示的 T_4 和二极管 D_3 改用复合管，并把各电阻值降低，如图 2.4.7 所示。这样改进的结果就缩短了延迟时间，提高了工作速度，但功耗增加了。

（2）T3000 系列（74S 系列）。前面介绍的 T1000 和 T2000 两种系列均属于饱和型逻辑门电路,也就是三极管导通时均处于饱和状态,饱和越深,则状态转换过程的延迟时间就越长。为克服这个缺点,便产生了抗饱和型的T3000系列门电路,如图 2.4.8 所示。

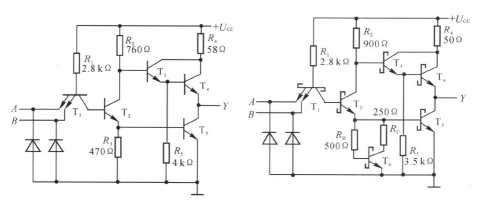

图 2.4.7   T2000 系列与非门电路结构   图 2.4.8   T3000 系列与非门电路结构

抗饱和的原理是将电路中每个三极管的集电极与基极间均连接一个肖特基二极管,构成抗饱和的三极管,如图 2.4.9 所示。肖特基二极管正向压降为 0.3 V 左右,因此,在三极管导通时,基极与集电极之间的电压被钳在 $U_{BC} \approx$ 0.3 V 左右,故饱和程度不深,再加上肖特基二极管的电荷存储效应小,均有利于缩短延迟时间。

除此之外,电路中又增加了由 T_6 组成的有源泄放电路,该部分电路的作用是当 T_5 由导通变为截止时,帮助 T_5 迅速泄放掉存储的电荷,有利于缩短延迟时间。

由于有了上述的改进,该电路不但工作速度提高了,而且电压传输特性也得到了改善,如图 2.4.10 所示,同时也提高了抗干扰能力。

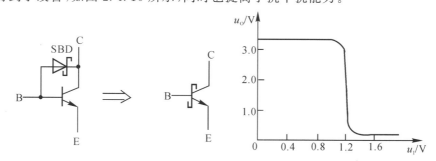

图 2.4.9   抗饱和三极管   图 2.4.10   T3000 系列反相器的电压传输特性

采用抗饱和三极管和减小电路中电阻的阻值也带来一些缺点,首先是功耗加大了,其次,由于 T_5 饱和程度不深,导致输出低电平升高了,最高值可达 0.5 V。

（3）T4000 系列（74LS 系列）。T4000 系列又称低功耗肖特基系列，其典型电路如图 2.4.11 所示，因图中电阻值均较大，其功耗明显减小。这种电路是目前广泛应用的一种电路。

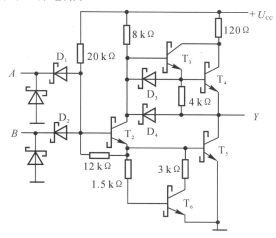

图 2.4.11　T4000 系列 TTL 与非门电路

（4）改进型的肖特基 TTL 电路（74AS 系列）。其电路如图 2.4.12 所示，在 T4000 系列的基础上，又在结构上和制造工艺上加以改进而成；在功耗上和工作速度上，又提高了很多。

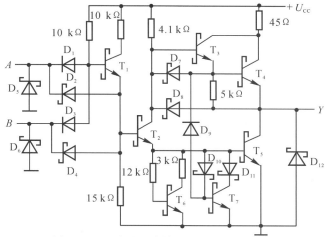

图 2.4.12　改进的肖特基 TTL 与非门电路

以上几种 TTL 门电路的改进过程都是围绕提高工作速度和减小功耗而展开的，两者是有矛盾的，因此，常用功耗 P(mW) 和延迟时间 t_{PD} 的乘积即 dp 积表述门电路的性能，具体对比见表 2.4.1。

表 2.4.1　各系列 TTL 门电路性能比较

性能	门电路系列					
	T1000	T2000	T3000	T4000		
	74/54	74H/54H	743S/54S	74LS/54LS	74AS/54AS	74ALS54ALS
$\dfrac{t_{PD}}{ns}$	10	6	4	10	1.5	4
$\dfrac{P/(每门)}{mW}$	10	22.5	20	2	20	1
$\dfrac{dp\ 积}{ns \cdot mW}$	100	135	80	20	30	4

在表中还表示出了 54 系列,它与 74 系列的区别仅在于以下两方面:

74 系列:电源电压(5±5％)V,工作温度 0～70 ℃;

54 系列:电源电压(5±10％)V,工作温度 -55～125 ℃。

2.4.2　或非门、与或非门、异或门和同或门

这几种复合门只给出其逻辑符号图和相应的逻辑表达式,如图 2.4.13 所示。其集成电路的内部结构就不做分析了。

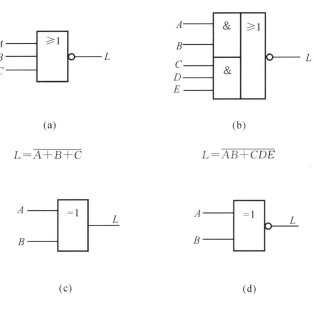

$$L = \overline{A+B+C}$$

$$L = \overline{AB+CDE}$$

$$L = A\bar{B}+\bar{A}B$$

$$L = AB+\bar{A}\,\bar{B}$$

图 2.4.13　几种复合门的逻辑符号图和逻辑表达式

(a) 或非门;(b) 与或非门;(c) 异或门;(d) 同或门

对于异或门,两个输入(A,B)不同时,输出为 1;A 和 B 相同时,输出为 0。列出真值表见表 2.4.2。

对于同或门,两个输入相同时,输出为 1;两个输入不同时,输出为 0。列出真值表见表 2.4.3。

表 2.4.2　异或门真值表

A	B	L
0	0	0
0	1	1
1	0	1
1	1	0

表 2.4.3　同或门真值表

A	B	L
0	0	1
0	1	0
1	0	0
1	1	1

2.4.3　集电极开路与非门(OC 门)

前面所介绍的门电路其输出电路的结构均属于推拉式,它虽然具有输出电阻小、带负载能力强的优点,但使用时有一定的局限性。

首先,不能把它们的输出端并联使用,如图 2.4.14 所示。当一个端为高电平,另一个端为低电平时,由于两个输出端连在一起,会形成很大的电流,远远超出正常值,会损坏门电路。

其次,在采用推拉式输出级的门电路中,电源一经确定(通常为 +5 V),输出的高电平就固定了,也就无法满足需要更高的高电平和更大的电流负载。

为了克服上述的局限性,可以把输出级改为集电极开路的形式,如图 2.4.15 所示。

这种电路在工作时需要外接负载电阻 R_L 和电源 U'_{CC}。只要 R_L 和 U'_{CC} 选择得当,就能做到保证输出高、低电平满足要求,输出端三极管的负载电流又不致过大。

图 2.4.16 所示是两个 OC 门输出并联的例子。由图可知,只有 A 和 B 同时为高电平时 T_5 导通,则 $Y_1 = 0$,故 $Y_1 = \overline{A \cdot B}$。同理 $Y_2 = \overline{C \cdot D}$。将 Y_1,Y_2 两端连接在一起,再经负载电阻 R_L 接另一个电源 U'_{CC}。在 Y_1 和 Y_2 中只要有一个是低电平,Y 就为低

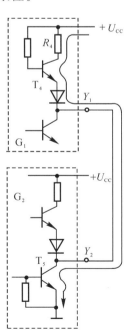

图 2.4.14　推拉式输出级并联的情况

电平。只有当 Y_1，Y_2 均为高电平时，Y 才是高电平，即 $Y = Y_1 \cdot Y_2$。Y_1 和 Y_2 的这种连接方式叫"线与"。

$$Y = Y_1 \cdot Y_2 = \overline{A \cdot B} \cdot \overline{C \cdot D} = \overline{AB + CD}$$

从上式可知，集电极开路与非门的线与连接可得到与或非的逻辑功能。

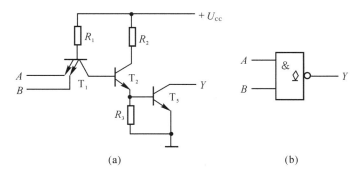

(a)　　　　　　　　　　　　　(b)

图 2.4.15　集电极开路与非门的电路和图形符号

(a) 电路；　(b) 符号图

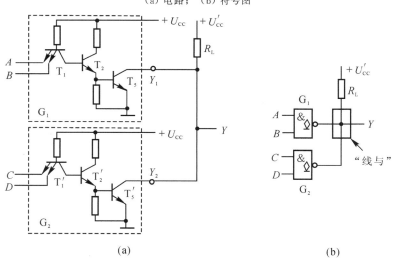

(a)　　　　　　　　　　　　　(b)

图 2.4.16　OC 门输出并联的接法及逻辑图

(a) OC 门输出并联接法；　(b) 逻辑图

由于 T_5 和 T_5' 同时截止时输出的高电平 $U_{OH} = U_{CC}'$，所以可根据需要选择大小合适的 U_{CC}'。有的 OC 门输出管允许最大负载电流为 40 mA，截止时耐压 30 V，因此可输出较大的功率。

2.4.4　三态输出门电路

三态输出门电路(简称三态门)是在普通门电路的基础上附加控制电路而

构成的。图 2.4.17 给出的是三态与非门的符号,其内部电路在此不做介绍。

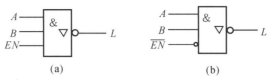

图 2.4.17 三态输出与非门符号

(a) 控制端高电平有效; (b) 控制端低电平有效

在图 2.4.17(a) 中,当控制端 $EN=1$ 时,$L=\overline{AB}$;当 $EN=0$ 时,输出端呈高阻状态(相当于断开)。由于这种门的输出有 3 种可能的状态,即高电平、低电平和高阻,故叫三态门。只在 EN 为高电平时,才是与非门,就称为高电平有效。

在图 2.4.17(b) 中,当 $\overline{EN}=0$ 时,为工作状态 $L=\overline{AB}$,当 $\overline{EN}=1$ 时,输出端呈高阻状态。故称为低电平有效的三态与非门。

在一些复杂的数字系统中,为了减少各单元电路之间的连线,希望能在同一条导线上分别传递若干个门电路的输出信号,就可利用三态门采用图 2.4.18 所示的连接形式。

图 2.4.18 中有 n 个三态与非门的输出端均连接在同一根总线上,在工作中,只要控制使各个门的 EN 分时轮流为 1,而且在任何时刻仅允许一个 $EN=1$,这样就能做到分时把各个门的输出轮流送到总线上,且互不干扰。

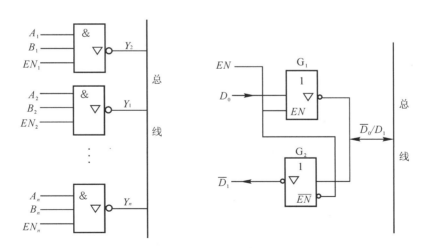

图 2.4.18 用三态门接成总线结构   图 2.4.19 用三态门实现数据双向传输

利用三态门还能实现数据的双向传输,如图 2.4.19 所示,当 $EN=1$ 时,G_1 门工作,G_2 门为高阻状态,数据信号 D_0 经 G_1 门送到总线上。当 $EN=0$

时,G_2 门工作,G_1 门为高阻状态,来自总线上的数据信号 D_1 经 G_2 门反相后呈 $\overline{D}_1$ 送出。这就实现了数据信号的双向传输。

2.4.5 发射极耦合门电路

在 TTL 电路中,晶体管工作在饱和、截止两种状态的转换过程中,由于电荷的存储效应,限制了传输延迟时间的进一步缩短。要使开关速度进一步提高,必须从根本上改变电路的工作方式,采用电流开关型的逻辑电路,使晶体管工作在放大和截止两种状态,这就是发射极耦合逻辑门电路,简称 ECL (Emitter Coupled Logic)门电路。

1. 原理电路

ECL 门电路的核心部分是由差分对管 T_1 和 T_2 组成的电流开关电路,如图 2.4.20 所示。图中 T_1 为输入管,其基极为输入端,T_2 为参考管,T_2 的基极上加有参考电压 $U_R = -1.2$ V。U_1 为输入电压,U_{C1} 和 U_{C2} 为输出电压。输入信号的低电平 $U_{IL} = -1.6$ V,输入信号的高电平 $U_{IH} = -0.8$ V。

当 $U_1 = -1.6$ V 时,由于 $U_{B2} = U_R = -1.2$ V,$U_{B2} > U_{B1}$,则 T_2 导通,发射极电压 $U_E = U_R - U_{BE2} = -1.2$ V $- 0.7$ V $= -1.9$ V,而 $U_{BE1} = -1.6$ V $- U_E = 0.3$ V,则 T_1 截止。流过 R_E 的电流为

$$I_E = \frac{U_E - (-U_{EE})}{R_E} = \frac{-1.9 + 5}{0.5} \text{ mA} = 6.2 \text{ mA}$$

由于 T_1 截止,I_E 全部流过 T_2,所以

$$U_{C2} \approx 0 - I_E R_{C2} = -6.2 \times 0.135 \text{ V} \approx -0.8 \text{ V}$$

$$U_{C1} = 0$$

当 $U_1 = -0.8$ V 时,T_1 导通而 T_2 截止。同样可得

$$U_{C2} = 0$$

$$U_{C1} = -0.8 \text{ V}$$

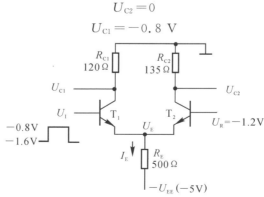

图 2.4.20　ECL 门电路的原理电路

通过以上分析可知,在 T_1 导通时 $U_{B1} = U_{C1} = -0.8$ V,即 T_1 工作在放大

区的边缘。

　　输入信号电压的高低电平分别为 -0.8 V 和 -1.6 V,而两个输出是两个极性相反的量,其高低电平分别为 0 和 -0.8 V。输入量与输出量虽摆幅相同,但高低电平不一致。为克服这个缺点,对上述电路加以改进,改进后的电路如图 2.4.21 所示。

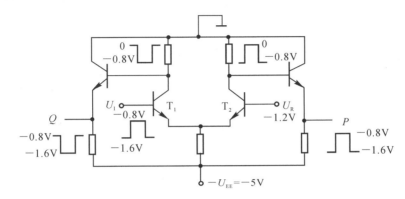

图 2.4.21　ECL 门电路的改进电路

　　在图 2.4.20 的基础上,在 T_1 和 T_2 两个三极管的输出端各接一个射极输出器,使原输出的高低电平均下移 0.8 V 左右,这样就满足输入和输出高低电平一致的目的。

　　2.ECL 门的实际电路

　　ECL 门电路的实际电路和其逻辑符号如图 2.4.22 所示。

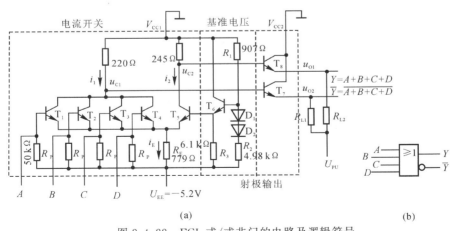

(a) 　　　　　　　　　　　　　　　　　(b)

图 2.4.22　ECL 或/或非门的电路及逻辑符号

(a) 电路图；　(b) 符号图

图 2.4.22 所示电路有 4 个输入量 A,B,C,D,有 2 个输出端,其逻辑关系满足

$$Y=A+B+C+D$$
$$\overline{Y}=\overline{A+B+C+D}$$

3. ECL 电路的主要特点

(1) 开关晶体管工作在放大或截止状态,使开关转换过程中的存储时间 (t_s)可以减少到零。再加上电路中电阻值小和输入输出电压摆幅小,都有利于提高工作速度,ECL 电路是目前各种数字集成电路中工作速度最快的一种,该电路的传输延迟时间已缩短至 0.1 ns 以内。

(2) 输出电路采用了共集电极组态,输出电阻低,带负载能力强。如国产 CE10K 系列门电路的扇出系数达 90 以上。

(3) ECL 电路设有 2 个互补的输出端,同时还可以直接将输出端并联以实现"线或"的逻辑功能,因而使用时十分方便、灵活。

ECL 电路虽然工作速度提高了,但也带来了突出的缺点。例如,功耗大,每个门平均功耗可达 100 mW 以上,不便做大规模集成电路;输出电平稳定性差,噪声容限低,抗干扰能力差等。

2.5 MOS 逻辑门电路

MOS 逻辑门电路是单极型晶体管组成的门电路。在 MOS 器件中有 N 沟道和 P 沟道之分,相应的亦有 NMOS 和 PMOS 两种门电路,还有一种 NMOS 和 PMOS 组成互补对称型逻辑门电路,叫 CMOS 门电路,这种电路带负载能力比较强。本节重点介绍 NMOS 和 CMOS 门电路。

2.5.1 NMOS 反相器

由增强型 N 沟道场效应管组成的 NMOS 反相器如图 2.5.1(a)所示,图 2.5.1(b)为其简化图。图中,T_1 为工作管,T_2 为负载管,即 T_2 做 T_1 的有源负载,T_2 的漏极和栅极连接在一起接电源 U_{DD}。

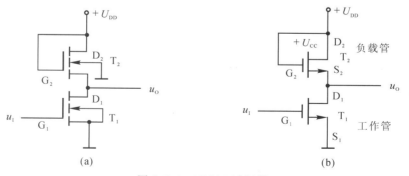

图 2.5.1 NMOS 反相器
(a) 电路; (b) 简化画法

增强型 N 沟道场效应管的转移特性如图 2.5.2 所示。当电压 $u_{GS} > U_T$ (开启电压)时,晶体管导通,相当于开关接通,否则截止。而负载管始终是导通的。

当输入电压 u_1 为低电平($u_1 < U_T$)时,T_2 导通,T_1 截止,输出为高电平。

当 u_1 为高电平($u_1 > U_T$)时,T_1 和 T_2 均导通,由于在结构上使两管的导通电阻相差悬殊,T_2 的导通电阻远大于 T_1 的导通电阻,所以,输出为低电平。可得满足非门的逻辑关系,即

$$L = \overline{A}$$

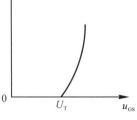

图 2.5.2 增强型 N 沟道场效应管的转移特性图

2.5.2 NMOS 门电路

1. NMOS 与非门

以两个输入端的与非门为例,如图 2.5.3 所示,T_1 和 T_2 为工作管,T_3 为负载管。因为 T_1 和 T_2 串联,所以只有两个晶体管均导通时输出才为低电平,即 $L=0$,否则 $L=1$。也就是说,只有两个输入均为高电平时,T_1,T_2 才同时导通,即 $A=B=1$ 时,$L=0$,该电路恰好符合与非逻辑关系。其逻辑表达式为

$$L = \overline{AB}$$

如要增加输入端的个数,势必增加与 T_1,T_2 相串联晶体管的个数,这会导致输出低电平的升高,因此,NMOS 与非门的输入端不能太多。

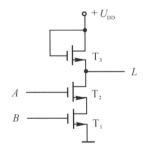

图 2.5.3 NMOS 与非门电路

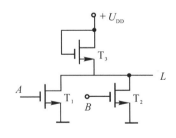

图 2.5.4 NMOS 或非门电路

2. NMOS 或非门

以两个输入端的或非门为例,如图 2.5.4 所示,两个工作管 T_1 和 T_2 相并联。只有当 T_1,T_2 均截止时,输出才为高电平,否则输出为低电平,即只有当 $A=B=0$ 时,$L=1$。A 和 B 中至少有一个为 1 时,L 就为 0。这恰好符合或非逻辑关系。其逻辑表达式为

$$L = \overline{A+B}$$

因为各工作管是并联的,如要增加输入端的个数,也就是增加并联工作管的个数,这对输出的高低电平的影响不大。所以 NMOS 或非门比 NMOS 与非门应用更广泛些。

3.NMOS 与或非门

NMOS 与或非门电路如图 2.5.5 所示。工作管 T_1 和 T_2 串联,故 A,B 是与逻辑关系;工作管 T_3,T_4 串联,则 C,D 也是与逻辑关系。两对工作管之间又是并联关系,这又是或逻辑

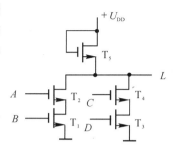

图 2.5.5 NMOS 与或非门电路

关系。然后工作管共同与负载管 T_5 构成反相关系,因此整个电路符合与或非逻辑。其逻辑表达式为

$$A = \overline{AB + CD}$$

2.5.3 CMOS 门电路

CMOS 门电路是目前被广泛应用的一种门电路,也是用场效应管做开关的门电路。它的特点是功耗极小,工作电流是 nA(纳安)级,抗干扰能力强,输入阻抗高,带负载能力强,扇出系数约达 50,适用电源电压范围也宽(+3～+18)V。

1.CMOS 反相器

(1)工作原理。CMOS 反相器是由一个 NMOS 管和一个 PMOS 管串接组成的,两管的栅极连接在一起做输入端,两管的漏极连接在一起做输出端,如图 2.5.6 所示。两个管均为增强型,两个管的转移特性如图 2.5.7 所示。反相器的工作原理如下:

从转移特性可以看出,对于 T_1(N 沟道)来说,$u_{GS1} > U_{T1}$(T_1 的开启电压),就导通,对 T_2(P 沟道)来说,$u_{GS2} < U_{T2}$(T_2 的开启电压),就导通。

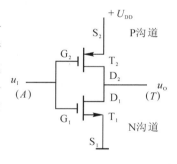

图 2.5.6 CMOS 反相器

为了具体说明 CMOS 反相器的工作原理,假定:$U_{T1} = 2$ V,$U_{T2} = -2$ V,$U_{DD} = +5$ V,输入高电平 $U_{IH} = 5$ V,输入低电平 $U_{IL} = 0$。

当 $u_I = U_{IH} = 5$ V 时,$u_{GS1} = 5$ V$> U_{T1}$,T_1 导通,$u_{GS2} = U_{IH} - U_{DD} = 5$ V$- 5$ V$= 0 > U_{T2}$,T_2 截止。导通管的电阻约为 10^3 Ω,而截止管的截止电阻约为 $10^9 \sim 10^{12}$ Ω。由于这两个电阻对电源 U_{DD} 分压的结果,所以输出电压 $u_O \approx 0$。

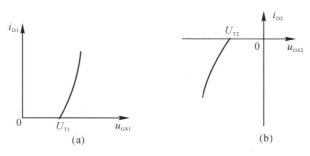

图 2.5.7　NMOS 管 PMOS 管的转移特性

(a) NMOS 管；　(b) PMOS 管

当 $u_I = U_{IL} = 0$ 时，$u_{GS1} = 0$，T_1 截止。$u_{GS2} = 0 - U_{DD} = -5$ V $< U_{T2}$，T_2 导通，输出电压 $u_O = +5$ V。可见满足非门的逻辑关系，即

$$L = \overline{A}$$

这种反相器中的 T_1 和 T_2 均工作在一通一止的状态，是互补型的，叫 CMOS 电路。为保证反相器正常工作，必须满足 $+U_{DD} > |U_{T1}| + |U_{T2}|$，否则两管均可能截止而不能正常工作。

（2）CMOS 反相器的电压和电流的传输特性。当输入电压 u_I 由零逐渐增大时，测与 u_I 相对应的输出电压 u_O 和电流 i_D，画出的 $u_I - u_O$ 和 $u_I - i_D$ 的曲线就是电压传输特性和电流传输特性，如图 2.5.8 所示。与输出电压 u_O 转折点相对应的输入电压 u_I 叫阈值电压，用 U_{TH} 表示，$U_{TH} \approx \frac{1}{2} U_{DD}$。

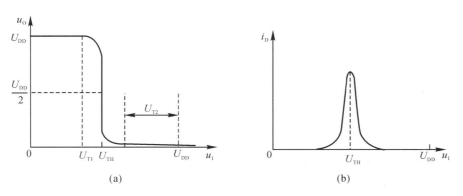

图 2.5.8　CMOS 反相器的电压和电流的传输特性

（a）电压传输特性；　（b）电流传输特性

对传输特性的解释如下：

当 $0 < u_I < U_{T1}$ 时，T_2 饱和导通，T_1 截止，输出 u_O 为高电平，$i_D \approx 0$。

当 $u_{T1} < u_I < U_{TH}$ 时，T_2 仍饱和导通，T_1 非饱和导通，前者导通内阻小，后

者导通内阻大,u_O 虽有所下降,但仍为高电平,而电流 I_D 有所增加。

当 $u_1 = U_{TH}$ 时,两管导通状态和导通内阻基本相同,$u_O = \frac{1}{2}U_{DD}$。同时 i_D 值较大。

当 $U_{TH} < u_1 < (U_{DD} - |U_{T2}|)$ 时,T_2 非饱和导通,T_1 饱和导通,导通内阻前者大而后者小,u_O 下降为低电平。i_D 也下降到很小。

当 $u_1 > (U_{DD} - |U_{T2}|)$ 时,T_2 截止而 T_1 饱和导通,u_O 为低电平,$i_D \approx 0$。

CMOS 反相器的传输特性中的阈值电压为 $U_{TH} = \frac{1}{2}U_{DD}$。

2. CMOS 与非门

在 CMOS 反相器的基础上来分析其他 CMOS 门电路就容易了,CMOS 与非门如图 2.5.9 所示,T_1,T_2 组成反相器,T_3,T_4 也是一个反相器,但 T_1,T_3 相串联,T_2,T_4 相并联。只有当 $A = B = 1$ 时,T_1,T_3 导通,T_2,T_4 截止,$L = 0$。当 A,B 输入为其他组合时,T_1 和 T_3 至少有一个截止,则 $L = 1$。这完全符合与非逻辑关系,表达式为

$$L = \overline{AB}$$

3. CMOS 或非门

图 2.5.10 所示是的 CMOS 或非门电路,当输入量 $A = B = 0$ 时,T_1,T_3 截止,T_2,T_4 导通,$L = 1$。除此之外,A,B 两输入为其他组合时,T_2,T_4 中至少有一个截止,而 T_1,T_3 至少有一个导通,输出量 $L = 0$,故符合或非逻辑关系,表达式为

$$L = \overline{A + B}$$

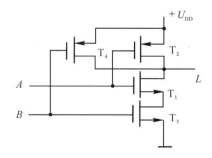

图 2.5.9　CMOS 与非门电路

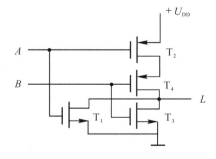

图 2.5.10　CMOS 或非门电路

2.5.4　CMOS 传输门(双向开关)

CMOS 传输门是一种传输信号的模拟开关,它是由一个 NMOS 管和一

个 PMOS 管互补并联而成,如图 2.5.11(a)所示,两个源极连接在一起做输入端,两个漏极连接在一起做输出端,由于 MOS 管漏极和源极结构对称,故输入端与输出端可以对换使用。两个栅极分别为控制端。图 2.5.11(b)所示是它的符号。下面来分析 CMOS 传输门的工作原理。

假定 NMOS 管 T_N 的开启电压 $U_{TN}=+2$ V,PMOS 管 T_P 的开启电压 $U_{TP}=-2$ V,控制端 C 和 $\overline{C}$ 加的高、低电平为 $+5$ V 和 0,而输入信号的变化范围为 $u_1=0\sim5$ V。

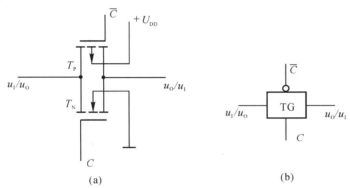

图 2.5.11　CMOS 传输门

(a) 电路;　(b) 代表符号 J

(1) 当 $C=1(+5$ V$)$,$\overline{C}=0(0)$ 时。

在 $u_1=0\sim3$ V 的范围内,因 T_N 的 $u_{GS}>U_{TN}$,所以 T_N 导通。

在 $u_1=2\sim5$ V 的范围内,因 T_P 的 $u_{GS}<U_{TP}$,所以 T_P 导通。

可见,输入电压 u_1 在 $0\sim5$ V 内变化,两个并联管 T_N 和 T_P 中至少有一个是导通的。u_1 在 $2\sim3$ V 范围内两个管均导通,也就是说在 $C=1$,$\overline{C}=0$ 的条件下,输入端与输出端是接通的。

(2) 当 $C=0(0)$,$C=1(+5$ V$)$ 时。在 $u_1=0\sim5$ V 的范围内,因 T_N 管的 $u_{GS}<$

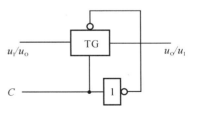

图 2.5.12　CMOS 可控开关

U_{TN},故 T_N 截止。同时,T_P 的 $u_{GS}>U_{TP}$,T_P 也截止。也就是说,当 $C=0$,$\overline{C}=1$ 时,输入端与输出端是断开的,相当于开关断开。

在接通状态下,开关电阻约为几十欧姆到几百欧姆,有的已做到 20 Ω 以下。当开关断开时,电阻大于 10^7 Ω。

如果把一个 CMOS 传输门和一个 CMOS 反相器组合起来就是一个可控开关,如图 2.5.12 所示,它只是一个开关,而不是逻辑门。

小　　结

(1)在数字电路中,均以二极管和三极管(双极型和单极型的)做开关,尽管它们都不是理想开关,但在数字电路中使用是完全可以满足要求的。晶体管自身的电容效应影响了它们的开关速度。

(2)要建立三种最基本的逻辑概念,即与逻辑、或逻辑和非逻辑的概念。在电路上实现这种三种逻辑关系是三种基本逻辑门电路,即与门电路、或门电路和非门电路。为了提高工作的可靠性和带负载能力,常常使用复合门电路,即与非门、或非门和与或非门等。

(3)本章重点讨论了 TTL,NMOS 和 CMOS 集成门电路,目前,以 TTL 和 CMOS 电路应用最普遍。TTL 电路工作速度较高,但功耗较大。CMOS 电路功耗最低,而且电源电压范围宽(3~18 V)。如果 TTL 与 CMOS 两种电路混用时,要注意电压的匹配。

(4)在实际使用中门电路有不用的输入端,为保证电路可靠地工作,对多余的输入端必须进行妥善处理。与非门多余的输入端可通过 1~3 kΩ 的电阻接电源;或非门多余的输入端可接地。另外还有一种处理方法,不管是什么门,不用的输入端均可与任何一个工作端连在一起。注意不要把多余的输入端悬空,以免串入干扰。

(5)如门电路的输入端的数目不够用,可采用扩展的办法(见习题二)。

(6)逻辑门电路是组成数字电路的基本单元电路,必须掌握它们的输入与输出的逻辑关系,并熟悉它们的逻辑符号。

(7)集成数字电路的命名。

1976 年 4 月电子工业部颁发的"部标"作为我国集成数字电路的统一型号,这就是 T000 系列。1977 年选用国际 54/74TTL 系列作为"国标",即 CT0000 系列,其中 C 表示符合国家标准,T 表示是 TTL 电路,有时在使用中将 C 字省略,就成了 T0000 系列。该系列又分为四种型号:T1000 系列是标准系列;T2000 系列由于功耗较大而逐渐被淘汰;T3000 系列是肖特基系列;T4000 系列是低功耗肖特基系列,其性能比前三种要优越。

CMOS 集成数字电路有两个系列,C000 系列工作电源电压范围为 3~

第 2 章　基本逻辑运算及集成逻辑门

18 V,CC4000 系列工作电源电压范围为 5～17 V,第一个字母 C 表示符合国家标准,第二个字母 C 表示是 CMOS 电路。

由于 CMOS 门电路的改进,其平均延迟时间小于 10 ns,已与 54 LS/74LS 相当。

习　题　二

2.1　电路如图题 2.1 所示,试分析它的逻辑功能,并写出输入与输出之间的逻辑表达式。假定输入高电平为+5 V,低电平为 0。

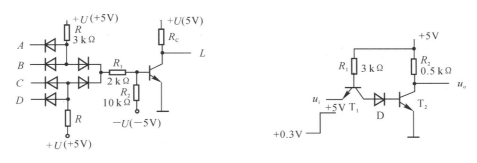

图题　2.1　　　　　　　　　　图题　2.2

2.2　试分析图题 2.2 所示电路的逻辑功能。

2.3　电路如图题 2.3 所示,试说明当图题 2.3(a)所示电路中的两个基极和发射极均加入信号时,在逻辑关系上与图题 2.3(b)所示电路等效。

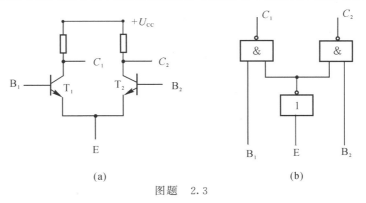

(a)　　　　　　　　　　(b)

图题　2.3

2.4 已知如图题 2.4 所示的四种 TTL 门电路的输入波形,试画出相应的输出波形。

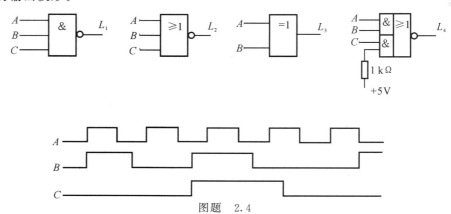

图题 2.4

2.5 如果将题 2.4 中 4 个门电路当作非门使用,试问各多余输入端应如何处理?

2.6 由一个三态反相器和一个与非门组成的电路如图题 2.6(a)所示,已知输入量 A,B 和 C 的波形如图题 2.6(b)所示,试画出输出 L 的波形。

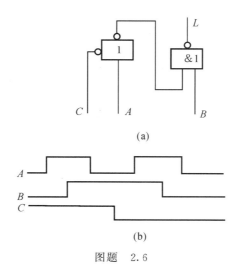

(a)

(b)

图题 2.6

2.7 写出如图题 2.7 所示电路的逻辑表达式。A,B,C,D,E,F 和 G 为输入,L 为输出。

2.8　写出如图题 2.8 所示电路的逻辑表达式。

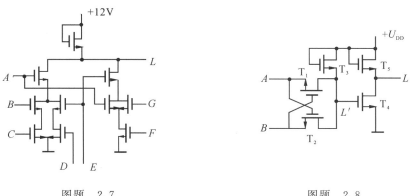

图题　2.7　　　　　　　　　　　图题　2.8

2.9　在 CMOS 电路中有时采用图题 2.9 所示的扩展功能的用法,二极管的正向压降为 0.7 V,试写出 Y_1 和 Y_2 的逻辑表达式。

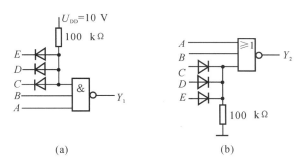

(a)　　　　　　　　　　　　(b)

图题　2.9

2.10　试分析如图题 2.10 所示的 CMOS 电路,写出 L_1 和 L_2 的逻辑表达式。

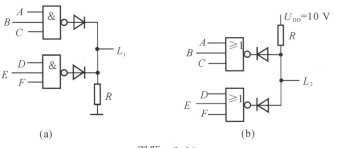

(a)　　　　　　　　　　　　(b)

图题　2.10

第3章 布尔代数与逻辑函数化简

逻辑代数是英国数学家布尔于 1854 年提出的,因此又叫布尔代数。最初是用在因果关系的逻辑分析上,1938 年开始用在开关网络的研究上,现已广泛地应用于数字系统的逻辑分析与设计中。

在人生旅途中,我们经常面临激烈竞争,在竞争中也总会遇到各种各样的困难,甚至会出现在参与某种竞争中由于自身能力不足而被淘汰的情况。希望同学们能从第 3 章布尔代数与逻辑函数化简法受到启发,运用卡诺图化简和公式化简可以将不必要的、多余的因子消去的原则,时刻警惕自己要不断充电,提高自己的逻辑思维,增强个人实力,努力学习增加自身核心竞争力,才可以在竞争中处于不败的地位。从另一方面来看,卡诺图化简和公式化简可以使得逻辑函数表达式更加直观、简便,但这种化简都要遵守一定的规则和定律,否则有可能会出现将式子越化越烦琐的情况,这些理论原则也提醒我们,生活必须要在一定的框架下,循规守矩、严于律己、遵纪守法,才能在社会中过上正常有序的生活,也才会更加自由和舒适。

3.1 逻辑代数的基本定理和规则

通过对逻辑门电路的学习,我们已经知道逻辑代数只有三种运算,即与、或、非。为了更好地运用这三种逻辑关系,首先必须掌握它们的运算规律。

3.1.1 逻辑代数的公理

(1) **公理 3 - 1**:设 A 为逻辑变量,若 $A \neq 0$,则 $A = 1$;若 $A \neq 1$,则 $A = 0$。这个公理决定了逻辑变量的双值性。在逻辑变量和逻辑函数中的 0 和 1,不是数值的 0 和 1,而是代表两种状态,因此把"1"应读成"么"。

(2) **公理 3 - 2**:$0 \cdot 0 = 0$;$1 + 1 = 1$。

(3) **公理 3 - 3**:$1 \cdot 1 = 1$;$0 + 0 = 0$。

(4) **公理 3 - 4**:$0 \cdot 1 = 0$;$1 + 0 = 1$。

$1 \cdot 0 = 0$;$0 + 1 = 1$。

(5) **公理 3 - 5**:$\overline{0} = 1$; $\overline{1} = 0$。

3.1.2　基本定理(定律)

(1) **0-1律**：$A \cdot 0 = 0$；$A + 1 = 1$。

(2) **自等律**：$A \cdot 1 = A$；$A + 0 = A$。

(3) **重叠律**：$A \cdot A = A$；$A + A = A$

(4) **互补律**：$A \cdot \overline{A} = 0$；$A + \overline{A} = 1$。

(5) **还原律**：$\overline{\overline{A}} = A$。

(6) **交换律**：$A \cdot B = B \cdot A$；$A + B = B + A$。

(7) **结合律**：$A \cdot (B \cdot C) = (A \cdot B) \cdot C$；　$A + (B + C) = (A + B) + C$。

以上各定律均可用公理来证明,其方法是,将逻辑变量分别用 0 和 1 代入,所得的表达式均符合公理 3-2 至公理 3-5。

(8) **分配律**：$A \cdot (B + C) = AB + AC$；　$A + (B \cdot C) = (A + B)(A + C)$。

前者是乘对加的分配律,后者是加对乘的分配律。对后者证明如下：

$$A + (B \cdot C) = A(1 + B + C) + BC = \qquad \text{(利用 0-1 律和自等律)}$$
$$A + AB + AC + BC = \qquad \text{(利用了乘对加的分配律)}$$
$$AA + AB + AC + BC = \qquad \text{(利用了重叠律)}$$
$$A(A + B) + C(A + B) = \qquad \text{(利用了乘对加的分配律)}$$
$$(A + B)(A + C) \qquad \text{(利用了乘对加的分配律)}$$

(9) **吸收律**：$A + AB + A$；$A \cdot (A + B) = A$。

证明：$A + AB = A(1 + B) = A \cdot 1 = A$

$\qquad A \cdot (A + B) = AA + AB = A + AB = A(1 + B) = A$

(10) **等同律**：$A + \overline{A}B = A + B$；　$A \cdot (\overline{A} + B) = AB$。

证明：$A + \overline{A}B = A(1 + B) + \overline{A}B = A + AB + \overline{A}B =$

$$A + B(A + \overline{A}) = A + B$$

$$A \cdot (\overline{A} + B) = A\overline{A} + AB = 0 + AB = AB$$

(11) **反演律(摩根定理)**：$\overline{A \cdot B} = \overline{A} + \overline{B}$；　$\overline{A + B} = \overline{A}\,\overline{B}$。

证明的方法用全代入法,也叫穷举法,也就是列真值表法,见表 3.1.1(a)(b),由两表可见,反演律成立。

表 3.1.1(a)　真值表

A	B	$\overline{A \cdot B}$	$\overline{A} + \overline{B}$
0	0	1	1
0	1	1	1
1	0	1	1
1	1	0	0

表 3.1.1(b)　真值表

A	B	$\overline{A + B}$	$\overline{A}\,\overline{B}$
0	0	1	1
0	1	0	0
1	0	0	0
1	1	0	0

（12）**包含律**：$AB+\overline{A}C+BCD=AB+\overline{A}C$。

证明：
$$AB+\overline{A}C+BCD=AB+\overline{A}C+BCD(A+\overline{A})=$$
$$AB+AC+ABCD+ABCD=$$
$$(AB+ABCD)+(\overline{A}C+\overline{A}BCD)=$$
$$AB(1+CD)+\overline{A}C(1+BD)=AB+\overline{A}C$$

在含有互反因子的两个积项中，如果除去这两个互反因子外，其他因子均为另一个积项的因子，则另一个积项就是多余的，便可以消掉。

结合本例可以这样说明：在含有互反因子 A 和 $\overline{A}$ 的两个积项 AB 和 $\overline{A}C$ 中，除去 A 和 $\overline{A}$ 两个因子外，其余因子 B 和 C 均是另一个积项 BCD 的因子，则 BCD 积项是多余的，便可消掉，不影响原逻辑关系。

3.1.3 三个重要规则（定理）

为了更好地理解逻辑恒等式和逻辑函数的内在规律，并从已知的恒等式推出更多的恒等式，下面介绍 3 个重要规则。

1. **代入规则（定理）**

任何一个含有某变量的恒等式，如将式中所有该变量用另一个变量或逻辑函数代替，则该式仍成立。

例如：恒等式 $A(B+C)=AB+AC$，当用 $(C+D)$ 代替恒等式中的 C，则可得到：$A(B+C+D)=AB+A(C+D)$，此恒等式仍成立。

证明：为证明方便，称等号右边的函数式为右式，称等号左边的函数式为左式。

$$左式：A(B+C+D)=AB+AC+AD$$
$$右式：AB+A(C+D)=AB+AC+AD$$

即左式=右式，代入规则成立。

例如：恒等式 $AC+\overline{A}B+\overline{B}\,\overline{C}=A\overline{B}+BC+\overline{A}\,\overline{C}$，当用 $(B+C)$ 代替 A 时，则有

$$(B+C)C+(\overline{B+C})B+\overline{B}\,\overline{C}=(B+C)\overline{B}+BC+(\overline{B+C})\,\overline{C}$$

此恒等式仍成立，证明从略。

2. **反演规则（定理）**

将任何一个逻辑表达式 L 中的乘换成加、加换成乘、0 换成 1、1 换成 0、原变量换成反变量、反变量换成原变量，变换后得到的新的表达式，就是函数 L 的反函数 $\overline{L}$。

这个规则主要用于求反函数。例如：

$$L=AB+\overline{C}\,D$$

利用反演规则求反函数 $\overline{L}$，即

$$\overline{L}=(\overline{A}+\overline{B})(C+D)$$

证明： $\overline{L}=\overline{\overline{AB}+\overline{C}\,\overline{D}}=\overline{AB}\cdot\overline{\overline{C}\,\overline{D}}=(\overline{A}+\overline{B})(\overline{\overline{C}}+\overline{\overline{D}})=$
$(\overline{A}+\overline{B})(C+D)$

在运用反演规则时应注意以下两点：

（1）反演前后要保持运算次序不变。运算次序是：先内层括号，后外层括号。在同一括号内或同一非号下运算次序是：先非运算、再与运算，最后是或运算。例如：

$$L=A[B+C(D+\overline{EF+G})]$$

运算次序是： $EF\rightarrow EF+G\rightarrow\overline{EF+G}\rightarrow D+\overline{EF+G}\rightarrow C(D+\overline{EF+G})$
$\rightarrow[B+C(D+\overline{EF+G})]\rightarrow A[B+C(D+\overline{EF+G})]$

（2）对非号的反演只限于变量本身，公共非号不动。例如：$L=A+\overline{B\overline{C}+\overline{DE}}$，利用反演规则求反函数为

$$\overline{L}=\overline{A}\,\overline{\overline{(B+C)\overline{\overline{D}+\overline{E}}}}=\overline{A}[\overline{B}+C+(\overline{D}+\overline{E})]=$$
$$\overline{A}(B\overline{C}+\overline{DE})$$

如果利用代入规则，可把原函数 L 中的 $B\overline{C}+\overline{DE}$ 当作一个变量来对待，也可以直接写出：

$$\overline{L}=\overline{A}(B\overline{C}+\overline{DE})$$

3. 对偶规则（定理）

将任何一个逻辑表达式 L 中的乘换成加、加换成乘、0 换成 1、1 换成 0，便得到一个新的逻辑表达式 L'，L' 式称为 L 式的对偶式（两者互为对偶式）。对偶式的对偶式就是原函数，即 $(L')'=L$。

所谓对偶规则是指若某个逻辑恒等式成立时，则其对偶式也成立。若两逻辑函数相等，其对偶式亦相等。反之也成立。

例如：$L_1=\overline{A}(B+C)$，其对偶式为 $L_1'=\overline{A}+BC$。

$L_2=\overline{\overline{A}+\overline{BC}D}$，其对偶式为 $L_2'=\overline{\overline{A}\,\overline{B}+\overline{C}+D}$。

在运用对偶规则时应注意：

（1）求对偶式与求反演式不同，对偶变换时，内外非号一律不动。

（2）要保持变换前后运算次序不变。

下面证明，若两逻辑函数 $L_1=L_2$，则对偶式 $L_1'=L_2'$。

证明：因 $L_1=L_2$，故 $\overline{L}_1=\overline{L}_2$，$\overline{L}_1$ 和 $\overline{L}_2$ 可利用反演规则得到，如把反函数 $\overline{L}_1$ 和 $\overline{L}_2$ 中的原变量用反变量代替，反变量用原变量代替，这时 $\overline{L}_1$ 和 $\overline{L}_2$ 式就分别变成了对偶式 L_1' 和 L_2'，由于代入规则的成立，则自然满足 $L_1'=L_2'$。

由于有了对偶规则，就使得证明恒等式的工作量减少了一半。前面已学

过的公理和定理中,那些公式都是成对的,两个是互为对偶式。如果已知一个恒等式,利用对偶规则就可得到另一个恒等式。

例如:利用对偶规则证明恒等式。试证明等同律 $A+\overline{A}B=A+B$。

证明:令 $L_1=A+\overline{A}B$; $L_2=A+B$

$$L_1'=A(\overline{A}+B)+A\overline{A}+AB=AB$$
$$L_2'=AB$$

由于 $L_1'=L_2'$,所以 $L_1=L_2$,即等同律成立。

以上介绍了逻辑代数的公理和定理及规则,在以后逻辑函数的推演、变换和化简中要经常用到。逻辑代数是一种具有数学外形的逻辑推理,而不是数值计算,千万不要与普通代数混同。

例如:恒等式 $A(B+C)+\overline{B}C=AB+\overline{B}C$,等号两边均有 $\overline{B}C$ 项,但绝不可以把等号两边相同的 $\overline{B}C$ 项对消,而成为 $A(B+C)=AB$。这在普通代数中是允许的,但在逻辑代数中是不允许的,否则会产生逻辑错误。

3.1.4 异或逻辑及其运算规律

1. 异或逻辑和同或逻辑

逻辑代数运算只有 3 种,即与、或、非。异或逻辑运算也不会超出这 3 种运算。如逻辑函数 $L=A\overline{B}+\overline{A}B$,从表达式可以看出,只有变量 $A\neq B$ 时,函数 $L=1$,否则 $L=0$,也就是说当 $A=0,B=1$ 或者 $A=1,B=0$ 时,$L=1$,称这种逻辑关系为异或逻辑,可用 $\oplus$ 符号表示,即

$$A\overline{B}+\overline{A}B=A\oplus B$$

如逻辑函数 $L=AB+\overline{A}\,\overline{B}$,从表达式来看,只有变量 $A=B$ 时,$L=1$,否则 $L=0$,也就是说只有当 $A=B=0$ 或 $A=B=1$ 时,$L=1$,称这种逻辑关系为同或逻辑,用符号 $\odot$ 表示,即

$$AB+\overline{A}\,\overline{B}=A\odot B$$

同或逻辑 $A\odot B$ 与异或逻辑 $A\oplus B$ 两者是互反的,证明如下:

$$\overline{A\oplus B}=\overline{A\overline{B}+\overline{A}B}=\overline{A\overline{B}}\cdot\overline{\overline{A}B}=(\overline{A}+B)(A+\overline{B})=$$
$$AB+\overline{A}\,\overline{B}=A\odot B$$

2. 异或逻辑的运算规律

(1)交换律:$A\oplus B=B\oplus A$。

(2)结合律:$(A\oplus B)\oplus C=A\oplus(B\oplus C)$。

(3)分配律:$A(B\oplus C)=AB\oplus AC$。

证明:左式 $A(B\oplus C)=A(B\overline{C}+\overline{B}C)=AB\overline{C}+A\overline{B}C$

右式 $AB\oplus AC=AB\,\overline{AC}+\overline{AB}AC=$
$$AB(\overline{A}+\overline{C})+AC(\overline{A}+\overline{B})=$$

$$AB\overline{C}+A\overline{B}C$$

所以 $$A(B\oplus C)=AB\oplus AC$$

（4）常量和变量的异或运算：

$$A\oplus 1=\overline{A}; \qquad A\oplus 0=A$$

$$A\oplus A=0; \qquad A\oplus\overline{A}=1$$

（5）因果互换律：若 $A\oplus B=C$，则 $A\oplus C=B$ 和 $B\oplus C=A$。

证明：把已知的 $A\oplus B=C$ 两边同时异或 B 可得

$$A\oplus B\oplus B=C\oplus B$$

$$A\oplus 0=B\oplus C$$

所以 $$A=B\oplus C$$

把 $A\oplus B=C$ 等号两边同时异或 A 可得

$$A\oplus B\oplus A=C\oplus A$$

$$A\oplus A\oplus B=A\oplus C$$

$$0\oplus B=A\oplus C$$

所以 $$B=A\oplus C$$

有了异或运算规律，在逻辑分析和设计上就会很方便。

3.2　逻辑函数的表示法

表示逻辑函数的方法主要有 3 种，即真值表、函数式和逻辑图。

3.2.1　真值表表示法

以 3 个输入 A,B,C 的表决逻辑为例，输出 L 与输入的多数相一致，真值表见表 3.2.1，真值表中把全部可能出现的逻辑状态都反映出来了。这种表示法很直观，一目了然，并且具有唯一性。

3.2.2　函数式表示法

1. 由真值表写出表达式

还是以三变量的表决逻辑为例，从真值表 3.2.1 中可以看出：

当 $A=0,B=1,C=1$ 时，$L=1$，即 $\overline{A}BC=1$。

当 $A=1,B=0,C=1$ 时，$L=1$，即 $A\overline{B}C=1$。

当 $A=1,B=1,C=0$ 时，$L=1$，即 $AB\overline{C}=1$。

当 $A=1,B=1,C=1$ 时，$L=1$，即 $ABC=1$。

表 3.2.1　真值表

A	B	C	L
0	0	0	0
0	0	1	0
0	1	0	0
0	1	1	1
1	0	0	0
1	0	1	1
1	1	0	1
1	1	1	1

也就是说当输入 ABC 的组合形式是上面 4 种之一时,输出 $L=1$,符合或逻辑关系,即

$$L=\overline{A}BC+A\overline{B}C+AB\overline{C}+ABC$$

用函数式表示逻辑关系不如真值表直观,但它便于运用定理和规则来推演、变换和化简。

2. 逻辑表达式的基本类型

逻辑函数的真值表是唯一的,而表达式是多种多样的,常用的典型表达式有 5 种,它们是:与或式、或与式、与非与非式、或非或非式和与或非式。

例如:

$$L=AB+\overline{B}C= \qquad 与或(积之和)表达式$$

$$(A+\overline{B})(B+C)= \qquad 或与(和之积)表达式$$

$$\overline{\overline{AB}+\overline{\overline{B}C}}= \qquad 与非与非表达式$$

$$\overline{\overline{A+\overline{B}}+\overline{B+C}}= \qquad 或非或非表达式$$

$$\overline{\overline{A}B+B\,\overline{C}} \qquad 与或非表达式$$

证明:

$$L=AB+\overline{B}C=\overline{\overline{AB+\overline{B}C}}=\overline{\overline{AB}\,\overline{\overline{B}C}}=$$

$$\overline{\overline{(A+\overline{B})(B+C)}}=\overline{\overline{A}B+\overline{A}\,\overline{C}+\overline{B}\,\overline{C}}=$$

$$\overline{\overline{A}B+\overline{B}\,\overline{C}}=\overline{\overline{A}B\,\overline{B}\,\overline{C}}=(A+\overline{B})(B+C)=$$

$$\overline{\overline{(A+\overline{B})(B+C)}}=\overline{\overline{A+\overline{B}}+\overline{B+C}}$$

这 5 种类型的表达式恰好和门电路的主要类型相对应,与或式可用与门和或门来实现,或与式可用或门和与门来实现,与非与非式可用与非门来实现,或非或非式可用或非门来实现,与或非式可用与或非门来实现。

3. 标准与或式(最小项表达式)

表示一个逻辑函数的与或式也有多种多样,其中有一种叫标准与或式,也叫最小项表达式。还以三变量的表决逻辑为例,前面从真值表已经得到了与或表达式:

$$L=\overline{A}BC+A\overline{B}C+AB\overline{C}+ABC$$

这种与或式叫最小项表达式。它有以下两个特点:

(1) 每个积项的因子数等于总变量数。

(2) 在一个积项中,每个变量只出现一次(或是原变量,或是反变量)。

这种积项称为最小项。一个函数全部最小项的个数为 2^n 个,n 是变量的个数。以三变量为例,其最小项真值表,见表 3.2.2。

表 3.2.2　最小项真值表

变　量	最　　　小　　　项							
$A\,B\,C$	$\overline{A}\,\overline{B}\,\overline{C}$	$\overline{A}\,\overline{B}\,C$	$\overline{A}\,B\,\overline{C}$	$\overline{A}\,B\,C$	$A\,\overline{B}\,\overline{C}$	$A\,\overline{B}\,C$	$A\,B\,\overline{C}$	$A\,B\,C$
0 0 0	1	0	0	0	0	0	0	0
0 0 1	0	1	0	0	0	0	0	0
0 1 0	0	0	1	0	0	0	0	0
0 1 1	0	0	0	1	0	0	0	0
1 0 0	0	0	0	0	1	0	0	0
1 0 1	0	0	0	0	0	1	0	0
1 1 0	0	0	0	0	0	0	1	0
1 1 1	0	0	0	0	0	0	0	1

从表 3.2.2 可以看出最小项有以下几个性质：

(1) 对应任一种输入的组合,只有一个最小项的值为 1。

(2) 任意两个最小项之积恒为 0。

(3) 全部最小项之和恒为 1。

最小项是组成逻辑函数的基本积项,逻辑函数的最小项表达式叫标准与或式。

为了应用方便,对最小项进行编号,按二进制数排列,用相应的十进制数编号。以三变量为例,见表 3.2.3。

表 3.2.3　最小项编号

最小项	$A\,B\,C$ 对应的取值	对应的十进制数	对应编号的最小项符号
$\overline{A}\,\overline{B}\,\overline{C}$	0 0 0	0	m_0
$\overline{A}\,\overline{B}\,C$	0 0 1	1	m_1
$\overline{A}\,B\,\overline{C}$	0 1 0	2	m_2
$\overline{A}\,B\,C$	0 1 1	3	m_3
$A\,\overline{B}\,\overline{C}$	1 0 0	4	m_4
$A\,\overline{B}\,C$	1 0 1	5	m_5
$A\,B\,\overline{C}$	1 1 0	6	m_6
$A\,B\,C$	1 1 1	7	m_7

前面已经得到三变量的表决逻辑的最小项表达式,即

$$L=\overline{A}BC+A\overline{B}C+AB\overline{C}+ABC$$

也可用最小项的编号表示出来,但要注意,最小项的编号顺序与变量的排

列有关。本例是以 ABC 排列顺序的,故函数 L 应写成 $L(ABC)$,即
$$L(ABC)=m_3+m_5+m_6+m_7=\sum_m(3,5,6,7)$$
此式也叫最小项表达式,即标准与或式。

4. 相邻最小项

两个最小项只有一个因子不同,且这个不同的因子又是互反的,则称这两个最小项为相邻最小项。

例如,$A\bar{B}C$ 和 ABC 这两个最小项中只有一个因子不同,即 B 与 $\bar{B}$,两者互反,称 $A\bar{B}C$ 和 ABC 为相邻最小项。

再如,两个四变量的最小项 $ABC\bar{D}$ 和 $\bar{A}BC\bar{D}$,两者只有一个因子不同,即 A 与 $\bar{A}$,且两者互反,则这两个最小项是相邻最小项。

相邻最小项的概念可用于化简逻辑函数。两个相邻最小项之和,合并后可消除互反的变量。

例如:
$$A\bar{B}C+ABC=AC(\bar{B}+B)=AC$$
$$ABC\bar{D}+\bar{A}BC\bar{D}=B\bar{C}\bar{D}(A+\bar{A})=B\bar{C}\bar{D}$$

例 3-1　已知函数 $L=\bar{A}+BC+A\bar{B}C$,求它的最小项表达式。

解　$L(ABC)=\bar{A}+BC+A\bar{B}C=$
$$\bar{A}(B+\bar{B})(C+\bar{C})+BC(A+\bar{A})+A\bar{B}C=$$
$$(\bar{A}B+\bar{A}\,\bar{B})(C+\bar{C})+ABC+\bar{A}BC+A\bar{B}C=$$
$$\bar{A}BC+\bar{A}B\bar{C}+\bar{A}\,\bar{B}C+\bar{A}\,\bar{B}\,\bar{C}+ABC+\bar{A}BC+A\bar{B}C=$$
$$\bar{A}\,\bar{B}\,\bar{C}+\bar{A}\,\bar{B}C+\bar{A}B\bar{C}+\bar{A}BC+A\bar{B}C+ABC=$$
$$\sum_m(0,1,2,3,5,7)$$

例 3-2　已知三变量逻辑函数的最小项表达式 $L(ABC)=\sum_m(2,3,5,7)$,求反函数 $\bar{L}$ 的最小项表达式。

解　原函数 L 有 4 个最小项 m_2,m_3,m_5 和 m_7,这几个最小项的值是 1,其余最小项 m_0,$m_1$$m_4$,$m_6$ 为 0,把为 0 的最小项加起来就是反函数的最小项表达式,即
$$\bar{L}(ABC)=\sum_m(0,1,4,6)$$

例 3-3　已知四变量逻辑函数的反函数 $\bar{L}(ABCD)=\sum_m(0,1,3,4,8,12,13)$,试求原函数 L 的最小项表达式。

解　$$L(ABCD)=\sum_m(2,5,6,7,9,10,11,14,15)$$

5. 标准或与式(最大项表达式)

如逻辑函数 Y 最小项表达式为
$$Y(ABC)=m_1+m_3+m_4+m_7$$

其反函数为 $\qquad \overline{Y}(ABC)=m_0+m_2+m_5+m_6$

其原函数又可写成

$$Y(ABC)=\overline{m_0+m_2+m_5+m_6}=\overline{m}_0 \cdot \overline{m}_2 \cdot \overline{m}_5 \cdot \overline{m}_6=$$

$$\overline{\overline{A}\,\overline{B}\,\overline{C}} \cdot \overline{\overline{A}B\overline{C}} \cdot \overline{A\overline{B}C} \cdot \overline{AB\overline{C}}=$$

$$(A+B+C)(A+\overline{B}+C)(\overline{A}+B+\overline{C})(\overline{A}+B+\overline{C})$$

此式就是标准或与式。其中每个和项就是一个最大项,在具有 n 个变量的和项中,每个变量(原变量或反变量)仅出现一次。最大项也可用代号表示,如上式可写成

$$Y(ABC)=M_0 \cdot M_2 \cdot M_5 \cdot M_6=\prod_M(0,2,5,6)$$

$$M_0=A+B+C=\overline{\overline{A}\,\overline{B}\,\overline{C}}=\overline{m}_0$$

同理 $\qquad M_2=\overline{m}_2, \ M_5=\overline{m}_5, \ M_6=\overline{m}_6$

最小项与最大项的对应关系是互补关系,即

$$\overline{m}_i=M_i$$

例如　　$F(ABCD)=\prod_M(0,2,4,6,8,9,12,13)=$ 　　　　最大项之积

$$\sum_m(1,3,5,7,10,11,14,15) \qquad 最小项之和$$

例如　　　　$L(ABC)=\sum_m(0,2,4,7)$

$$\overline{L}(ABC)=\prod_M(0,2,4,7)$$

3.2.3　逻辑图表示法

将一种逻辑关系用相应的门电路来实现,如三变量的表决逻辑,可用图3.2.1 来表示。

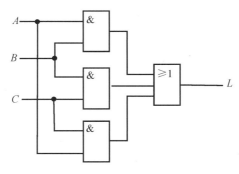

图 3.2.1　三变量表决逻辑的门电路

3.3 逻辑函数的化简

3.3.1 逻辑函数的公式化简法(代数化简法)

逻辑图是根据表达式画出来的,表示同一个逻辑关系,表达式越简单,用的门数和连接线就越少,既经济,又提高了电路的可靠性。为此,常常要对逻辑函数进行化简。化简时又常以与或式为基础,因为此种表达式便于推演和利用各种定律。公式化简法就是利用前面学过的定理来化简的。

例 3-4 试化简逻辑函数 L:
$$L = AD + A\overline{D} + AB + \overline{A}C + BD + ACEF + \overline{B}EF + DEFG$$

解 用合并项法:式中
$$AD + A\overline{D} = A(D + \overline{D}) = A$$

此时函数变为
$$L = A + AB + \overline{A}C + BD + ACEF + \overline{B}EF + DEFG$$

用吸收法:式中
$$A + AB + ACEF = A(1 + B + CEF) = A$$

此时函数变为
$$L = A + \overline{A}C + BD + \overline{B}EF + DEFG$$

用消去因子法:式中
$$A + \overline{A}C = A + C$$

函数又变成
$$L = A + C + BD + \overline{B}EF + DEFG$$

用包含律:式中
$$BD + \overline{B}EF + DEFG = BD + \overline{B}EF$$

最后得到
$$L = A + C + BD + \overline{B}EF$$

此式为最简的与或式,再不能化简了。

例 3-5 试化简逻辑函数 F:
$$F = A\overline{B} + B\overline{C} + \overline{B}C + \overline{A}B$$

解
$$\begin{aligned} F &= A\overline{B} + B\overline{C} + \overline{B}C(A + \overline{A}) + \overline{A}B(C + \overline{C}) = \\ &\quad A\overline{B} + B\overline{C} + A\overline{B}C + \overline{A}\,\overline{B}C + \overline{A}BC + \overline{A}B\overline{C} = \\ &\quad A\overline{B}(1 + C) + B\overline{C}(1 + \overline{A}) + \overline{A}C(\overline{B} + B) = \\ &\quad A\overline{B} + B\overline{C} + \overline{A}C \end{aligned}$$

本例中为了化简先增加了几个最小项。这种方法叫添项法。

例 3 - 6 试化简逻辑函数 Z：

$$Z = \overline{A}\,\overline{B}\,\overline{C} + \overline{A}\,\overline{B}D + \overline{A}C\overline{D}$$

解 先利用包含律配加一项，即

$$\overline{A}\,\overline{B}D + \overline{A}C\overline{D} = \overline{A}\,\overline{B}D + \overline{A}C\overline{D} + \overline{A}\,\overline{B}C$$

此时　　　$Z = \overline{A}\,\overline{B}\,\overline{C} + \overline{A}\,\overline{B}D + \overline{A}C\overline{D} + \overline{A}\,\overline{B}C =$

$$\overline{A}\,\overline{B}(\overline{C} + D + C) + \overline{A}C\overline{D} = \overline{A}\,\overline{B} + \overline{A}C\overline{D}$$

为了简化先利用包含律配加项的方法叫配项法。

用代数法化简逻辑函数需要熟记逻辑代数的定律、公式和运算规则，在推演过程中技巧性较强，是否已化到最简有时不易判断。

3.3.2 逻辑函数的卡诺图化简法（几何化简法）

1. 卡诺图的作法

（1）由真值表作卡诺图。以三变量表决逻辑为例，其真值表见表 3.3.1，卡诺图如图 3.3.1 所示，从真值表和卡诺图两种表示法的对比中可以看出，卡诺图只不过是真值表的另一种画法，卡诺图格外的值是变量的取值，格内的值是与格外变量取值相对应的函数值。

表 3.3.1　真值表

A	B	C	L
0	0	0	0
0	0	1	0
0	1	0	0
0	1	1	1
1	0	0	0
1	0	1	1
1	1	0	1
1	1	1	1

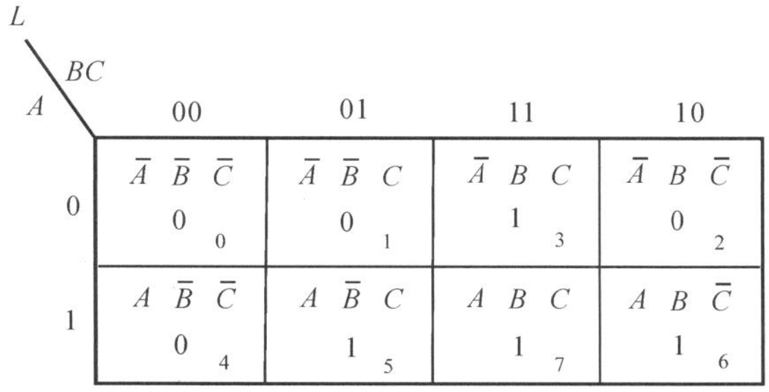

图 3.3.1　卡诺图

卡诺图中每一个小方格称作一个单元，它刚好对应一个最小项，如方格内上方所表示的。单元右下角的数表示的是该最小项的编号。

（2）由函数式作卡诺图。

例 3 - 7 函数 $L(ABCD) = \sum(1,4,8,10,13,15)$ 的卡诺图表示如图 3.3.2 所示，对应最小项编号 1,4,8,10,13,15 的单元填 1，其余单元填 0。

卡诺图不是随便画的，在画法上必须保证相邻最小项不仅在几何位置上相邻,并且具备循环相邻的特性。也就是说,除了挨在一起的单元相邻外,在图 3.3.2 中,0 号单元与 2 号单元、0 号单元与 8 号单元、8 号单元与 10 号单元、2 号单元与 10 号单元均属相邻。

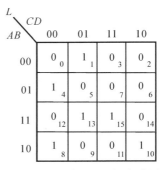

图 3.3.2　例 3-7 的卡诺图

例 3-8　试画出逻辑函数 $L=A\overline{B}\,\overline{C}D+D+A\overline{C}$ 的卡诺图。

解　凡是 $D=1$ 所对应的单元均为 1。

凡是 $A=1,C=0$ 对应的单元均为 1。

$ABCD=1001$ 对应的单元为 1。

如有重叠的填过 1 了就不再填了,其余单元填 0,其卡诺图如图 3.3.3 所示。

例 3-9　试画出逻辑函数 $L=\overline{\overline{A}+\overline{B}C}$ 的卡诺图。

解　首先将函数化成与或式再作出卡诺图。

$$L=\overline{\overline{A}+\overline{B}C}=\overline{\overline{A}}\,\overline{\overline{B}C}=A(B+\overline{C})=AB+A\overline{C}$$

凡是 $AB=11$ 对应的单元均为 1,$AC=10$ 对应的单元均为 1,其余单元为 0,卡诺图如图 3.3.4 所示。

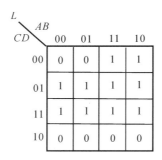

图 3.3.3　例 3-8 的卡诺图

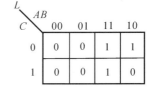

图 3.3.4　例 3-9 的卡诺图

本例也可以用反函数来作卡诺图。原函数的反函数为

$$\overline{L}=\overline{A}+\overline{B}C$$

凡是 $A=0$ 所对应的单元均为 0,因为 $A=0$,则 $\overline{A}=1$,即 $\overline{L}=1,L=0$。同理,凡是 $BC=01$ 对应的单元均为 0,其余单元均为 1,作出的卡诺图与图 3.3.4 完全一样。

2. 利用卡诺图化简逻辑函数

(1)二单元圈。在卡诺图中两个相邻的单元所代表的最小项仅有一个因子不同,而且这个不同的因子是互反的,因此,两个相邻单元之和可以消去这个互反因子,可用剩下的公共因子来代替原来两个最小项之和。根据这个特点,在卡诺图中将两个相邻单元单独地圈起来作标记,叫作二单元圈。

例 3 - 10　已知三变量逻辑函数 L 的卡诺图如图 3.3.5 所示,试写出最简的与或式。

解　首先将两相邻的 1 单元围成二单元圈,每个二单元圈对应一个积项,这个积项只用两个单元的公共因子来表示即可。公共因子对应的取值是 1,就用原变量表示。对应的是 0 就用反变量表示。因此,得到的表达式为

$$L = B\overline{C} + \overline{B}C$$

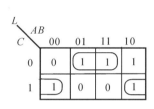

图 3.3.5　例 3 - 10 的卡诺图

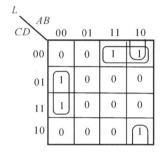

图 3.3.6　例 3 - 11 的卡诺图

例 3 - 11　已知卡诺图如图 3.3.6 所示,试写出最简的与或式。

解　在取二单元圈时允许部分重叠,但任何一个单元圈中至少有一个单元是未被其他圈所圈过的。得到的表达式为

$$L = \overline{A}\,\overline{B}D + A\overline{C}\,\overline{D} + A\overline{B}\,\overline{D}$$

(2) 四单元圈。将两个相邻的二单元圈圈起来就得到四单元圈,这样又可以消去一个变量,也就是说取四单元圈可消去两个变量,使函数更简化,以图 3.3.7 来说明。先取两个二单元圈,函数表达式为

$$L = \overline{A}B + AB$$

这两个二单元圈也相邻,即 $\overline{A}B$ 与 AB 只有一个因子不同($\overline{A}$ 与 A),而且又互反,则可进一步简化为

$$L = B(\overline{A} + A) = B$$

以后遇到 4 个单元彼此相邻,可直接取四单元圈,而不必再用二单元圈过渡了。一个四单元圈对应一个积项,该积项可用 4 个单元对应的 4 个最小项中共同的因子表示,对应不同的其他因子就被消掉了。下面给出 3 个卡诺图,如图 3.3.8～图 3.3.10 所示,在图上均取了单元圈,并在图下写出了相应的化简后的与或表达式。

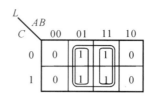

图 3.3.7 四单元圈卡诺图（1）

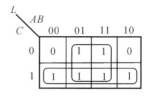

$$L=B+C$$

图 3.3.8 四单元圈卡诺图（2）

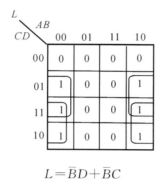

$$L=\overline{B}D+\overline{B}C$$

图 3.3.9 四单元圈卡诺图（3）

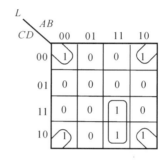

$$L=\overline{B}\ \overline{D}+ABC$$

图 3.3.10 四单元圈卡诺图（4）

（3）八单元圈。8 个相邻单元可构成八单元圈，一个 8 单元圈对应一个积项，该积项可用这 8 个单元对应的相同因子来表示，可消去 3 个因子。在图 3.3.11 中取了 2 个 8 单元圈，其最简的与或式为

$$L=A+\overline{D}$$

3. 利用卡诺图得到最简与或式的条件

（1）一个单元圈内的单元要彼此相邻，其单元的个数必须满足 2^K，$K=0，1，2，3，\cdots$。

（2）单元圈的形状呈矩形或正方形。

（3）单元圈要尽量大，在不漏项的前提下单元圈的个数要尽量少，单元圈之间允许有部分重叠，但要保证任何一个单元圈中至少有一个单元未被其他圈圈过。

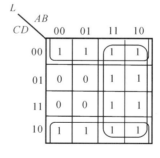

图 3.3.11 八单元圈卡诺图

符合以上条件得到的与或表达式就是最简的，所谓最简就是积项的个数最少，每个积项内的因子数也最少。

例 3-12 试用卡诺图将函数 $F=\overline{AB+\overline{A}\ CD+\overline{A}BD}+\overline{A}BC$ 化成最简的与或式。

解 首先将函数 F 写成反函数 $\overline{F}$ 的与或式。

$$\overline{F}=AB+\overline{A}\,\overline{C}D+\overline{A}BD+\overline{A}BC$$

作反函数 $\overline{F}$ 的卡诺图,如图 3.3.12 所示,图中为 0 的单元相当于原函数为 1 的单元,图中为 1 的单元相当于原函数为 0 的单元,故取 0 单元做单元圈写出的表达式就是原函数 F 的最简与或式,即

$$F=A\overline{B}+\overline{B}C+\overline{A}\,\overline{C}\,\overline{D}$$

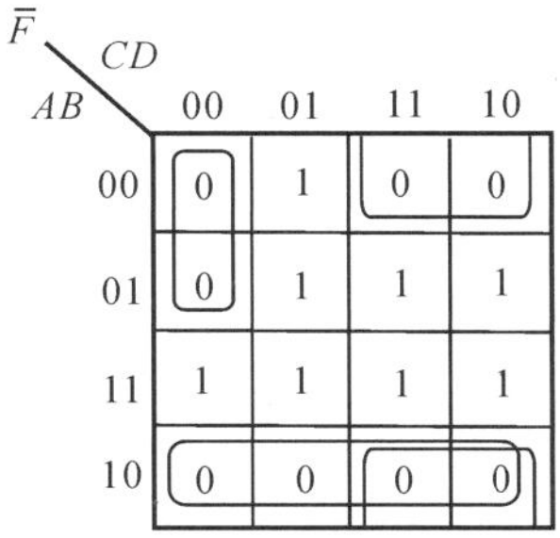

图中 $\overline{F}$:

$\overline{F}$ \\ CD \\ AB	00	01	11	10
00	0	1	0	0
01	1	1	1	1
11	1	1	1	1
10	0	0	0	0

图 3.3.12 例 3 - 12 的卡诺图

4. 五变量的卡诺图

当变量多于 4 个时,不仅卡诺图要复杂一些,而且在确定相邻单元时也不太直观了。下面以五变量逻辑函数为例来说明寻找相邻单元的方法。

例 3 - 13 用卡诺图法化简逻辑函数 F:

$$F(ABCDE)=ABCDE+AB\overline{C}D\overline{E}+A\overline{B}\,\overline{C}DE+$$
$$\overline{A}BCDE+AC\overline{D}\overline{E}+\overline{A}C\overline{D}E+$$
$$BC\overline{D}\,\overline{E}+\overline{B}\,\overline{C}\,\overline{D}\,\overline{E}$$

解 先作出卡诺图,如图 3.3.13 所示,变量 ABC 的取值组合自左向右符合循环码规律,变量 DE 的取值组合自下而上也同样符合循环码规律,这样就保证了在卡诺图上对任何一个变量来说,在取值 0 和 1 的分格线两侧对称位置上的单元或单元圈均属于相邻关系。

从卡诺图上可以看出:m_0,m_8 两个单元相邻可构成二单元圈,m_{16},m_{24} 相邻也构成一个二单元圈,这两个二单元圈在 $A=0$ 和 $A=1$ 的分格线两侧又是对称的,故这 4 个单元彼此相邻,可构成四单元圈,其对应的积项为 $\overline{C}\,\overline{D}\,\overline{E}$。

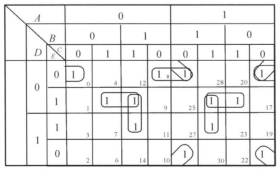

图 3.3.13 例 3 - 13 的卡诺图

m_{16},m_{24},m_{18},m_{26} 构成四单元圈,对应的积项为 $A\overline{C}\,\overline{E}$。

m_5,m_{13} 相邻,构成二单元圈,m_{21},m_{29} 相邻,构成二单元圈,这 2 个二单

元圈在 $A=0$ 和 $A=1$ 的分格线两侧又是对称的,故这 4 个单元也构成四单元圈,其对应的积项为 $C\overline{D}E$。

同理 m_{13},m_{15},m_{29},m_{31} 也构成四单元圈,对应的积项为 BCE。

化简后的逻辑表达式为

$$L(ABCDE)=\overline{C}\ \overline{D}\ \overline{E}+AC\overline{E}+C\overline{D}E+BCE$$

利用卡诺图化简逻辑函数比代数法更直观而又简便,也容易判断结果是否是最简;但对变量较多的逻辑函数,作卡诺图也要相应地麻烦些。

5. 化简举例

例 3-14 将给定的逻辑函数 $L(ABCD)$ 化为最简的与或式。

$$L(ABCD)=(A+\overline{B}+C+\overline{D})(A+\overline{B}+\overline{C}+$$
$$\overline{D})(\overline{A}+B+C+D)$$
$$(\overline{A}+B+\overline{C}+D)(\overline{A}+\overline{B}+D)$$

AB＼CD	00	01	11	10
00	0	0	0	0
01	0	1	1	0
11	1	0	0	1
10	1	0	0	1

解 $\overline{L}(ABCD)=\overline{A}B\overline{C}D+\overline{A}BCD+$
$$A\overline{B}\ \overline{C}\ \overline{D}+A\overline{B}C\overline{D}+$$
$$AB\overline{D}$$

作 $\overline{L}(ABCD)$ 的卡诺图,如图 3.3.14 所示。

$$L(ABCD)=\overline{A}\ \overline{B}+\overline{A}\ \overline{D}+AD$$

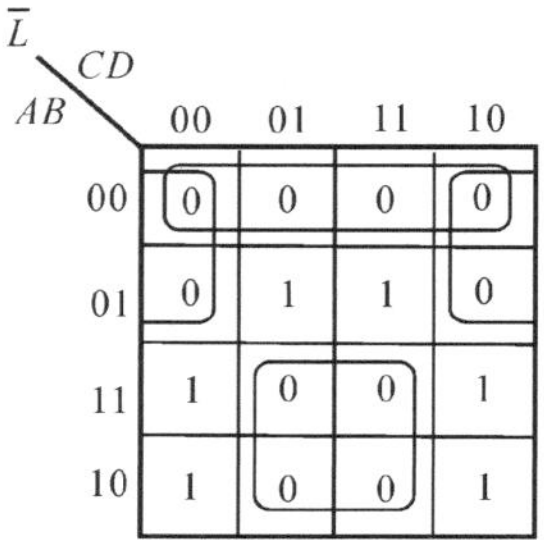

图 3.3.14 例 3-14 的卡诺图

例 3-15 将给定的逻辑函数 $F(ABCD)$ 化成最简的与或式。

$$F(ABCD)=(\overline{A}\ \overline{B}D+ACD+\overline{B}\ \overline{C}D)\cdot\overline{\overline{B}\ \overline{D}+\overline{A}B\overline{C}+\overline{B}CD+\overline{A}BC\overline{D}}$$

解 令 $\qquad F_1=(\overline{A}\ \overline{B}D+ACD+\overline{B}\ \overline{C}D)$
$$F_2=\overline{\overline{B}\ \overline{D}+\overline{A}B\overline{C}+\overline{B}CD+\overline{A}BC\overline{D}}$$

则 $\qquad\qquad\qquad F=F_1\cdot F_2$

分别作出 F_1 和 F_2 两个卡诺图,利用两个卡诺图相乘得到总的 F 卡诺图,再取单元圈化简(图中 0 单元未标出)。

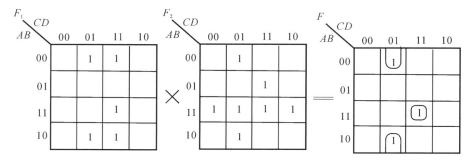

图 3.3.15 例 3-15 的卡诺图

两个卡诺图相乘(与),一定要变量相同,F_1 与 F_2 对应单元相乘的结果填在 F 的相应单元内,就得到了如图 3.3.15 所示的卡诺图。最后 F 化简为

$$F(ABCD) = \overline{B}\,\overline{C}D + ABCD$$

例 3 - 16　将给出的逻辑函数 $F(ABCD)$ 化简成最简的与或式。

$$F(ABCD) = \overline{A}\,\overline{B}D + ACD + \overline{B}\,\overline{C}D + \overline{\overline{B}\,\overline{D}} + \overline{\overline{A}B\overline{C}} + \overline{B}CD + \overline{\overline{A}BC\overline{D}}$$

解　同样将函数化为两个函数相加(F_1 和 F_2 同例 3 - 15):

$$F = F_1 + F_2$$

分别作出 F_1 和 F_2 的卡诺图(同例 3 - 15),对应单元相加,填在总的卡诺图相应的单元内,就得到如图 3.3.16 所示的卡诺图。最后 F 化简为

$$F = AB + CD + \overline{B}D$$

例 3 - 17　给定逻辑函数 $Y(ABC)$,试化成最简的与或式。

$$Y(ABC) = (\overline{A}B + BC) \oplus (\overline{B}\,\overline{C} + BC + A\overline{C})$$

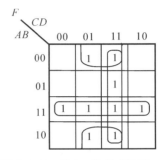

图 3.3.16　例 3 - 16 的卡诺图

解　令　　　$Y = Y_1 \oplus Y_2$

分别作出 Y_1 和 Y_2 的卡诺图,将 Y_1 和 Y_2 相应的单元相异或的结果填在 Y 的卡诺图相应单元中,然后在 Y 的卡诺图中取单元圈化简即可,如图 3.3.17 所示。

最后 Y 化简为

$$Y = \overline{C}$$

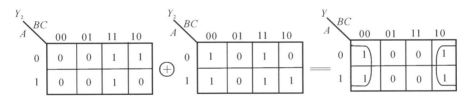

图 3.3.17　例 3 - 17 的卡诺图

3.3.3　其他类型的最简表达式

表示一种逻辑关系,不管是什么类型的表达式,都只不过是表述逻辑关系的数学模型,用什么样的门电路去实现它,这完全取决于设计者的主观愿望和客观条件。利用卡诺图以 1 单元作单元圈所得到的是最简的与或式,对应与或式就可以用与门和或门去实现它。有时为了用与非门、或非门、与或非门来实现,就必须得到相应类型的最简表达式。本节所说的最简式指的是除去变量自身的非号之外,用的是两级门电路。

1. 最简的与非与非式

在数字电路中与非门被广泛地采用,因此与非表达式就比较重要,最简的

与非与非表达式指的是非号最少,即用的是与非门个数最少(不包括变量自身的非号),每个非号下的变量也最少,即每个与非门的输入量最少。

在原函数的卡诺图中取 1 单元作单元圈,可得到最简的与或式,再对该式两次取反并展开一个非号,便得到最简的与非与非表达式。

例 3 – 18 将逻辑函数 $L=\overline{A}\,\overline{B}C+\overline{B}\,\overline{C}+A\overline{C}+A\overline{B}$,化简成最简的与非与非式,并用与非门实现之。

解 先作卡诺图,如图 3.3.18(a)所示,在图上取 1 单元作单元圈,可得到最简的与或式,两次取非展一个非号,便得到最简的与非与非式,其逻辑图如图 3.3.18(b)所示。

$$F=A\overline{B}+\overline{B}C+B\overline{C}=\overline{\overline{A\overline{B}+\overline{B}C+B\overline{C}}}=\overline{\overline{A\overline{B}}\cdot\overline{\overline{B}C}\cdot\overline{B\overline{C}}}$$

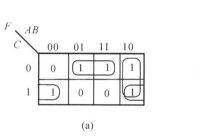
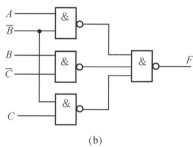

图 3.3.18 例 3 – 18 的卡诺图及逻辑图

2. 最简的或-与式

在原函数的卡诺图上取 0 单元作单元圈得到反函数的最简与或式,再取反展开非号,便得到原函数的最简或-与表达式。

例 3 – 19 试利用卡诺图将函数 $F=A+\overline{A}B\overline{C}$ 化成最简的或-与式。

解 先作卡诺图如图 3.3.19(a)所示,取 0 单元作单元圈,得到

$$\overline{F}=\overline{A}\,\overline{B}+\overline{A}C$$

$$F=\overline{\overline{A}\,\overline{B}+\overline{A}C}=\overline{\overline{A}\,\overline{B}}\cdot\overline{\overline{A}C}=(A+B)(A+\overline{C})$$

逻辑图如图 3.3.19(b)所示。

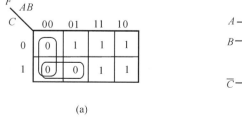
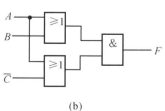

图 3.3.19 例 3 – 19 的卡诺图及逻辑图

3. 最简的或非或非式

在原函数的卡诺图上取 0 作单元圈,得到反函数的最简与或式,再三次取反,并展开两个非号,便得到最简的或非或非式。

例 3 - 20　将函数 $F=\overline{A}C+A\overline{C}\,\overline{D}+A\overline{B}\,\overline{D}$ 化简成或非或非式。

解　作卡诺图如图 3.3.20(a)所示,取 0 作单元圈得到反函数 $\overline{F}$ 的与或式。

$$\overline{F}=\overline{A}\,\overline{C}+AD+ABC$$

再三次取反便得原函数

$$F=\overline{\overline{\overline{\overline{A}\,\overline{C}+AD+ABC}}}=\overline{\overline{(A+C)(\overline{A}+\overline{D})(\overline{A}+\overline{B}+\overline{C})}}=$$

$$\overline{\overline{A+C}+\overline{\overline{A}+\overline{D}}+\overline{\overline{A}+\overline{B}+\overline{C}}}$$

逻辑图如图 3.3.20(b)所示。

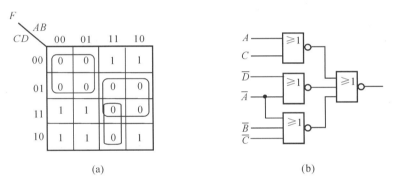

图 3.3.20　例 3 - 20 的逻辑图和卡诺图

4. 最简的与或非式

在原函数的卡诺图上取 0 单元作单元圈,得到反函数的最简与或式,再一次取反不展开,便得到原函数的与或非表达式。

例 3 - 21　将函数 $F=\overline{A}C+C\overline{D}+A\overline{C}\,\overline{D}$ 化成最简的与或非式。

解　先作卡诺图,如图 3.3.21(a)所示,取 0 单元作单元圈得到反函数的表达式

$$\overline{F}=\overline{A}\,\overline{C}+AD$$

再取反便得到原函数的与或非式

$$F=\overline{\overline{A}\,\overline{C}+AD}$$

逻辑图如图 3.3.21(b)所示。

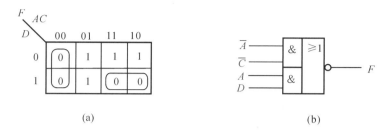

(a)   (b)

图 3.3.21   例 3-21 的卡诺图和逻辑图

3.4   具有约束条件的逻辑函数

3.4.1   约束的概念和约束条件

在实际中有时各输入的取值存在着制约关系,这种制约关系叫约束。例如用 3 个输入信号 A,B,C 控制一个运算器的算术运算,当 $A=1$ 时进行加法运算,当 $B=1$ 时进行减法运算,当 $C=1$ 时进行乘法运算,当 $A=B=C=0$ 时进行除法运算,但任何时刻运算器只能进行一种运算。根据上述条件可以得出:

输入允许的组合 $ABC=000,100,010,001$

不允许出现的组合 $ABC=011,101,110,111$

把不允许出现或根本不会出现的输入组合对应的最小项叫约束项或无关项,由约束项构成的逻辑表达式叫约束条件。它可写成

$$\overline{A}BC+A\overline{B}C+AB\overline{C}+ABC=\Phi$$

也可写成 $\sum_d(3,5,6,7)$

还可以利用卡诺图对约束条件进行化简,如图 3.4.1 所示。约束项对应的单元用"Φ"表示,也可用"×"表示,只对无关项(Φ 项)取单元圈,便得到最简约束条件的与或式,即

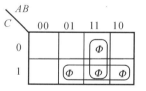

图 3.4.1   对约束条件进行
化简的卡诺图

$$AB+AC+BC=\Phi$$

3.4.2   具有约束条件的逻辑函数的化简

约束项是不允许出现的或根本不会出现的输入的组合,因此约束项在卡

诺图中所对应的单元可以看作是 1,也可作为 0。为了扩大 1 单元的单元圈可当作 1 使用,用不上的就认为是 0。然后再单独对约束项取单元圈,就可得到约束条件的最简式。

例 3 - 22　试化简逻辑函数 $Z(ABC)=\sum_m(1,2,4)+\sum_d(3,5,6,7)$。

解　函数 $\sum_m$ 里的各最小项为 1,$\sum_d$ 中各最小项为约束项,作出卡诺图,如图 3.4.2 所示,从卡诺图可以写出最简的表达式。

$$\begin{cases} Z=A+B+C \\ AB+BC+AC=\Phi \end{cases}$$

例 3 - 23　试化简逻辑函数

$$\begin{cases} Z=\overline{A}D+\overline{B}\,\overline{C}D+A\overline{B}D \\ AB\overline{C}+ABC+A\overline{B}C=\Phi \end{cases}$$

解　作卡诺图时先作出约束项,后作函数 Z,凡是 1 与 Φ 重叠的单元填 Φ 而不填 1,如本例中 11 号单元在约束项中有它,在函数 Z 中也含有它,就填 Φ,是因为在函数 Z 中是把该无关项当 1 用了的缘故。作出卡诺图如图 3.4.3 所示,由卡诺图可得

$$\begin{cases} Z=D \\ AB+AC=\Phi \end{cases}$$

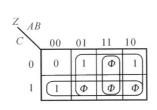

图 3.4.2　例 3 - 22 的卡诺图

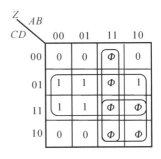

图 3.4.3　例 3 - 23 的卡诺图

小　　结

本章的中心内容:① 逻辑运算的定理和规则;② 逻辑函数的 3 种表示法及其相互转换;③ 逻辑函数的化简。这些内容都是数字逻辑的分析与设计中最基础的内容,因此应当熟练地掌握它。

逻辑函数的化简介绍了两种方法。公式法的优点在于不受任何条件的限

制,缺点是无固定步骤可循,不仅需要对各个定律和规则熟记,而且还要能灵活运用。这种化简法技巧性较强。用卡诺图化简法有固定步骤可循,比较简单直观,容易掌握,若变量多于 5 个则会失去简单直观的优点。

根据需要能写出逻辑函数的与或式、或-与式、与非与非式、或非或非式和与或非式。

本章介绍的利用卡诺图得到最简的与非与非式;或非或非式和与或非式,均指的是两级门电路(不包括变量自身的非号),有时用三级门电路可能比两级门电路用的门数更少,但电路总的延迟时间要加长些。例如:

$$L_1 = \overline{\overline{\overline{A+B} + \overline{C+D}}} = \qquad \text{三级门电路(最简或非或非式)}$$

$$\overline{\overline{\overline{B+\overline{D}} + \overline{B+\overline{C}} + \overline{\overline{A}+\overline{D}} + \overline{\overline{A}+\overline{C}}}} \qquad \text{二级门电路(最简或非或非式)}$$

$$L_2 = \overline{\overline{\overline{A}\,\overline{B}} + \overline{\overline{C}\,\overline{D}}} = \qquad \text{三级门电路(最简与或非式)}$$

$$\overline{BD + BC + AD + AC} \qquad \text{二级门电路(最简与或非式)}$$

必须掌握具有约束条件的逻辑函数的化简要用卡诺图法。

习　题　三

3.1　当变量 ABC 分别为 010,110 和 101 时,求下列各函数的值。

(1) $\overline{A}B + BC$

(2) $(A+B+C)(\overline{A}+B+\overline{C})$

(3) $(\overline{A}B + A\overline{C})B$

3.2　用反演规则求出下列函数的反函数。

(1) $F_1 = (\overline{A}+\overline{B})(\overline{C}+\overline{D}) + \overline{E} + \overline{F}\,\overline{G}$

(2) $F_2 = A\overline{B}\,\overline{C} + \overline{A}\,\overline{B} + \overline{A}D + C + BD$

(3) $F_3 = \overline{\overline{A}\,\overline{B}\,\overline{C}} + \overline{AB} + BC + \overline{AC} + ABC$

3.3　求出题 3.2,F_1,F_2 和 F_3 的对偶式 F_1',F_2' 和 F_3'。

3.4　证明下列等式。

(1) $ABC + A\overline{B}C + A\overline{B}\,\overline{C} = A\overline{B} + AC$

(2) $A + A\overline{B}\,\overline{C} + \overline{A}CD + (\overline{C}+\overline{D})E = A + CD + E$

(3) $\overline{A+B+\overline{C}}\,CD + (B+\overline{C})(\overline{A}BD + \overline{B}\,\overline{C}) = 1$

(4) $ABCD + \overline{A}\,\overline{B}\,\overline{C}\,\overline{D} = \overline{A\overline{B} + B\overline{C} + C\overline{D} + D\overline{A}}$

3.5　证明下列等式。

(1) $\overline{A}(C \oplus D) + B\overline{C}D + AC\overline{D} + A\overline{B}\,\overline{C}D = C \oplus D$

(2) $A \oplus B \oplus C = ABC + (A+B+C)\overline{\overline{AB} + BC + AC}$

（3）$AB(A \oplus B \oplus C) = ABC$

（4）$(A+\bar{C})(B+D)(B+\bar{D}) = AB + B\bar{C}$

3.6 试用最小项表达式表示下列各逻辑函数。

（1）$L_1(ABC) = \bar{A}BC + AC + BC$

（2）$L_2(ABCD) = A\bar{B}\bar{C}D + BCD + \bar{A}D$

（3）$L_3(ABCD) = (\bar{A}\,\bar{B} + B\bar{D})\bar{C} + BD\,\bar{A}\,\bar{C} + D\bar{A} + \bar{B}$

（4）$L_4(ABC) = A \oplus B \oplus C$

3.7 写出下列函数的最小项形式的反函数。

（1）$F_1(ABC) = \sum_m(1,4,5,7)$

（2）$F_2(ABCD) = \sum_m(0,3,6,9,11,13,15)$

3.8 写出下列函数的最大项表达式。

（1）$Y_1(ABC) = A\bar{B} + B\bar{C} + C\bar{A}$

（2）$Y_2(ABCD) = \sum_m(2,3,5,6,9,11,12,14)$

3.9 用公式法将下列函数化成最简的与或式。

（1）$F_1 = \overline{AC + \bar{A}BC} + \bar{B}C + AB\bar{C}$

（2）$F_2 = \overline{AB + \bar{A}\,\bar{B}} + \overline{\bar{A}B + A\bar{B}}$

（3）$F_3 = ABC\bar{D} + ABD + BC\bar{D} + ABC + BD + B\bar{C}$

（4）$F_4 = \bar{A}\,\bar{B} + B\bar{C} + \bar{A} + \bar{B} + ABC$

3.10 用公式法将下列各函数化成最简的与或式。

（1）$L_1 = \overline{A \oplus B}\ \overline{B \oplus C}$

（2）$L_2 = A\bar{B} + B\bar{C}\,\bar{D} + ABD + \bar{A}BCD$

（3）$L_3 = \overline{\overline{AC + \bar{A}BC} + \bar{B}C + AB\bar{C}}$

（4）$L_4 = (A+B+\bar{C})(A+B+C)$

3.11 用卡诺图法将下列各函数化成最简的与或式。

（1）$F_1 = \bar{B}\,\bar{C} + \bar{A}\,B + AB\bar{C}$

（2）$F_2 = \overline{\bar{A}\,\bar{B}D + B\bar{C}\,\bar{D} + BCD + ACD + A\bar{B}\,\overline{CD}}$

（3）$F_3 = CD(\bar{A}+B) + \bar{A}B\,\overline{CD} + ABC\,\bar{D} + ACD$

（4）$F_4(ABCD) = \prod_M(0,8,9,12,13,14,15)$

（5）$F_5(ABCD) = \sum_m(1,3,4,6,8,10,11,12,15)$

3.12 求下列各函数最简的与非与非式。

（1）$L_1 = \overline{(A+B)(C+D)(\bar{B}+C+D)}$

（2）$L_2 = A\bar{D} + \bar{A}\,\bar{C} + \bar{B}\,CD + \bar{A}CD$

（3）$L_3(ABC) = \sum_m(0,1,4,7)$

3.13 写出题 3.12 中 L_2 和 L_3 最简的或非或非式。

3.14 写出题 3.12 中 L_2 和 L_3 最简的与或非式。

3.15 将下列有约束条件的逻辑函数化成最简的与或式。

(1) $\begin{cases} Y_1(ABCD) = (B \oplus C) + B\,\overline{C}\,\overline{D} + A\overline{B}C \\ \overline{A}BCD + \overline{B}\,\overline{C}\,\overline{D} + ABCD = \varPhi \end{cases}$

(2) $\begin{cases} Y_2(ABCD) = A\overline{C} + \overline{B}D + \overline{C}\,\overline{D} \\ \overline{A}B\overline{C}D = \varPhi \end{cases}$

(3) $Y_3(ABCD) = \sum_m(0,1,4,6,9,13) + \sum_d(3,5,7,11,15)$

(4) $\begin{cases} Y_4(ABCD) = \overline{A}B + \overline{A}\,\overline{B}D + ACD + C\overline{D} \\ A\overline{B}\,\overline{C} + \overline{A}\,\overline{B}C\overline{D} + \overline{A}BC\overline{D} = \varPhi \end{cases}$

第 4 章   组合逻辑电路

在数字系统常用的各种数字部件中,根据其结构和工作原理可分为两大类,即组合逻辑电路和时序逻辑电路。本章讲述组合逻辑电路的分析方法和设计方法,并结合分析与设计介绍一些常见的组合逻辑电路。

任何时刻的稳定输出只取决于同一时刻输入的组合,而与过去的状态无关,这样的逻辑电路叫组合逻辑电路。

从本章开始以后各章节中,经常用到一些中、大规模数字集成电路。为了便于教学,书中采用了示意性的框图符号来表示这些器件。

通过介绍组合逻辑电路的发展历程和我国近些年在数字电路领域的发展成就,引导学生关注行业发展,关注"大国重器",培养学生的爱国热情和民族自豪感,激发他们为祖国的科技进步贡献自己的力量。

4.1   组合逻辑电路分析

4.1.1   组合逻辑电路的分析方法

组合逻辑电路分析就是根据已知的组合逻辑电路,以逻辑代数为工具,研究它的特性,判断其逻辑功能。通常按以下步骤进行:

(1)由逻辑图写出各输出的逻辑表达式;

(2)表达式的变换与化简;

(3)列出真值表;

(4)对逻辑功能的描述。

4.1.2   组合逻辑电路的分析举例

例 4-1   试分析图 4.1.1 所示逻辑图的逻辑功能。

解   由逻辑图写出输出 L 的表达式,并转换成与或式:

$$L=\overline{\overline{A}+B+\overline{C}}+\overline{A+\overline{B}+\overline{C}}=\overline{A}\ \overline{B}\ \overline{C}+ABC$$

由表达式列出真值表,见表 4.1.1。从真值表可以看出,当三个输入 ABC 相同时,输出才为 1,否则为 0,因此该组合逻辑电路是"判别一致"电路。

表 4.1.1　真值表

输　　入			输出
A	B	C	L
0	0	0	1
0	0	1	0
0	1	0	0
0	1	1	0
1	0	0	0
1	0	1	0
1	1	0	0
1	1	1	1

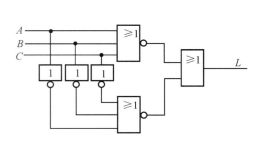

图 4.1.1　例 4-1 的逻辑图

例 4-2　组合逻辑电路如图 4.1.2 所示,输入是两个两位二进制数 $A=a_2a_1$,$B=b_2b_1$,输出也是一个两位二进制数 $F=f_2f_1$。试分析该电路的逻辑功能。

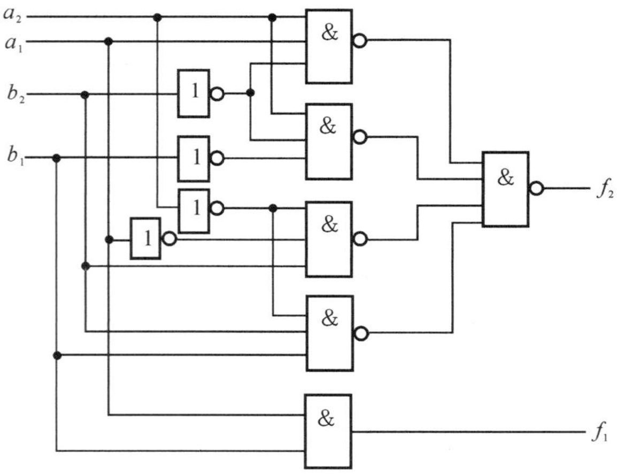

表 4.1.2　真值表

输　　入				输　出	
a_2	a_1	b_2	b_1	f_2	f_1
0	0	0	0	0	0
0	0	0	1	0	1
0	0	1	0	1	0
0	0	1	1	1	1
0	1	0	0	0	1
0	1	0	1	0	0
0	1	1	0	0	1
0	1	1	1	1	0
1	0	0	0	1	0
1	0	0	1	0	1
1	0	1	0	0	0
1	0	1	1	0	1
1	1	0	0	1	1
1	1	0	1	1	0
1	1	1	0	0	1
1	1	1	1	0	0

图 4.1.2　组合逻辑电路

解　由逻辑图写出表达式为

$$f_2=\overline{\overline{a_2a_1\bar{b_2}}\cdot\overline{a_2\bar{b_2}\bar{b_1}}\cdot\overline{\bar{a_2}\bar{a_1}b_2}\cdot\overline{\bar{a_2}b_2b_1}}=$$
$$a_2a_1\bar{b_2}+a_2\bar{b_2}\bar{b_1}+\bar{a_2}\bar{a_1}b_2+\bar{a_2}b_2b_1$$
$$f_1=a_1\oplus b_1$$

由表达式再列出真值表,见表 4.1.2。从真值表便可判断出该逻辑电路的功能是输出为两位二进制数,其值为两个输入二进制数相减的绝对值,即

$$F=|A-B|$$

4.2　编　码　器

在数字系统中,经常需要把具有某种特定含义的信号变换成二进制代码,这种用二进制代码表示具有某种特定含义信号的过程称为编码。完成编码操作的电路称作编码器。

4.2.1　键控 8421BCD 码编码器

用二进制的数码 0 和 1 编成代码来表示十进制数,这种代码叫作 BCD 码。如果这种代码的"权值"符合 8421 的规律,就叫作 8421BCD 码。例如 0110 代表十进制数 6,1001 代表十进制数 9。

键控 8421BCD 码编码器如图 4.2.1 所示,0～9 代表 10 个键(开关)的编号,$D_3D_2D_1D_0$ 是 BCD 码输出端,D_3 为最高位,S 为标志位。当无输入时(各键均断开),$D_3D_2D_1D_0=0000$,标志位 $S=0$,表示输出无效;当按下 0 号键时,输出量 $D_3D_2D_1D_0=0000$,$S=1$,表示输出有效;当 5 号键按下时,输出 $D_3D_2D_1D_0=0101$,$S=1$,表示输出有效;……。任何时刻只允许有一个键输入。功能表见表 4.2.1,计算器或计算机的键盘输入就是先经过编码器的。

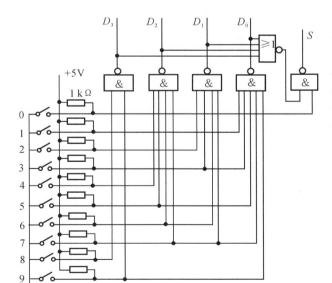

图 4.2.1　键控 8421BCD 码编码器

表 4.2.1　功能表

按下键号	输出 $D_3D_2D_1D_0$	标志 S
无	0 0 0 0	0
0	0 0 0 0	1
1	0 0 0 1	1
2	0 0 1 0	1
3	0 0 1 1	1
4	0 1 0 0	1
5	0 1 0 1	1
6	0 1 1 0	1
7	0 1 1 1	1
8	1 0 0 0	1
9	1 0 0 1	1

4.2.2 8421BCD 码优先编码器

以 TTL 集成电路 74LS147 为例来介绍 8421BCD 码优先编码器,如图 4.2.2 所示,输入有 9 个,它们是 $\bar{I}_1$, $\bar{I}_2$, …, $\bar{I}_9$,输出为 $\bar{Y}_3$, $\bar{Y}_2$, $\bar{Y}_1$, $\bar{Y}_0$,是 8421BCD 码的反码。所谓反码是对应位互反的码,如 1001 的反码是 0110。74LS147 是对输入为低电平时实现编码的。当 $\bar{I}_9 = 0$ 时,输出量 $\bar{Y}_3 \bar{Y}_2 \bar{Y}_1 \bar{Y}_0 = 0110$,其原码为 $Y_3 Y_2 Y_1 Y_0 = 1001$。如在 $\bar{I}_9 = 0$ 的同时其他输入也有为 0 的,编码器将不理采它们,只对 $\bar{I}_9$ 进行编码,

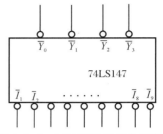

图 4.2.2　8421BCD 码优先编码器

也就是说 $\bar{I}_9$ 有最高优先权。当 $\bar{I}_9 = 1$, $\bar{I}_8 = 0$ 时,输出 $\bar{Y}_3 \bar{Y}_2 \bar{Y}_1 \bar{Y}_0 = 0111$,原码 $Y_3 Y_2 Y_1 Y_0 = 1000$,其他输入端有为低电平的也不起作用。以此类推,当输入端 $\bar{I}_1$, $\bar{I}_2$, …, $\bar{I}_9$ 全为 1 时,输出量 $\bar{Y}_3 \bar{Y}_2 \bar{Y}_1 \bar{Y}_0 = 1111$,原码为 0000,故本电路不需要 $\bar{I}_0$ 这个输入端。其功能表见表 4.2.2。

表 4.2.2　74LS147 功能表

$\bar{I}_9$	$\bar{I}_8$	$\bar{I}_7$	$\bar{I}_6$	$\bar{I}_5$	$\bar{I}_4$	$\bar{I}_3$	$\bar{I}_2$	$\bar{I}_1$	$\bar{Y}_3$	$\bar{Y}_2$	$\bar{Y}_1$	$\bar{Y}_0$
0	×	×	×	×	×	×	×	×	0	1	1	0
1	0	×	×	×	×	×	×	×	0	1	1	1
1	1	0	×	×	×	×	×	×	1	0	0	0
1	1	1	0	×	×	×	×	×	1	0	0	1
1	1	1	1	0	×	×	×	×	1	0	1	0
1	1	1	1	1	0	×	×	×	1	0	1	1
1	1	1	1	1	1	0	×	×	1	1	0	0
1	1	1	1	1	1	1	0	×	1	1	0	1
1	1	1	1	1	1	1	1	0	1	1	1	0
1	1	1	1	1	1	1	1	1	1	1	1	1

4.3　译　码　器

译码是编码的逆过程,编码是将一组输入信号编成对应的二进制代码,而译码则是把输入的二进制代码翻译成相应的一组信号。实现译码的电路称为译码器。

4.3.1　介绍几种译码器

1.3 线-8 线译码器 74LS138

74LS138 译码器逻辑图如图 4.3.1 所示,输入为 A_2 , A_1 , A_0 ,输出为 $\overline{Y}_0$, $\overline{Y}_1$, …, $\overline{Y}_7$,反码输出,S_1 , $\overline{S}_2$ 和 $\overline{S}_3$ 为使能端。当 $S_1 = 1$, $\overline{S}_2 = \overline{S}_3 = 0$ 时,译码器工作,否则,输出全为 1。74LS138 译码器的符号图如图 4.3.2 所示,其功能表见表 4.3.1。

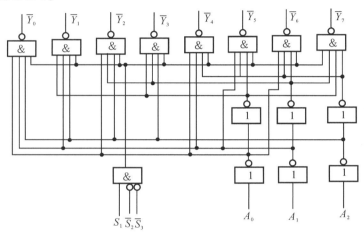

图 4.3.1　74LS138 译码器逻辑图

表 4.3.1　74LS138 译码器功能表

输　入			使　能			输　　出							
A_2	A_1	A_0	S_1	$\overline{S}_2$	$\overline{S}_3$	$\overline{Y}_0$	$\overline{Y}_1$	$\overline{Y}_2$	$\overline{Y}_3$	$\overline{Y}_4$	$\overline{Y}_5$	$\overline{Y}_6$	$\overline{Y}_7$
			0	×	×	1	1	1	1	1	1	1	1
×	×	×	1	1	×	1	1	1	1	1	1	1	1
			1	×	1	1	1	1	1	1	1	1	1
0	0	0	1	0	0	0	1	1	1	1	1	1	1
0	0	1	1	0	0	1	0	1	1	1	1	1	1
0	1	0	1	0	0	1	1	0	1	1	1	1	1
0	1	1	1	0	0	1	1	1	0	1	1	1	1
1	0	0	1	0	0	1	1	1	1	0	1	1	1
1	0	1	1	0	0	1	1	1	1	1	0	1	1
1	1	0	1	0	0	1	1	1	1	1	1	0	1
1	1	1	1	0	0	1	1	1	1	1	1	1	0

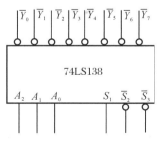

图 4.3.2　74LS138 符号图

74LS138 译码器的输出与输入和使能端的逻辑关系满足下式：

$$\overline{Y}_0 = \overline{\overline{A}_2 \overline{A}_1 \overline{A}_0 S_1 \overline{S}_2 \overline{S}_3}; \qquad \overline{Y}_1 = \overline{\overline{A}_2 \overline{A}_1 A_0 S_1 \overline{S}_2 \overline{S}_3}$$

$$\overline{Y}_2 = \overline{\overline{A}_2 A_1 \overline{A}_0 S_1 \overline{S}_2 \overline{S}_3}; \qquad \overline{Y}_3 = \overline{\overline{A}_2 A_1 A_0 S_1 \overline{S}_2 \overline{S}_3}$$

$$\overline{Y}_4 = \overline{A_2 \overline{A}_1 \overline{A}_0 S_1 \overline{S}_2 \overline{S}_3}; \qquad \overline{Y}_5 = \overline{A_2 \overline{A}_1 A_0 S_1 \overline{S}_2 \overline{S}_3}$$

$$\overline{Y}_6 = \overline{A_2 A_1 \overline{A}_0 S_1 \overline{S}_2 \overline{S}_3}; \qquad \overline{Y}_7 = \overline{A_2 A_1 A_0 S_1 \overline{S}_2 \overline{S}_3}$$

当 $S_1 = 1$，$\overline{S}_2 = \overline{S}_3 = 0$ 时，有

$$\overline{Y}_0 = \overline{\overline{A}_2 \overline{A}_1 \overline{A}_0} = \overline{m}_0; \qquad \overline{Y}_1 = \overline{\overline{A}_2 \overline{A}_1 A_0} = \overline{m}_1$$

$$\overline{Y}_2 = \overline{\overline{A}_2 A_1 \overline{A}_0} = \overline{m}_2; \qquad \overline{Y}_3 = \overline{\overline{A}_2 A_1 A_0} = \overline{m}_3$$

$$\overline{Y}_4 = \overline{A_2 \overline{A}_1 \overline{A}_0} = \overline{m}_4; \qquad \overline{Y}_5 = \overline{A_2 \overline{A}_1 A_0} = \overline{m}_5$$

$$\overline{Y}_6 = \overline{A_2 A_1 \overline{A}_0} = \overline{m}_6; \qquad \overline{Y}_7 = \overline{A_2 A_1 A_0} = \overline{m}_7$$

式中：m_0，m_1，$\cdots$，m_7 为最小项。

2. 74LS154（4 线 - 16 线译码器）

74LS154 译码器的符号如图 4.3.3 所示，A_3，A_2，A_1，A_0 为四位输入，$\overline{Y}_0$，$\overline{Y}_1$，$\cdots$，$\overline{Y}_{15}$ 为 16 个输出，是反码输出，$\overline{S}_A$ 和 $\overline{S}_B$ 为使能端，当 $\overline{S}_A = \overline{S}_B = 0$ 时，译码器工作，否则输出全为 1。译码器满足如下逻辑关系：

在 $\overline{S}_A = \overline{S}_B = 0$ 的条件下

$$\overline{Y}_0 = \overline{\overline{A}_3 \overline{A}_2 \overline{A}_1 \overline{A}_0} = \overline{m}_0$$

$$\overline{Y}_1 = \overline{\overline{A}_3 \overline{A}_2 \overline{A}_1 A_0} = \overline{m}_1$$

$$\vdots$$

$$\overline{Y}_9 = \overline{A_3 \overline{A}_2 \overline{A}_1 A_0} = \overline{m}_9$$

$$\vdots$$

$$\overline{Y}_{15} = \overline{A_3 A_2 A_1 A_0} = \overline{m}_{15}$$

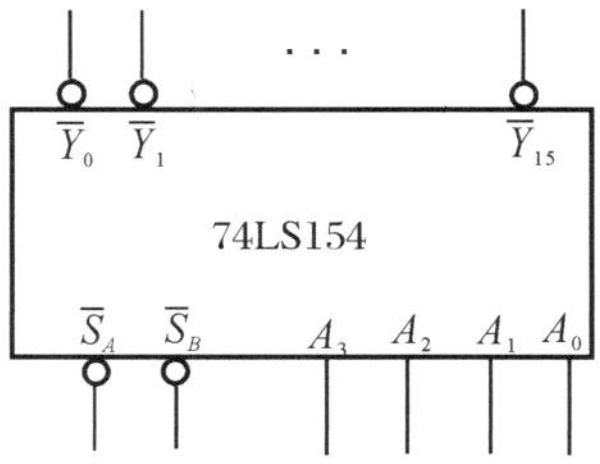

图 4.3.3　74LS154 译码器

用两片 74LS154 可作成 5 线 - 32 线译码器，如图 4.3.4 所示。

五位输入是 A_4，A_3，A_2，A_1，A_0，32 个输出端 $\overline{Y}_0$，$\overline{Y}_1$，$\cdots$，$\overline{Y}_{31}$，它们满足如下的关系：

$$\overline{Y}_0 = \overline{\overline{A}_4 \overline{A}_3 \overline{A}_2 \overline{A}_1 \overline{A}_0} = \overline{m}_0$$

$$\overline{Y}_1 = \overline{\overline{A}_4 \overline{A}_3 \overline{A}_2 \overline{A}_1 A_0} = \overline{m}_1$$

$$\vdots$$

$$\overline{Y}_{16} = \overline{A_4 \overline{A}_3 \overline{A}_2 \overline{A}_1 \overline{A}_0} = \overline{m}_{16}$$

$$\vdots$$

$$\overline{Y}_{31} = \overline{A_4 A_3 A_2 A_1 A_0} = \overline{m}_{31}$$

当 $A_4 A_3 A_2 A_1 A_0 = 00000 \sim 01111$ 时 74LS154 Ⅰ 工作。

当 $A_4A_3A_2A_1A_0 = 10000 \sim 11111$ 时 74LS154 Ⅱ 工作。

如果用 4 片 74LS154 还可连接成 6 线-64 线译码器。

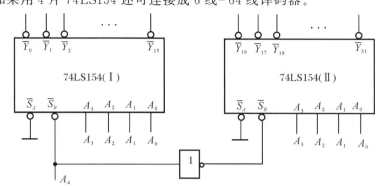

图 4.3.4　5 线-32 线译码器电路

3.4 线-10 线译码器 74LS42

74LS42 译码器如图 4.3.5 所示,输入是 8421BCD 码,输入端是 A_3,A_2,A_1,A_0;输出为 $\bar{Y}_0$,$\bar{Y}_1$,$\cdots$,$\bar{Y}_9$ 共 10 个,也是反码输出。如当 $A_3A_2A_1A_0 = 0101$ 时,$\bar{Y}_5 = 0$,其余输出端均为 1。其逻辑关系满足

$$\bar{Y}_0 = \bar{m}_0; \qquad \bar{Y}_1 = \bar{m}_1; \qquad \cdots; \qquad \bar{Y}_4 = \bar{m}_4$$
$$\bar{Y}_5 = \bar{m}_5; \qquad \bar{Y}_6 = \bar{m}_6; \qquad \cdots; \qquad \bar{Y}_9 = \bar{m}_9$$

当输入为 $A_3A_2A_1A_0 = 1010 \sim 1111$ 时,该译码器拒绝编码,输出全为 1。

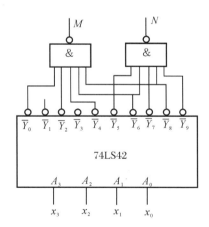

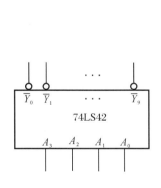

图 4.3.5　74LS42 译码器　　　　图 4.3.6　74LS42 译码器组成的逻辑电路

例 4 - 3　电路如图 4.3.6 所示,输入 $x_3x_2x_1x_0$ 是 8421BCD 码,输出为 M 和 N。从图中可写出表达式

$$M = \overline{\overline{Y_0}\,\overline{Y_2}\,\overline{Y_4}\,\overline{Y_6}\,\overline{Y_8}} =$$

$$m_0 + m_2 + m_4 + m_6 + m_8 =$$

$$\overline{x_3}\,\overline{x_2}\,\overline{x_1}\,\overline{x_0} + \overline{x_3}\,\overline{x_2}\,x_1\,\overline{x_0} +$$

$$\overline{x_3}\,x_2\,\overline{x_1}\,\overline{x_0} + \overline{x_3}\,x_2\,x_1\,\overline{x_0} +$$

$$x_3\,\overline{x_2}\,\overline{x_1}\,\overline{x_0}$$

$$N = m_5 + m_6 + m_7 + m_8 + m_9$$

其真值见表 4.3.2。

由真值表可看出该电路的逻辑功能如下:

输出 N 所表示的是四舍五入功能。

输出 M 是判偶功能,即输入的数为偶数时,$M=1$,否则 $M=0$。

表 4.3.2　真值表

x_3	x_2	x_1	x_0	M	N
0	0	0	0	1	0
0	0	0	1	0	0
0	0	1	0	1	0
0	0	1	1	0	0
0	1	0	0	1	0
0	1	0	1	0	1
0	1	1	0	1	1
0	1	1	1	0	1
1	0	0	0	1	1
1	0	0	1	0	1

4.3.2　七段数码显示、译码和驱动电路

在数字仪表和数字系统中,都需要将数字量直观地显示出来,供人们观察和读取。用来显示数码、文字或符号的器件叫数码显示器(或数码管)。数码管与其他显示器不同,主要种类有半导体显示器(发光二极管)、液晶显示器、荧光显示器等。显示的基本原理是把数码做成七段,如图 4.3.7 所示,不同字段发光可显示不同的数码。如输入 8421BCD 码 0101,经过译码和驱动电路使 a,f,g,c,d 五段发光就显示出"5"的字形。

图 4.3.7　数码字形

1. 半导体显示和译码驱动电路

数码的 7 个字段是由发光二极管做成的,其发光原理是:PN 结加正向电压时,PN 结正向导通,载流子扩散运动形成正向导通电流,电子由 N 区扩散到 P 区,与 P 区空穴复合,而空穴扩散到 N 区与电子复合,复合的过程就是电子由导带进入价带的过程,电子能量降低而放出的能量是以光子的形式放出的。

做发光二极管的半导体材料有磷镓、磷砷化镓等。如磷砷化镓数码管

BS201,其符号如图 4.3.8 所示,共有 10 个管脚,各字段接高电平发光。公共极为阴极,故叫共阴极数码管。

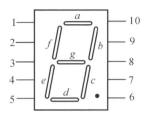

管脚 1 接公共地;管脚 6 接公共负极;

管脚 2 接 f 段;　管脚 7 接小数点;

管脚 3 接 g 段;　管脚 9 接 c 段;

管脚 4 接 e 段;　管脚 8 接 b 段;

管脚 5 接 d 段;　管脚 10 接 a 段。

图 4.3.8　BS201

如输入量 $A_3A_2A_1A_0$ 是 8421BCD 码,而要显示的是相应的十进制数码,必须经过译码器使相应的字段发光,为了使译码器的输出能带动发光管,故做成译码驱动器,以高电平驱动为例,译码驱动器的真值表见表 4.3.3,由表可看出这种译码器实际上是一种码的变换器。

表 4.3.3　译码驱动器的真值表

输　　入				字　形	输　　　出						
A_3	A_2	A_1	A_0		a	b	c	d	e	f	g
0	0	0	0	0	1	1	1	1	1	1	0
0	0	0	1	1	0	1	1	0	0	0	0
0	0	1	0	2	1	1	0	1	1	0	1
0	0	1	1	3	1	1	1	1	0	0	1
0	1	0	0	4	0	1	1	0	0	1	1
0	1	0	1	5	1	0	1	1	0	1	1
0	1	1	0	6	1	0	1	1	1	1	1
0	1	1	1	7	1	1	1	0	0	0	0
1	0	0	0	8	1	1	1	1	1	1	1
1	0	0	1	9	1	1	1	1	0	1	1

以 $A_3A_2A_1A_0$ 为输入,分别以 a,b,c,d,e,f,g 为输出,作 7 个卡诺图(略),可得到 7 个表达式为

$$a = A_3 + A_2A_0 + A_1 + \overline{A_2}\,\overline{A_0}$$
$$b = \overline{A_2} + \overline{A_1}A_0 + A_1A_0$$

$$c = \overline{A_1} + A_2 + A_0$$

$$d = A_3 + \overline{A_2}\,\overline{A_0} + \overline{A_2}A_1 + A_1\overline{A_0} + A_2\overline{A_1}A_0$$

$$e = \overline{A_2}\,\overline{A_0} + A_1\overline{A_0}$$

$$f = A_3 + \overline{A_1}\,\overline{A_0} + A_2\overline{A_1} + A_2\overline{A_0}$$

$$g = A_3 + A_2\overline{A_1} + A_2\overline{A_0} + \overline{A_2}A_1$$

依据上式可作出逻辑电路,如集成电路 74LS248 就属此种共阴极接法的译码驱动电路,接法示意图如图 4.3.9(a)所示,图 4.3.9(b)所示为共阴极数码管的等效电路。

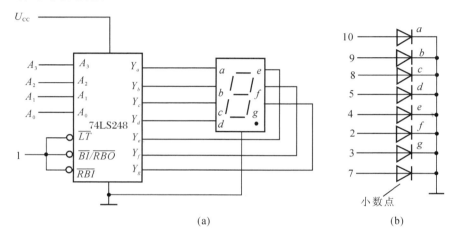

图 4.3.9　用 74LS248 驱动 BS201 的连接电路

(a)连接电路;　(b)共阴极数码管的等效电路

在 74LS248 中 $A_3 A_2 A_1 A_0$ 为输入的 8421BCD 码。

灯测输入端 $\overline{LT}=0$ 时,数码管 7 段全亮,作为检查各段是否能正常发光。正常工作时应使 $\overline{LT}=1$。

灭零输入 $\overline{RBI}$:设置该输入信号的目的是把不希望显示的灯熄灭。例如一个有 6 位数码显示的电路,小数点前后各 3 位。当显示"5.3"时将呈现出"005.300"字样。为显示更加醒目,常将整数部最高位和小数部最低位的两个零都去掉,只显示"5.3",便输入使 $\overline{RBI}=0$ 的信号,就可达到目的了。

灭灯输入/灭零输出 $\overline{BI}/\overline{RBO}$ 信号:该端既可作为输入也可作为输出。作为输入端使用时,称为灭灯输入控制端。只要使 $\overline{BI}=0$,就将该数码管的各段同时全部熄灭,且与输入 $A_3 A_2 A_1 A_0$ 无关。

若将 $\overline{BI}/\overline{RBO}$ 作输出端使用时,就称为灭零输出端。当 $A_3 A_2 A_1 A_0 = 0000$ 时,应该显示"0",如果同时还有灭"0"输入信号($\overline{RBI}=0$),这就表示译码器将本应显示的"0"给熄灭了,同时 $\overline{RBO}=0$ 输出。

将灭零输入端与灭零输出端配合使用,即可实现多位数码显示系统的灭零控制。

图 4.3.10 所示为灭零控制的连接方法。只需在整数部分把高位的$\overline{RBO}$与低位的$\overline{RBI}$相连,在小数部分将低位的$\overline{RBO}$与高位的$\overline{RBI}$相连,就可以把前、后多余的零熄灭了。在这种连接方式下,整数部分只有高位是零,并且是在被熄灭的情况下,低位才有灭零输入信号。同理,小数部分只有在低位是零,而且被熄灭时,高位才可能有灭零输入信号。

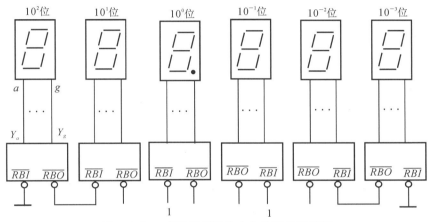

图 4.3.10　有灭零控制的六位数码显示系统

另外还有一种共阳极的半导体数码管,74LS247 是与之配用的译码驱动电路。

半导体数码显示的特点:亮度强,字段清晰,工作电压低(1.5～3 V),体积小,工作可靠,寿命长(大于 1 000 h),响应速度快(1～100 ns),颜色有红、绿、黄、橙等,但工作电流较大。

2. 液晶显示

液晶是液状晶体,是某些有机化合物在一定温度范围内所呈现的一种中间状态,既具有液体的流动性和表面张力,又呈现晶体的某些光学特性,如各向异性,双折射等,对磁、电、光和热有敏感性,其透明度和颜色是随电场、磁场、光和热的变化而改变的,因此能将外界的信息变成视觉信号可供观察。

液晶数码管的结构示意图如图 4.3.11 所示,在两片平整度良好的玻璃板上喷涂氧化物透明导电层,再光刻成七段电极,上面是独立分开的七段,下面的电极是连续“8”字形整体,上下字形重叠对应,间距为 0.01～0.02 mm,中间灌注液晶并密封。

液晶具有晶体结构的特点,分子排列有序,并且透明,在某些段加上电压后,在电场作用下,液晶分子因电离而产生正离子。这些离子在 电场作用下运动并相互碰撞其他液晶分子,破坏了原来分子的有序排列,使液晶呈现混浊状态。这时射入的光散射后仅有少量反射回来,显示器便呈现暗色,就显示了相应的字形。这种现象称为动态散射效应。去掉外电场后,液晶分子又恢复原来的有序排列。

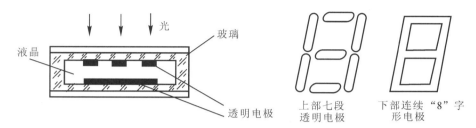

图 4.3.11　液晶数码显示器的结构和字形

七段液晶数码显示也有相应的译码驱动电路与之相配套使用,如 CMOS 集成电路 C306 和 CC4055 等。

为了使离子撞击液晶分子的过程不断地进行,通常在液晶显示器的两个电极上加以数十至数百赫兹的交变电压。对交变电压的控制可用异或门来实现,其电路与波形如图 4.3.12 所示。以字符 a 段为例,u_I 为外加的交变方波电压,当译码器输出量 $a=0$ 时,$u_L=u_I$,a 段的两电极间无交变电压,呈白色,当 $a=1$ 时,a 段两电极间有交变电压,则 a 段就显示出来了。

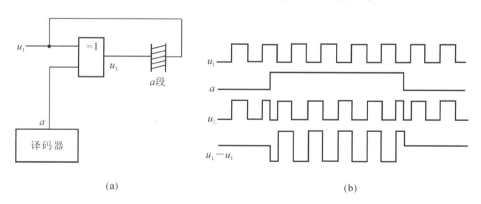

(a)　　　　　　　　　　　　　　　　(b)

图 4.3.12　液晶显示驱动电路
(a) 驱动电路；　(b) 各点对应的波形

液晶显示的特点是:被动显示,液晶自身不发光,因此清晰度差,响应速度低,工作温度范围小($-10\sim60$ ℃),怕强日光和紫外线照射,但工作电压低,电压大于等于 1 V 即可,功耗低(小于 1 $\mu W/cm^2$),工作可靠,交流驱动比直流驱动寿命更长。

4.4　数值比较器

在各种数字系统中，经常需要比较两个数的大小，或两个数是否相等。能对两个位数相同的二进制数进行比较，并判断其大小关系的逻辑电路称为数值比较器，简称比较器。

两个一位数比较器的逻辑图如图 4.4.1 所示。由逻辑图写出表达式：

$$L_1 = \bar{a}b; \quad L_2 = a\bar{b}; \quad L_3 = \overline{\bar{a}b + a\bar{b}}$$

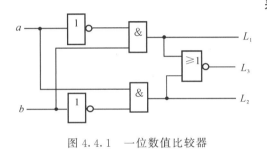

图 4.4.1　一位数值比较器

表 4.4.1　一位数比较器的真值表

a	b	L_1	L_2	L_3
0	0	0	0	1
0	1	1	0	0
1	0	0	1	0
1	1	0	0	1

由表达式列出真值表，即表 4.4.1。由该表可看出，当输出 $L_1 = 1$ 时，表示 $a < b$；当 $L_2 = 1$ 时，表示 $a > b$；当 $L_3 = 1$ 时，表示 $a = b$。

依此道理可以扩展到多位数相比较，随着相比较数的位数增加，电路也变得更复杂。中规模集成电路四位数比较器 CC4585 逻辑图如图 4.4.2 所示。将两个输入的四位二进制数 $A = A_3A_2A_1A_0$ 和 $B = B_3B_2B_1B_0$ 进行比较，三个输出为 $F_{A>B}$，$F_{A=B}$ 和 $F_{A<B}$。当输入的数 $A > B$ 时，输出量 $F_{A>B} = 1$，$F_{A=B} = F_{A<B} = 0$；当 $A = B$ 时，$F_{A=B} = 1$，$F_{A>B} = F_{A<B} = 0$；当 $A < B$ 时，$F_{A<B} = 1$，$F_{A>B} = F_{A=B} = 0$。

CC4585 的符号图如图 4.4.3 所示。为了扩大相比较的位数，又增加了 $I_{A>B}$，$I_{A=B}$ 和 $I_{A<B}$ 三个扩展输入端，作为低位比较的结果传送给高位比较器。举例说明如下：

两个八位数 $A = A_7A_6A_5A_4A_3A_2A_1A_0$ 和 $B = B_7B_6B_5B_4B_3B_2B_1B_0$ 相比较，连接形式如图 4.4.4 所示，CC4585（Ⅰ）是最低四位的比较器，因再无更低的位了，就认为来自低位的比较结果相等，因此 $I_{A=B} = 1$，$I_{A>B} = I_{A<B} = 0$，这样就不影响低四位比较的结果。CC4585（Ⅰ）比较的结果送给高四位比较器 CC4585（Ⅱ）的三个扩展端，低四位比较的结果只有在高四位相等时才能发挥其作用。

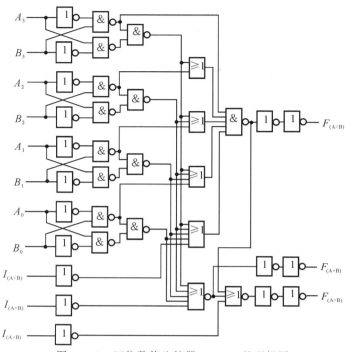

图 4.4.2　四位数值比较器 CC4585 的逻辑图

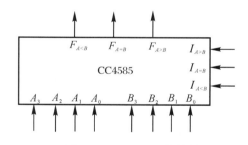

图 4.4.3　CC4585 的符号图

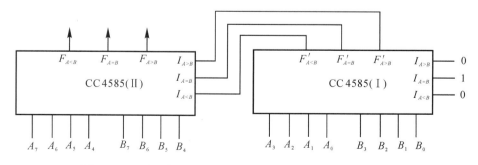

图 4.4.4　用两个 CC4585 组成八位比较器的串联电路连接图

如果高四位相等,即在 $A_7A_6A_5A_4 = B_7B_6B_5B_4$ 的条件下:

当低四位 $A_3A_2A_1A_0 > B_3B_2B_1B_0$ 时,CC4585(I)的 $F_{A>B}' = 1$,即 CC4585(II) 的 $I_{A>B} = 1$,则输出端 $F_{A>B} = 1$,表示 $A > B$。

当低四位 $A_3A_2A_1A_0 = B_3B_2B_1B_0$ 时,CC4585(I)的 $F_{A=B}' = 1$,即 CC4585(II) 的 $I_{A=B} = 1$,则输出端 $F_{A=B} = 1$,表示 $A = B$。

当低四位 $A_3A_2A_1A_0 < B_3B_2B_1B_0$ 时,同理可得输出端 $F_{A<B} = 1$,表示$A < B$。

如果高四位不相等,则来自低四位的比较结果也就不起作用了。

4.5　奇偶产生器与检测器

数字信息在传送、存取和运算过程中比模拟信号有更好的抗干扰能力,但也难免会产生错误,如强干扰、电源瞬变、信号的衰减等,因此常用到检错和纠错电路,如发送一组代码信息时,为便于检错,同时还发送一个校验位 F。使得代码组中信息位和校验位中"1"的总数为奇数的叫奇校验码,若"1"的总数为偶数的叫偶校验码。

如发送一组信息代码 $ABCD$ 为 8421BCD 码,同时还发出一个奇校验位 F,使得每组信息和校验位"1"的个数为奇数,其电路如图 4.5.1 所示,其真值表见表 4.5.1。

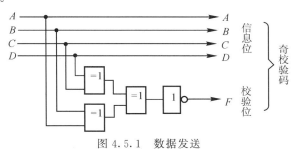

图 4.5.1　数据发送

表 4.5.1　真值表

数据码	A	0	0	0	0	0	0	0	0	1	1
	B	0	0	0	0	1	1	1	1	0	0
	C	0	0	1	1	0	0	1	1	0	0
	D	0	1	0	1	0	1	0	1	0	1
奇校验位	F	1	0	0	1	0	1	1	0	0	1
	L	0	0	0	0	0	0	0	0	0	0

输出量 F 的表达式为 $F=\overline{A\oplus B\oplus C\oplus D}$。

接收电路的逻辑图如图 4.5.2 所示。在接收数据码 $ABCD$ 的同时还要

判别一下该数据在传送中是否有错,若数据码 $ABCD$ 和校验位 F 这 5 个码中,"1"的个数为奇数时就是正确的,为偶数时就是错的。如果有错误,本数据作废,或者请求重新发送。

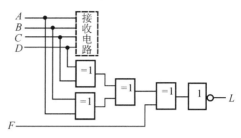

图 4.5.2　数据接收

从图 4.5.2 中可以写出检测器输出量的 L 的表达式为

$$L=\overline{A\oplus B\oplus C\oplus D\oplus F}$$

若 $L=0$,表示接收的数据正确(见表 4.5.1);若 $L=1$,表示接收的数据有错。如果接收的数据中有 2 个或 4 个(即偶数个)同时有错,就无法辨识了。

74LS180 是一种九位奇偶产生/检测器的集成电路,其符号图和功能表如图 4.5.3 和表 4.5.2 所示。

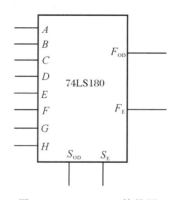

图 4.5.3　74LS180 符号图

表 4.5.2　74LS180 功能表

输　　　入			输　　出	
$A\sim H$ 中 1 的数目	S_E	S_{OD}	F_E	F_{OD}
偶　　数	1	0	1	0
	0	1	0	1
奇　　数	1	0	0	1
	0	1	1	0
×	1	1	1	0
	0	0	1	1

图 4.53 中 $A\sim H$ 为 8 个数据位,S_E 为偶控输入端,S_{OD} 为奇控输入端;F_E 为偶输出端,F_{OD} 为奇输出端。

当 $S_E=0$,$S_{OD}=1$ 时,F_E 为偶校验的校验位输出,F_{OD} 为奇校验位输出。

当 $S_E=1$,$S_{OD}=0$ 时,F_E 为奇校验的校验位输出,F_{OD} 为偶校验的校验位输出。

当 $S_E=S_{OD}$ 时是不工作状态或禁止状态。

以八位数据的奇数校验系统为例,如图 4.5.4 所示。$D_7D_6\cdots D_0$ 为八位

数据,74LS180(Ⅰ)为奇偶产生器,74LS180(Ⅱ)为奇偶检测器。

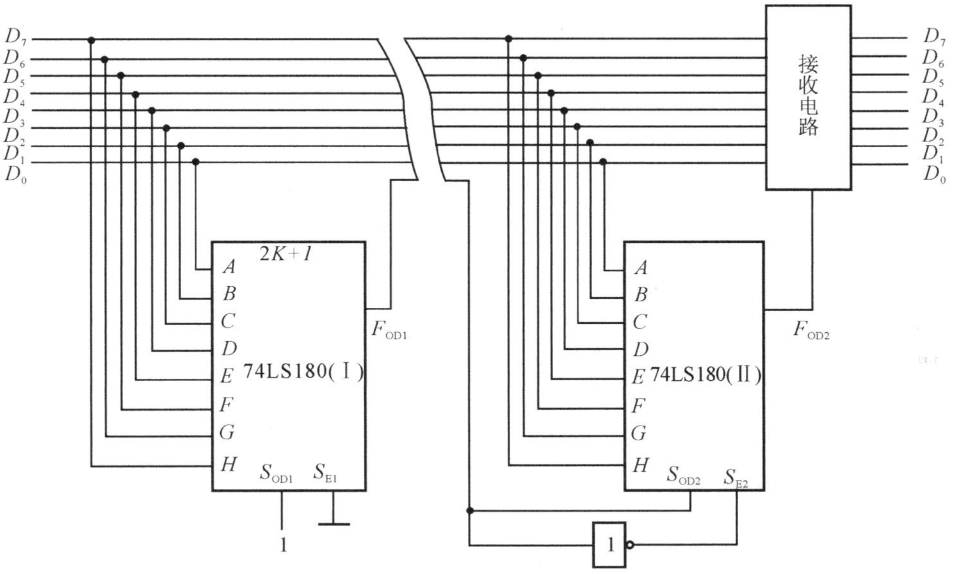

图 4.5.4　八位数据的奇数校验系统

对 74LS180(Ⅰ)来说,当八位数据中"1"的个数为奇数时,$F_{OD1}=0$;当为偶数时,$F_{OD1}=1$,这就是说,八位数据再加上 F_{OD1} 共九位中 1 的个数为奇数。

对 74LS180(Ⅱ)来说,当八位数据中"1"的数目为奇数时,$F_{OD1}=0$,即 $S_{OD2}=0$,$S_{E2}=1$,则 $F_{OD2}=1$;当八位数据中"1"的数目为偶数时,$F_{OD1}=1$,即 $S_{OD2}=1$,$S_{E2}=0$,则 $F_{OD2}=1$。

总之,只要 $D_7\cdots D_0$ 和 F_{OD1} 中有奇数个"1",F_{OD2} 就为 1,传过来的数据就被接收。否则 $F_{OD2}=0$,数据就不被接收。

如果数据位数再多,可用多片 74LS180 级联扩展使用。

4.6　算术运算电路

4.6.1　半加器和全加器

半加器和全加器是算术运算电路中的基本单元,它们是完成两个一位二进制数相加的一种组合逻辑电路。

1. 半加器

两个一位二进制数相加有两个输入,即被加数 A_i 和加数 B_i,而输出也有两个,一个是本位的和 S_i,一个是向高位的进位 C_{i+1}。逻辑图如图 4.6.1(a) 所示,由图可写出表达式:

$$\begin{cases} S_i = A_i \bar{B}_i + \bar{A}_i B_i = A_i \oplus B_i \\ C_{i+1} = A_i B_i \end{cases}$$

列出真值表见表 4.6.1,由于该加法器输入中未考虑来自低位的进位,故叫半加器,逻辑符号如图 4.6.1(b) 所示。

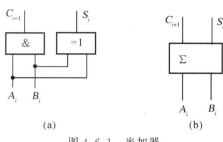

图 4.6.1　半加器

(a) 电路;　(b) 符号

表 4.6.1　半加器的真值表

A_i	B_i	C_{i+1}	S_i
0	0	0	0
0	1	0	1
1	0	0	1
1	1	1	0

2. 一位全加器

一位全加器如图 4.6.2 所示,它有三个输入,即被加数 A_i,加数 B_i 和来自低位的进位 C_i。输出是两个,一个是本位的和 S_i,一个是向高位的进位 C_{i+1}。由于考虑了来自低位的进位,故叫全加器。

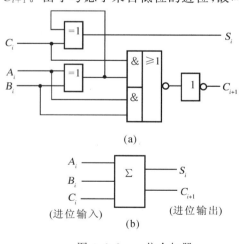

(进位输入)　　(进位输出)

(b)

图 4.6.2　一位全加器

(a) 逻辑图;　(b) 符号

表 4.6.2　一位全加器的真值表

A_i	B_i	C_i	C_{i+1}	S_i
0	0	0	0	0
0	0	1	0	1
0	1	0	0	1
0	1	1	1	0
1	0	0	0	1
1	0	1	1	0
1	1	0	1	0
1	1	1	1	1

由逻辑图 4.6.2(a) 可写出输出量 S_i 和 C_{i+1} 的表达式:

$$\begin{cases} S_i = A_i \oplus B_i \oplus C_i \\ C_{i+1} = (A_i \oplus B_i)C_i + A_i B_i \end{cases}$$

列出真值表见表 4.6.2,由真值表可看出该电路符合一位全加器的逻辑功能,其逻辑符号如图 4.6.2(b)所示。

4.6.2　多位加法器

能够实现多位数相加的电路称为多位加法器,按进位方式不同,可以分为串行进位加法器和超前进位加法器两种。

1. 串行进位加法器

如 2 个四位二进制数相加,被加数 $A = a_3 a_2 a_1 a_0$,加数 $B = b_3 b_2 b_1 b_0$,可用 4 个全加器串接而成,如图 4.6.3 所示。运算过程中必须保证低位运算完成,相邻的高位再运算,否则进位数无法保证,故叫作串行进位加法器。这种串行进位的方式运算速度较低。

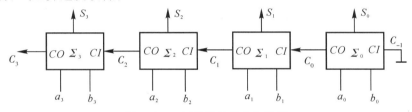

图 4.6.3　四位串位进位加法器

2. 超前进位加法器

串行进位加法器工作速度慢,为提高工作速度而采用超前进位的方式,也叫并行进位方式。以图 4.6.3 所示的全加器 Σ_2 为例来说明,Σ_2 是完成 $a_2 + b_2 + C_1$ 的运算。来自低位的进位 C_1 不是等全加器 Σ_1 计算完成后才提供给 Σ_2,而是利用 $a_1 a_0$ 和 $b_1 b_0$ 事先判断出来的,用"进位形成电路"来完成的,其真值见表 4.6.3,同理 C_2 可事先用 $a_2 a_1 a_0$ 和 $b_2 b_1 b_0$ 判断出来……这样工作速度提高了,但电路也复杂了,尤其是位数越高,电路越复杂。位数较多时,可采用并、串混合进位方式。

表 4.6.3　超前进位加法器的真值表

a_1	0	0	0	0	0	0	0	0	1	1	1	1	1	1	1	1
b_1	0	0	0	0	1	1	1	1	0	0	0	0	1	1	1	1
a_0	0	0	1	1	0	0	1	1	0	0	1	1	0	0	1	1
b_0	0	1	0	1	0	1	0	1	0	1	0	1	0	1	0	1
C_1	0	0	0	0	0	0	0	1	0	0	0	1	1	1	1	1

图 4.6.4 所示的是 74LS283
四位二进制超前进位全加器的符
号图。CI 是来自低位的进位，
CO 是向高位的进位，$A_3A_2A_1A_0$
和 $B_3B_2B_1B_0$ 是 2 个相加的四位
二进制数，$F_3F_2F_1F_0$ 是和数。
若是两个八位二进制数相加，可
用 2 个 74LS283 串接来完成，如
图 4.6.5 所示。

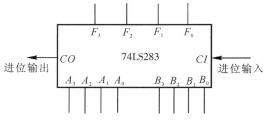

图 4.6.4　74LS283 的四位二进制数超
前进位全加器的符号图

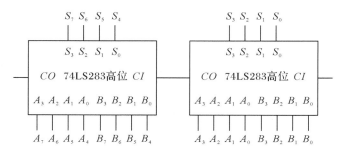

图 4.6.5　2 个八位二进制数相加

4.6.3　减法运算

减法运算可用半减器和全减器来实现，也可用加法运算来处理。为此先
了解反码和补码的概念。

1. 反码与补码（在此只介绍数值码，没有符号位）

前面已经用过的二进制数码均属原码，将原码中的 1 换成 0，将 0 换成 1
（对应位取反）所形成的代码就是反码。如原码 $N_{原}=100110$，则反码为
$N_{反}=011001$。下面举例列表找出原码 $N_{原}$ 与反码 $N_{反}$ 的关系。从表 4.6.4 中
可以看出四位数的反码可从 1111 中减去原码得到。其规律如下

$$N_{反}=(2^n-1)-N_{原}$$

式中：n 代表数码的位数。

表 4.6.4　四位数的原码与反码的对应关系

常　数	1	1	1	1	1	1	1	1	1	1	1	1
$N_{原}$	0	0	0	0	0	0	0	1	0	1	0	1
$N_{反}$	1	1	1	1	1	1	1	0	1	0	1	0

补码的定义为

$$N_{补}=2^n-N_{原} \quad 或 \quad N_{原}=2^n-N_{补}$$

$$[N_{补}]_{补}=2^n-N_{补}=2^n-(2^n-N_{原})=N_{原}$$

补码与反码的关系为

$$N_{补}=2^n-N_{原}=2^n-1-N_{原}+1=N_{反}+1$$

2. 用加补码完成减法运算

利用下式完成 $A-B$ 的减法运算：

$$A-B=A-(2^n-B_{补})=A+B_{补}-2^n=A+B_{反}+1-2^n$$

下面以四位数（$n=4$）为例，分 $A\geqslant B$ 和 $A<B$ 两种情况进行分析。

（1）$A\geqslant B$ 的情况，如 $A=0101$，$B=0001$，图 4.6.6 所示是实现 $A-B=A+B_{反}+1-2^4$ 运算的电路，计算结果为

$$
\begin{array}{ccccclll}
0 & 1 & 0 & 1 & & \cdots & (A) \\
1 & 1 & 1 & 0 & & \cdots & (B_{反}) \\
+ & & & & 1 & \cdots & (C_{i+1}) \\
\hline
1 & 0 & 1 & 0 & 0 & = & C_{i+1}\;F_3\;F_2\;F_1\;F_0 \\
0 & 0 & 1 & 0 & 0 & = & V\;F_3\;F_2\;F_1\;F_0
\end{array}
$$

74LS283 电路本身完成 $A+B_{反}+1$，再对进位输出 C_{i+1} 取反就是完成减去 2^4 的运算，最后得到 $F_3F_2F_1F_0$ 是 $A-B$ 的结果，借位 $V=0$，表示 $A\geqslant B$，差值为正。

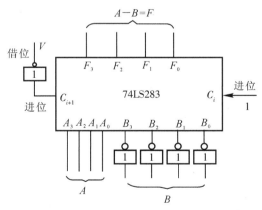

图 4.6.6　四位减法运算电路（$A-B\geqslant0$ 的情况）

（2）$A<B$ 的情况，如 $A=0001$，$B=0101$，仍利用图 4.6.6 所得的结果是 $VF_3F_2F_1F_0=11100$，即

$$
\begin{array}{cccccl}
0 & 0 & 0 & 1 & & \cdots(A) \\
1 & 0 & 1 & 0 & & \cdots(B_{反}) \\
+ & & & & 1 & \cdots(C_{i+1}) \\
\hline
0 & 1 & 1 & 0 & 0 & = C_{i+1} \quad F_3 \quad F_2 \quad F_1 \quad F_0 \\
1 & 1 & 1 & 0 & 0 & = V \quad\ \ F_3 \quad F_2 \quad F_1 \quad F_0
\end{array}
$$

借位 $V=1$ 表示 $A-B<0$，是负数，本例中应该是

$$A-B=0001-0101=-0100$$

实际输出 $F_3F_2F_1F_0=1100$，与真值 0100 有什么关系呢？

$$[1100]_{补}=0011+1=0100$$

当 $A<B$ 时，其借位 $V=1$，就对输出的结果求补码，结果就是 $|A-B|$，而 $V=1$，表示是负值。要使电路既能适用于 $A-B\geqslant0$，又能适用于 $A-B<0$，必须在 $4.6.6$ 图所示的基础上再增加一个求补码电路。图 $4.6.7$ 中的 $74LS283(Ⅱ)$ 就是求补码电路，其工作原理如下：

当 $V=0$ 时，也就是 $A-B\geqslant0$ 情况：

$$
\begin{aligned}
F_3F_2F_1F_0 &= B_3B_2B_1B_0+A_3A_2A_1A_0+V= \\
&= F_3'F_2'F_1'F_0'+0000+0=F_3'F_2'F_1'F_0'
\end{aligned}
$$

当 $V=1$，也就是 $A-B<0$ 情况：

$$
\begin{aligned}
F_3F_2F_1F_0 &= B_3B_2B_1B_0+A_3A_2A_1A_0+V= \\
&= \overline{F_3'}\,\overline{F_2'}\,\overline{F_1'}\,\overline{F_0'}+0000+1= \\
&= [F_3'F_2'F_1'F_0]_{补}
\end{aligned}
$$

总之，$F_3F_2F_1F_0=|A-B|$，而 V 是正负的标志。

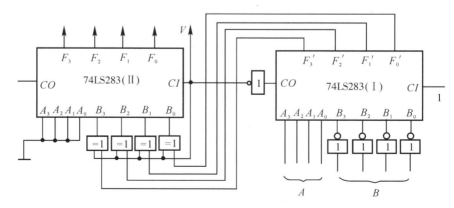

图 4.6.7　四位减法运算电路

4.7　数据选择器和数据分配器

4.7.1　数据选择器

数据选择器又称为多路选择器,常以 MUX 表示。常用的选择器有二选一、四选一、八选一和十六选一等,如果输入更多,则可由上述选择器扩大而得到。

在数字信号的传送过程中,有时有若干个输入信号,而任何时刻只能有其中一个信号输出(通过),究竟允许哪个信号通过,可由通道选择信号来控制。

1. 四选一电路

四选一电路如图 4.7.1 所示,图中 $D_3 D_2 D_1 D_0$ 是输入的 4 个数据,$A_1 A_0$ 是通道选择信号,S 是使能端,当 $S=1$ 时,输出 $W=0$,数据选择器输出无效,由图 4.7.1 可写出输出 W 的逻辑表达式,即

$$W = \overline{S}(\overline{A_1}\,\overline{A_0}D_0 + \overline{A_1}A_0 D_1 + A_1\overline{A_0}D_2 + A_1 A_2 D_3)$$

表 4.7.1 是它的功能表,四选一电路就相当于"单刀四掷"开关,如图 4.7.2 所示。

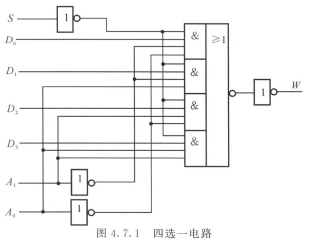

图 4.7.1　四选一电路

表 4.7.1　四选一电路的功能表

使能端	通道选择		输　出
S	A_1	A_0	W
1	$\times$	$\times$	0
0	0	0	D_0
0	0	1	D_1
0	1	0	D_2
0	1	1	D_3

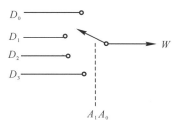

图 4.7.2　"单刀四掷"开关电路

74LS153 双四选一电路如图 4.7.3 所示,其功能表见表 4.7.2。

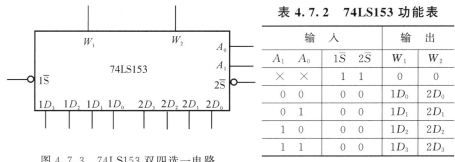

图 4.7.3 74LS153 双四选一电路

表 4.7.2 74LS153 功能表

输　入				输　出	
A_1	A_0	$1\overline{S}$	$2\overline{S}$	W_1	W_2
×	×	1	1	0	0
0	0	0	0	$1D_0$	$2D_0$
0	1	0	0	$1D_1$	$2D_1$
1	0	0	0	$1D_2$	$2D_2$
1	1	0	0	$1D_3$	$2D_3$

2.74LS151 八选一电路和 74LS150 十六选一电路

74LS151 八选一电路的逻辑图如图 4.7.4 所示,符号图如图 4.7.5 所示,其功能见表 4.7.3。74LS151 有原码输出 W 和反码输出 $\overline{W}$。

74LS150 十六选一电路的符号图如图 4.7.6 所示,其功能见表 4.7.4。

数据选择器的集成电路品种很多,有二选一、四选一、八选一、十六选一等,从输出端来看,有原码输出、反码输出和三态输出,使用者可根据需要选择。

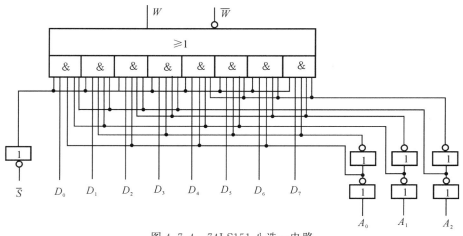

图 4.7.4 74LS151 八选一电路

表 4.7.3　74LS151 功能表

$\overline{S}$	通道选择			输　出	
	A_2	A_2	A_0	W	$\overline{W}$
1	×	×	×	0	1
0	0	0	0	D_0	$\overline{D}_0$
0	0	0	1	D_1	$\overline{D}_1$
0	0	1	0	D_2	$\overline{D}_2$
0	0	1	1	D_3	$\overline{D}_3$
0	1	0	0	D_4	$\overline{D}_4$
0	1	0	1	D_5	$\overline{D}_5$
0	1	1	0	D_6	$\overline{D}_6$
0	1	1	1	D_7	$\overline{D}_7$

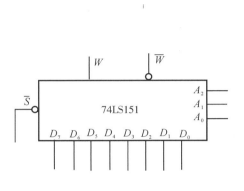

图 4.7.5　74LS151 八选一电路符号图

表 4.7.4　74LS150 功能表

$\overline{S}$	通　道　选　择				输出 $\overline{W}$
	A_3	A_2	A_1	A_0	
1	×	×	×	×	
0	0	0	0	0	$\overline{D}_0$
0	0	0	0	1	$\overline{D}_1$
0	0	0	1	0	$\overline{D}_2$
0	……				……
0	1	1	1	0	$\overline{D}_{14}$
0	1	1	1	1	$\overline{D}_{15}$

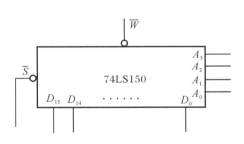

图 4.7.6　74LS150 十六选一电路符号图

　　由四片八选一电路和一片四选一电路可组成三十二选一电路,电路如图 4.7.7 所示。

　　4 个八选一的通道选择由 $A_2A_1A_0$ 决定,一次可由 4 个八选一输出 4 个数据 $Y_3Y_2Y_1Y_0$ 给四选一电路,再通过 A_4A_3 来决定四选一电路允许 Y_3,Y_2,Y_1,Y_0 中通过一个。

　　例如当通道选择量 $A_4A_3A_2A_1A_0=10011$ 时,由 $A_4A_3=10$,得 $L=D_2=Y_2$。因 $A_2A_1A_0=011$,得 $Y_2=D_{19}$,也就是输入数据三十二位 $D_{31}D_{30}\cdots D_1D_0$ 之中的 D_{19} 被选中输出,即 $L=D_{19}$。

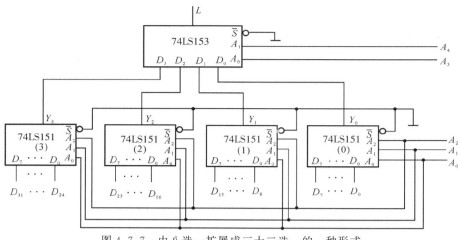

图 4.7.7　由八选一扩展成三十二选一的一种形式

4.7.2　数据分配器

在数字系统中往往需要把公共数据线上的数据按要求传送到不同单元,即对数据进行分配,相当于"单刀多掷"开关,示意图如图 4.7.8 所示。

可用译码器来做数据分配器,以 74LS138(3 线 - 8 线译码器)为例,如图 4.7.9 所示,$\overline{S}_2$ 做数据输入端,输入数据为 D,在前面已经讲过 74LS138 译码器输出的表达式。

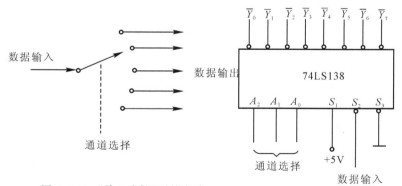

图 4.7.8　"单刀多掷"开关电路　　　4.7.9　由 74LS138 译码器连成的数据分配器

$$\overline{Y}_0 = \overline{\overline{A}_2\overline{A}_1\overline{A}_0 S_1 S_2 S_3}$$

$$\overline{Y}_1 = \overline{\overline{A}_2\overline{A}_1 A_0 S_1 S_2 S_3}$$

$$\vdots$$

$$\overline{Y_7} = \overline{A_2 A_1 A_0 S_1 S_2 S_3}$$

在本电路中，$S_1 = 1$，$\overline{S_2} = D$，$\overline{S_3} = 0$，则上述表达式可写成

$$\overline{Y_0} = \overline{\overline{A_2}\,\overline{A_1}\,\overline{A_0}\,\overline{D}}$$

$$\overline{Y_1} = \overline{\overline{A_2}\,\overline{A_1} A_0 \overline{D}}$$

$$\vdots$$

$$\overline{Y_7} = \overline{A_2 A_1 A_0 \overline{D}}$$

功能表见表 4.7.5，利用通道选择信号 $A_2 A_1 A_0$ 的不同组合，可把输入数据 D 分配给相应的输出端。

表 4.7.5　功能表

A_2	A_1	A_0	$\overline{Y_0}$	$\overline{Y_1}$	$\overline{Y_2}$	$\overline{Y_3}$	$\overline{Y_4}$	$\overline{Y_5}$	$\overline{Y_6}$	$\overline{Y_7}$
0	0	0	D	1	1	1	1	1	1	1
0	0	1	1	D	1	1	1	1	1	1
0	1	0	1	1	D	1	1	1	1	1
0	1	1	1	1	1	D	1	1	1	1
1	0	0	1	1	1	1	D	1	1	1
1	0	1	1	1	1	1	1	D	1	1
1	1	0	1	1	1	1	1	1	D	1
1	1	1	1	1	1	1	1	1	1	D

4.8　组合逻辑电路的设计

本节是解决用小规模集成电路(SSI)和中规模集成电路(MSI)来设计组合逻辑，通过一些例题使读者掌握设计方法。

4.8.1　组合逻辑电路设计的一般步骤

（1）实际问题的逻辑抽象和状态指定。根据实际问题的因果关系，明确哪些量是输入，哪些量是输出，并规定输入和输出的 0 和 1 的含义，也叫逻辑赋值。

（2）列出真值表。

（3）选定器件的类型。

（4）写出相应最简逻辑表达式，或者与器件相适应的函数形式。

（5）画出逻辑图。

在使用存储器和可编程逻辑器件设计时，用计算机辅助设计，按照规定的输入格式，设计操作过程由计算机完成。

4.8.2　组合逻辑电路设计举例

例 4-4　设计一个 3 台电机运转的报警电路，符合下列条件之一者不报

警,A 机开动时,B,C 两机必开;B 机开动时,C 机必开;C 机可单独开动;A,B,C 三机均不开动。除此之外电路将发出报警信号。设计要求:① 用最少的与非门实现。② 用中规模电路 74LS151(八选一电路)实现。③ 用译码器 74LS138 设计。

解 3 个输入量是 3 台电机 A,B,C 的工作状态,开机为 1,停机为 0。一个输出 L 是报警与否。报警为 1,不报警为 0。列真值表见表 4.8.1。

表 4.8.1 例 4-4 真值表

A	0	0	0	0	1	1	1	1
B	0	0	1	1	0	0	1	1
C	0	1	0	1	0	1	0	1
L	0	0	1	0	1	1	1	0

(1) 如用最少的与非门实现,由真值表作出卡诺图,如图 4.8.1 所示。由卡诺图便可写出最简的与非与非式,然后依照表达式画出逻辑图,如图 4.8.2 所示。

$$L = A\overline{B} + B\overline{C} = \overline{\overline{A\overline{B}} \cdot \overline{B\overline{C}}}$$

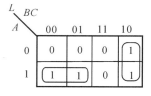

图 4.8.1 例 4-4 的卡诺图   图 4.8.2 例 4-4 的逻辑图(1)

(2) 用八选一电路 74LS151 实现。首先列出 74LS151 的功能表,再把真值表也列在同一表中,见表 4.8.2。

取 $A_2A_1A_0 = ABC$,也就是 3 个通道选择量作输入,取 $W = L$。由表 4.8.2 可知,当 $ABC = 000,001,011$ 和 111 时,$L = 0$。

应取 $D_0 = D_1 = D_3 = D_7 = 0$。当 $ABC = 010,100,101$ 和 110 时,$L = 1$,应取 $D_2 = D_4 = D_5 = D_6 = 1$,这样就能满足逻辑要求,连接图如图 4.8.3 所示。也可以取 $\overline{W} = L$,这时应取 $D_0 = D_1 = D_3 = D_7 = 1$,$D_2 = D_4 = D_5 = D_6 = 0$,如图 4.8.4 所示。

表 4.8.2　74LS151 的功能表与真值表

A_2	A_1	A_0	$\overline{W}$	W	L
0	0	0	$\overline{D_0}$	D_0	0
0	0	1	$\overline{D_1}$	D_1	0
0	1	0	$\overline{D_2}$	D_2	1
0	1	1	$\overline{D_3}$	D_3	0
1	0	0	$\overline{D_4}$	D_4	1
1	0	1	$\overline{D_5}$	D_5	0
1	1	0	$\overline{D_6}$	D_6	1
1	1	1	$\overline{D_7}$	D_7	0

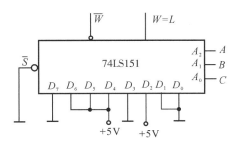

图 4.8.3　例 4-4 的逻辑图(2)

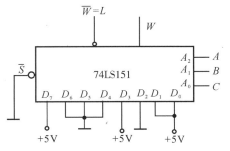

图 4.8.4　例 4-4 的逻辑图(3)

（3）用 3 线-8 线译码器 74LS138 设计。首先由真值表写出最小项表达式

$$L(ABC)=m_2+m_4+m_5+m_6$$

取译码器的输入 $A_2A_1A_0=ABC$，并使 $S_1=1$，$\overline{S_2}=\overline{S_3}=0$，这时

$$L(ABC)=Y_2+Y_4+Y_5+Y_6=$$
$$\overline{\overline{Y_2}\,\overline{Y_4}\,\overline{Y_5}\,\overline{Y_6}}$$

其逻辑图如图 4.8.5 所示。

例 4-5　输入量 $x_3x_2x_1x_0$ 为四位二进制数，如输入的数能被 3 或 4 整除时，输出量 $L=1$，否则 $L=0$，试用四选一电路设计（用 74LS153 双四选一中的一个）。

解　首先列出真值表，见表 4.8.3。

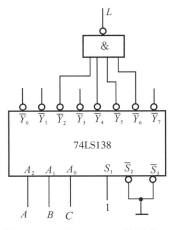

图 4.8.5　用 74LS138 设计的电路的逻辑图

表 4.8.3 例 4-5 的真值表

x_3	0	0	0	0	0	0	0	0	1	1	1	1	1	1	1	1
x_2	0	0	0	0	1	1	1	1	0	0	0	0	1	1	1	1
x_1	0	0	1	1	0	0	1	1	0	0	1	1	0	0	1	1
x_0	0	1	0	1	0	1	0	1	0	1	0	1	0	1	0	1
L	1	0	0	1	1	0	1	0	1	1	0	0	1	0	0	1

74LS153 的通道选择输入端只有两位(A_1A_0),而本题有 4 个输入量,如取 $A_1A_0 = x_3x_2$,另 2 个输入量 x_1x_0 只能放到数据输入端。因此就得利用卡诺图设计。由真值表作出卡诺图如图 4.8.6 所示。

由卡诺图可得到:

当 $x_3x_2 = 00$ 时,$L = \overline{x_1}\,\overline{x_0} + x_1x_0 = x_1 \odot x_0$;

当 $x_3x_2 = 01$ 时,$L = \overline{x_0}$;

当 $x_3x_2 = 10$ 时,$L = \overline{x_1}$;

当 $x_3x_2 = 11$ 时,$L = x_1 \odot x_0$。

将上面得到的结果与四选一的功能表列在一起,见表 4.8.4。由此表便可作出逻辑图,如图 4.8.7 所示。

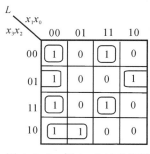

图 4.8.6 例 4-5 的卡诺图

表 4.8.4 例 4-5 的功能表

(x_3 x_2) A_1 A_0		W_2	L
0	0	D_0	$x_1 \odot x_0$
0	1	D_1	$\overline{x_0}$
1	0	D_2	$\overline{x_1}$
1	1	D_3	$x_1 \odot x_0$

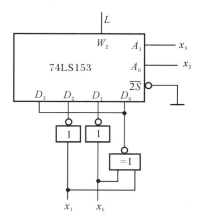

图 4.8.7 例 4-5 的逻辑图

例 4 - 6 某医院有 A, B, C, D 4 个病室和 1 个值班护士, 每个病室中有 1 个呼叫医护人员的按钮, 按下按钮值班室相应的指示灯就亮, 病员按病情轻重顺序分别住在 A, B, C, D 4 个病室, A 室中病员病势最重, D 室中病员病情最轻。如果同时有两个或两个以上病员呼叫时, 以病重者优先, 值班室里的 4 个指示灯只能亮一个。试设计一个组合逻辑电路, 要求: ① 用最少的与非门实现。② 用 4 线-16 线译码器 74LS154 实现。

解 呼叫按钮 A, B, C, D 为 4 个输入, 确定呼叫为 1, 不呼叫为 0。值班室内的 4 个灯 L_A, L_B, L_C, L_D 是输出, 灯亮为 1。列真值表见表 4.8.5, 4 个输入应有 16 种组合, 表中"×"表示取值可任意, 如 A 室呼叫, 其他室呼叫均不起作用。表中实际上已包含了 16 种组合。

表 4.8.5 例 4 - 6 的真值表

A	B	C	D	L_A	L_B	L_C	L_D
1	×	×	×	1	0	0	0
0	1	×	×	0	1	0	0
0	0	1	×	0	0	1	0
0	0	0	1	0	0	0	1
0	0	0	0	0	0	0	0

根据真值表可直接写出下列表达式, 并作出逻辑图, 如图 4.8.8 所示。

$$L_A = A; \qquad L_B = \overline{A}B = \overline{\overline{\overline{A}B}}$$

$$L_C = \overline{A}\,\overline{B}C = \overline{\overline{\overline{A}\,\overline{B}C}}; \qquad L_D = \overline{A}\,\overline{B}\,\overline{C}D = \overline{\overline{\overline{A}\,\overline{B}\,\overline{C}D}}$$

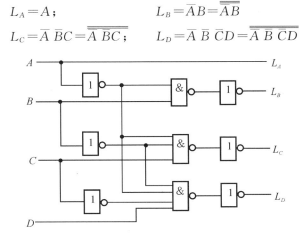

图 4.8.8 例 4 - 6 的逻辑图

如用 74LS154 来实现, 取 $A_3A_2A_1A_0 = ABCD$, 先把逻辑表达式写成最小项式, $m_i = Y_i (i = 0, 1, \cdots, 15)$, 逻辑图如图 4.8.9 所示。

$$L_A = m_8 + m_9 + m_{10} + m_{11} + m_{12} + m_{13} + m_{14} + m_{15} =$$
$$\overline{\overline{m_8}\,\overline{m_9}\,\overline{m_{10}}\,\overline{m_{11}}\,\overline{m_{12}}\,\overline{m_{13}}\,\overline{m_{14}}\,\overline{m_{15}}} =$$
$$\overline{\overline{Y_8}\,\overline{Y_9}\,\overline{Y_{10}}\,\overline{Y_{11}}\,\overline{Y_{12}}\,\overline{Y_{13}}\,\overline{Y_{14}}\,\overline{Y_{15}}}$$
$$L_B = m_4 + m_5 + m_6 + m_7 = \overline{\overline{m_4}\,\overline{m_5}\,\overline{m_6}\,\overline{m_7}} =$$
$$\overline{\overline{Y_4}\,\overline{Y_5}\,\overline{Y_6}\,\overline{Y_7}}$$
$$L_C = m_2 + m_3 = \overline{\overline{m_2}\,\overline{m_3}} = \overline{\overline{Y_2}\,\overline{Y_3}}$$
$$L_D = \overline{\overline{m_1}} = \overline{\overline{Y_1}}$$

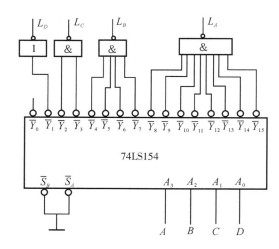

图 4.8.9　用 74LS154 来实现的逻辑图

例 4-7　有 4 个开关 A,B,C,D 和 1 个指示灯 L,其工作条件如下：

（1）只有一个开关接通时,灯不亮；

（2）A,B 两开关接通时,灯亮；

（3）在 A 接通和 B 断开的情况下,当 C 接通时,灯亮；

（4）在 B 接通的条件下,另外 3 个开关 A,C,D 中当有奇数个接通时,灯也亮；

（5）其他情况灯均不亮。

试分别用最少的与非门设计和用八选一电路 74LS151 设计。

解　设输入量 A,B,C,D,接通为 1,断开为 0。输出为 L,灯亮 $L=1$,灯灭 $L=0$。

（1）用最少的与非门设计。

首先列出真值表,见表 4.8.6。再利用卡诺图(见图 4.8.10)便得到最简的与非与非表达式,便可作出逻辑图,如图 4.8.11 所示。

$$L=AB+AC+B\overline{C}D+BC\overline{D}=\overline{\overline{AB}\,\overline{AC}\,\overline{B\overline{C}D}\,\overline{BC\overline{D}}}$$

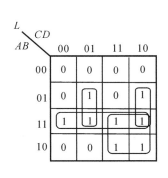

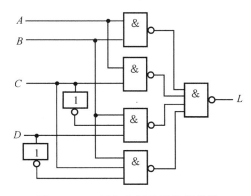

4.8.10　用与非门设计的真值表　　　图 4.8.11　用与非门设计的逻辑图

(2)用八选一电路 74LS151 设计。

取通道选择输入端 $A_2A_1A_0=ABC$,将 74LS151 的功能表和本题的真值表列在一起(见表 4.8.7),取 $L=W$。

由表得出:

$D_0=0;D_1=0;D_2=D;D_3=\overline{D};D_4=0;D_5=1;D_6=1;D_7=1$。

表 4.8.6　用与非门设计的真值表

A	B	C	D	L
0	0	0	0	0
0	0	0	1	0
0	0	1	0	0
0	0	1	1	0
0	1	0	0	0
0	1	0	1	1
0	1	1	0	1
0	1	1	1	0
1	0	0	0	0
1	0	0	1	0
1	0	1	0	1
1	0	1	1	1
1	1	0	0	1
1	1	0	1	1
1	1	1	0	1
1	1	1	1	1

表 4.8.7　用 74LS151 设计的真值表

A_2	A_1	A_0			
A	B	C	D	W	L
0	0	0	0	D_0	0
			1		0
0	0	1	0	D_1	0
			1		0
0	1	0	0	D_2	0
			1		1
0	1	1	0	D_3	1
			1		0
1	0	0	0	D_4	0
			1		0
1	0	1	0	D_5	1
			1		1
1	1	0	0	D_6	1
			1		1
1	1	1	1	D_7	1
			1		1

最后作出的逻辑电路图如图 4.8.12 所示。

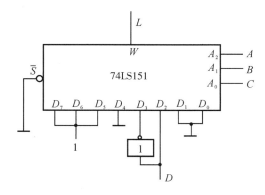

图 4.8.12　用 74LS151 设计的逻辑图

4.9　组合逻辑电路的竞争冒险现象

4.9.1　冒险现象及判别方法

1. 冒险现象

在组合逻辑电路的分析与设计中，都是在输入与输出处于稳定逻辑电平下进行的，没有考虑电路的时间延迟，没有分析输入瞬变时输出可能会出现什么现象。

例 4-8　逻辑图如图 4.9.1 所示。

$$F=\overline{AL}=\overline{A\,\overline{AB}}=\overline{A}+AB$$

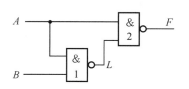

图 4.9.1　例 4-8 的逻辑图

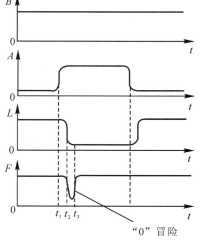

图 4.9.2　例 4-8 的波形图

当 $B=1$ 时，$F=\overline{A}+A=1$，F 与 A 的状态变化无关。实际上由于门电路

存在着延迟,当 $t=t_1$ 时 A 由 0 上跳为 1(见图 4.9.2),经过门 1 的延迟在 $t=t_2$ 时 L 才由 1 下跳为 0;因此在 t_1,t_2 时间间隔内,$A=1,L=1$,则产生 $F=0$。$F=0$ 是经过门 2 延迟后才出现,输出瞬间出现一个不应有的 $F=0$ 的跳变,就称为冒险现象。稳定后又恢复为 1,称为"0"冒险。

例 4-9　逻辑图如图 4.9.3 所示。

$$F=\overline{\overline{A}+L}=\overline{\overline{A}+\overline{\overline{A}+B}}=\overline{A}(A+B)$$

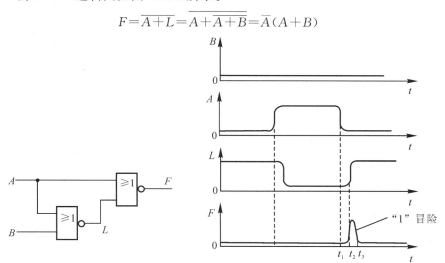

图 4.9.3　例 4-9 的逻辑图　　　　图 4.9.4　例 4-9 的波形图

当 $B=0$ 时,$F=\overline{A}A=0$,F 与 A 的状态变化无关。从波形图 4.9.4 中可看出,A 上跳不会引起 F 的变化,当 $t=t_1$ 时,A 由 1 下跳为 0;经过一个门的延迟,当 $t=t_2$ 时,L 上跳为 1。在 t_1t_2 时间间隔内 A 和 L 同时为 0,经过一个门的延迟后出现 $F=1$,输出量瞬间出现一个不应有 $F=1$ 的跳变,就叫作冒险现象,稳定后 F 又恢复为 0,称为"1"冒险。

产生冒险现象的原因是由于电路存在着延迟,使数字网络内部各点的状态变化存在着时差的缘故。当稳态输出为 1 的情况下,发生瞬态为 0 的跳变叫"0"冒险。当稳态输出为 0 的情况下,发生瞬态为 1 的跳变叫"1"冒险。冒险现象有时对电路会产生不良影响。

2. 冒险现象的判别

(1) 单变量变化时"0"冒险的判别。

代数法:当逻辑函数 L 输入某种取值的组合,使函数式出现 $L=X+\overline{X}$ 时,就可能产生 0 冒险。如:$L=\overline{A}B+AC$,当 $B=C=1$ 时,$L=\overline{A}+A$。

几何法:(卡诺图法)在卡诺图上,两个对 1 单元取的单元圈无重叠部分,且彼此包含相邻单元,则可能产生"0"冒险。

如图 4.9.5 所示，逻辑表达式还是：
$$L(ABC) = \overline{A}B + AC$$

两个单元圈无重叠部分，但 m_3 和 m_7 两个最小项又是个相邻的，当 $B = C = 1$ 时，$L = \overline{A} + A$，就可能产生"0"冒险。

（2）单变量变化时"1"冒险的判别。

代数法：当逻辑函数 L 输入某种取值的组合，使函数式出现 $L = X\overline{X}$ 时，就可能产生"1"冒险。如：$L = (A+C)(\overline{A}+B)$，当 $B = C = 0$ 时，$L = A\overline{A}$ 可能产生"1"冒险。

几何法：在卡诺图上以 0 单元取的单元圈无重叠部分，且彼此包含相邻的单元，则可能产生"1"冒险。

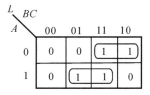

图 4.9.5　卡诺图

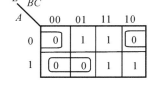

图 4.9.6　卡诺图

如图 4.9.6 所示，由卡诺图写出表达式可看出，电路可能产生"1"冒险。

$$\overline{L}(ABC) = A\overline{B} + \overline{A}\ \overline{C}$$
$$L(ABC) = \overline{A\overline{B} + \overline{A}\ \overline{C}} = \overline{A\overline{B}} \cdot \overline{\overline{A}\ \overline{C}} =$$
$$(A+B)(A+C) = \overline{A}A + \overline{A}C + BA + BC$$

当 $B = C = 0$ 时，$L = \overline{A}A$。

（3）多变量变化时冒险现象的判别。实际电路中有一个以上变量同时变化的情况也是存在的，用前面的简单办法来判别就不适用了。最好是用实验的办法，当出现多输入同时变化时，测量输出端是否有冒险的尖脉冲出现；也可用计算机辅助模拟分析。

例 4 - 10　试判断图 4.9.7 所示的逻辑电路，输入单变量变化时是否可能产生冒险现象，属于什么冒险。

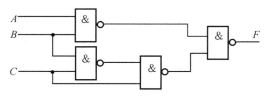

图 4.9.7　例 4 - 10 的逻辑图

解　由逻辑图写出表达式

$$F=\overline{\overline{AB}\cdot\overline{\overline{BC}}\cdot C}=AB+\overline{BC}C=AB+(\overline{B}+\overline{C})C=AB+\overline{B}C+\overline{C}C$$

当 $A=C=1$ 时，$F=B+\overline{B}$，可能有"0"冒险。

当 $A=0,B=1$ 时，$F=\overline{C}C$，可能有"1"冒险。

注意：若判断是否可能产生冒险现象，则在推演、展开和整理表达式的过程中不允许化简，必须保证变量出现的次数不减少，否则会把可能出现的冒险现象化简掉了。如本例的 $\overline{C}C$ 项就不能去掉。

4.9.2　消除冒险现象的方法

1. 引入校正项法

如逻辑函数 $L=\overline{A}B+AC$。当 $B=C=1$ 时，$L=\overline{A}+A$，可能有"0"冒险。如果利用包含律增加一个积项 BC，则函数式为

$$L=\overline{A}B+AC=\overline{A}B+AC+BC$$

这时，当 $B=C=1$ 时，$L=\overline{A}+A+1=1$，A 变化也不会出现"0"冒险了。

从卡诺图上看，把两个无重叠部分的单元圈，对彼此包含的相邻单元再取一个单元圈就可以消除"0"冒险。在图 4.9.8 中增加一个单元圈表达式为

$$L=\overline{A}B+AC+BC$$

尽管表达式不是最简的，但它却消除了可能产生的冒险现象。BC 积项叫校正项。

图 4.9.9 所示的卡诺图中两个对 0 单元取的单元圈无重叠部分，但两个圈又彼此包含相邻单元，对这个相邻的 0 单元再取单元圈，得到的表达式为

$$\overline{L}=A\overline{B}+\overline{A}\ \overline{C}+\overline{B}\ \overline{C}$$
$$L=\overline{A\overline{B}+\overline{A}\ \overline{C}+\overline{B}\ \overline{C}}=\overline{A\overline{B}}\cdot\overline{\overline{A}\ \overline{C}}\cdot\overline{\overline{B}\ \overline{C}}=$$
$$(\overline{A}+B)(A+C)(B+C)$$

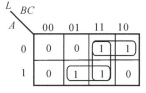

图 4.9.8　卡诺图示例(1)

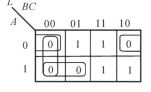

图 4.9.9　卡诺图示例(2)

当 $B=C=0$ 时，$L=\overline{A}A=0$，就不会出现"1"冒险了，$\overline{B}\ \overline{C}$ 项叫校正项。

2. 输出端并联电容

图 4.9.10 所示的逻辑图，其逻辑表达式为

$$L = \overline{\overline{\overline{AB}}\ \overline{AC}} = \overline{A}B + AC$$

当 $B=C=1$ 时，$L=\overline{A}+A$，这是一个可能有"0"冒险的电路。如在输出端并联一个电容 C，由于电容对突变的脉冲电压不敏感，也就是有滤波作用，故可消除冒险。一般 $C=4\sim20$ pF 之间。有了负载电容会使电压上升沿和下降沿不陡，电容值越大这种后果越严重。

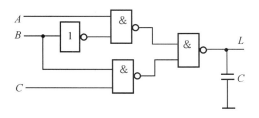

图 4.9.10　逻辑图示例(1)

3. 引入选通脉冲

以图 4.9.11 所示的逻辑图为例，用选通输入信号来控制输出，在输入 A,B,C 变化的瞬间，使 $P=0$，当 A，B,C 稳定了，使 $P=1$，输出 L 就不会有冒险了。不过这时输出 L 也是以脉冲的形式输出，选通脉 P 与输入变化的配合要准确协调。

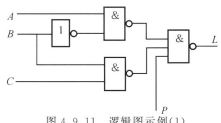

图 4.9.11　逻辑图示例(1)

总之，冒险现象是不好的，有时尽管电路有冒险现象存在，如对逻辑功能无影响，可以不去管它。有时电路的冒险现象会给逻辑关系带来错误，这时在设计时就要消除可能出现的冒险现象。

小　　结

本章的主要内容是组合逻辑电路的分析方法与设计方法。通过对一些常用的数字部件(如编码器、译码器、数据选择器、算术运算器、数值比较器等)的分析来掌握组合逻辑电路的分析方法。同时还介绍了一些中规模集成组合逻辑电路。

在组合逻辑电路的设计部分，首先要掌握使用小规模数字集成电路的设计方法和步骤，在此基础上还要灵活地应用中规模数字集成电路来设计组合逻辑电路。

习　题　四

4.1　试分析如图题 4.1 所示逻辑电路的功能，输入 A, B, C, D 是 8421 码。

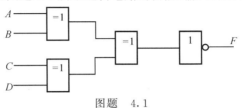

图题　4.1

4.2　试分析如图题 4.2 所示的逻辑电路的功能，输入 $a_1 a_0$ 和 $b_1 b_0$ 均是两位二进制数，输出 $F_2 F_1 F_0$ 是三位二进制数。

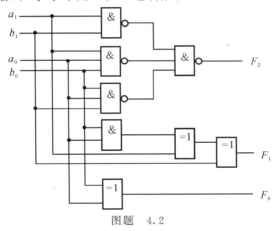

图题　4.2

4.3　试分析如图题 4.3 所示逻辑电路的功能。输入 A_i，B_i，C_i 是 3 个一位二进制数。

4.4　编码器电路如图题 4.4 所示，输入有 7 个，它们是 $a_7 a_6 a_5 a_4 a_3 a_2 a_1$，输出为三位二进制数 $L_2 L_1 L_0$，试列出编码的真值表。

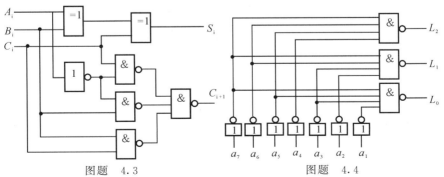

图题　4.3　　　　　　　　　　图题　4.4

4.5 由 8421 码译码器 74LS42 组成的逻辑电路如图题 4.5 所示,输入 $D_3D_2D_1D_0$ 为 8421 码,输出为 M,N 和 P,试分析其逻辑功能。

4.6 由 3 线-8 线译码器 74LS138 组成的电路如图题 4.6 所示,输入为 $ABCD$,输出为 F_1 和 F_2,试列出真值表。

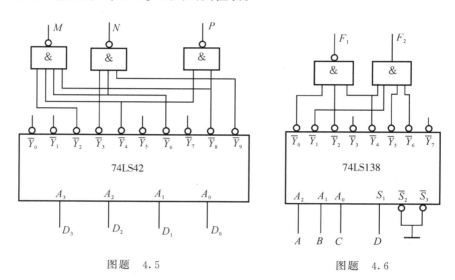

图题 4.5   图题 4.6

4.7 由 4 线-16 线译码器 74LS154 组成的电路如图题 4.7 所示,输入 $A=a_1a_0$, $B=b_1b_0$ 均为两位二进制数,输出 $F=f_3f_2f_1f_0$ 是四位二进制数。试分析电路的功能。

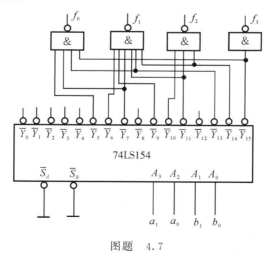

图题 4.7

4.8　由四位数值比较器 CC4585 和四位全加器 74LS283 组成的电路如图题 4.8 所示,输入为四位二进制数 $a_3a_2a_1a_0$,输出为五位 $y_4y_3y_2y_1y_0$。试分析其功能并列出真值表。

4.9　由双四选一电路 74LS153 组成的电路如图题 4.9 所示,其功能表见表 4.7.2,输入为 $X_3X_2X_1X_0$ 是四位二进制数,输出量为 W_1 和 W_2。试分析其逻辑功能。

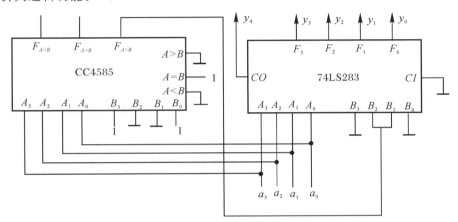

图题　4.8

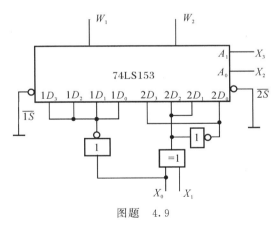

图题　4.9

4.10　由八选一电路 74LS151 组成的电路如图题 4.10 所示,输入为 A,B,C,D,输出为 L,试分析其逻辑功能。

4.11　由八选一电路 74LS151 组成的电路如图题 4.11 所示,A,B,C 和一个工作状态控制量 M 共 4 个量为输入,输出为 Y。试分析当 $M=1$ 和 $M=0$ 时,电路分别具有何种功能,列出真值表。

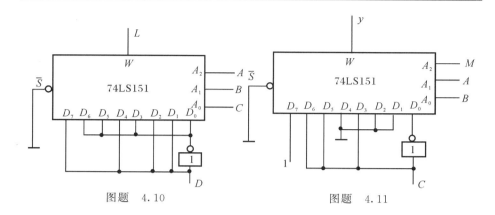

图题　4.10　　　　　　　　　图题　4.11

4.12　设计一个监视交通信号灯工作状态的逻辑电路,每组信号灯都是由红、黄、绿 3 盏灯组成的,正常工作时任何时刻只能是一盏灯亮,否则就报警,提醒维修人员来维修。试用最少的与非门设计。

4.13　用与非门设计一个 3 输入的排队电路,A,B,C 为 3 个输入信号,有信号时为 1,无信号时为 0。F_1,F_2 和 F_3 为 3 个输出,在同一时间只允许有一个信号通过,如 A 通过时 $F_1=A$,如 B 通过时 $F_2=B$,如 C 通过时 $F_3=C$。无信号通过时对应的输出为 0,如果同时有两个或两个以上信号输入时,则按 ABC 的优先顺序通过一个。

4.14　用 3 个开关 A,B,C 来控制一个照明灯的逻辑电路,逻辑要求是改变任何一个开关的状态,都能控制灯由亮变灭或由灭变亮。初始状态为 $ABC=000$,即 3 个开关均断开,灯是灭的。试用异或门设计。

4.15　用最少的与非门设计一个组合逻辑电路,输入 $X=x_1x_0$ 和 $Y=y_1y_0$ 均为两位二进制数,输出为 L_1 和 L_0,要求逻辑关系满足:当 XY 之积等于 0 时,$L_1L_0=00$;当积为偶数时,$L_1L_0=01$,当积为奇数时,$L_1L_0=10$。

4.16　设计一个四输入、四输出的逻辑电路。当控制信号 $C=0$ 时,输出状态与输入状态相反,当 $C=1$ 时,输出状态与输入状态相同。试用同或门实现。

4.17　用 3 线-8 线译码器 74LS138 和与非门实现一个组合逻辑电路,输入为 $A_2A_1A_0$ 是三位二进制数,输出为 F_2 和 F_1,其逻辑要求是:$A_2A_1A_0$ 所表示的数大于 4 时,$F_2=1$;小于等于 4 时,$F_2=0$。$A_2A_1A_0$ 所表示的数为偶数时 $F_1=1$;为奇数时 $F_1=0$。

4.18　用 3 线-8 线译码器 74LS138 和与非门实现一位全减器。

4.19　用 8421BCD 码译码器 74LS42 和与非门实现一位全加器。

4.20　用 4 个 74LS138 译码器和非门电路实现 5 线 - 32 线译码器,五位地址输入为 $A_4A_3A_2A_1A_0$。试作出电路连接图。

4.21　有红、绿两个指示灯,它们受 A,B,C,D 四个开关控制,当只有一个开关接通时,绿灯亮。当 A 开关接通时,且还有另外两个开关接通,则红灯亮。当 B 接通 D 断开时,绿灯亮。当 B 断开且 C 及 D 接通时,红灯亮。当 C 断开且只有绿灯亮时红灯才亮。其他情况两灯均不亮。用 74LS154 实现这一个控制逻辑电路。

4.22　用一个 4 线 - 16 线译码器 74LS154 和两个八输入端的与非门实现一个组合逻辑电路。要求:当 $E=1$ 时是一个一位全加器,当 $E=0$ 时是一个一位全减器。

4.23　试用两个数值比较器 CC4585 和适当的门电路,设计 3 个四位二进制比较器,3 个数分别为 $A=a_3a_2a_1a_0,B=b_3b_2b_1b_0$ 和 $C=c_3c_2c_1c_0$,能给出三种可能的结果,3 个数是否相等,B 是否最大,B 是否最小。

4.24　用一个四位二进制数加法器 74LS283 实现将 8421BCD 码转换成余 3BCD 码。

4.25　用一个 74LS283 将余 3 码 BCD 码转成 8421BCD 码。

4.26　用双四选一电路 74LS153(见图 4.7.3)实现一位全加器。

4.27　试用八选一电路 74LS151 设计一个电源过载报警器,电源长期工作电流 $I \leqslant 10$ A,有 A,B,C,D 四个用电器,它们工作时分别用电电流为 $I_A = 6$ A;$I_B = 3$ A, $I_C = 2$ A;$I_D = 5$ A(提示:输入为电器工作与否,输出为报警与否)。

4.28　用 74LS151 设计一个组合逻辑电路,输入为 $A=a_1a_0$ 和 $B=b_1b_0$ 均为二进制数,两数相除能整除时输出 $F=1$,不能整除时 $F=0$(提示:商为 0 也应属于整除,除数 B 不可为 0)。

4.29　一场智力竞赛,由一个主裁判和 3 个副裁判组成的裁判组来判定参赛者的回答正确与否,裁判员认为回答正确时,就向逻辑电路输入 1,认为不正确时就输入 0。主裁判一票算两票,副裁判一票算一票。裁判结果按票数的少数服从多数的原则来决定。结果输出为 1 表示回答正确,结果输出为 0 表示回答不正确。试用八选一电路 74LS151 实现。

4.30　利用一个八选一电路 74LS151 和一个 3 线 - 8 线译码器 74LS138

设计一个逻辑电路,其功能是将输入的 8 个数据中的任何一个传送到 8 个输出端中的任何一个,其示意图如图题 4.30 所示。

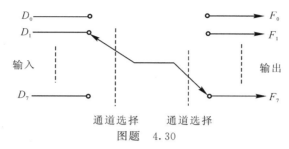

图题 4.30

4.31 判别如图题 4.31 所示的逻辑电路是否可能产生冒险现象,如果有,请说明是什么型的冒险,并要求用与非门重新设计一个满足原逻辑关系的无冒险的电路。

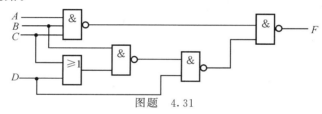

图题 4.31

4.32 判别如图题 4.32 所示电路是否可能产生冒险现象,如果有,请说明是什么型的冒险?并要求用与非门重新设计一个满足原逻辑关系的无冒险的电路。

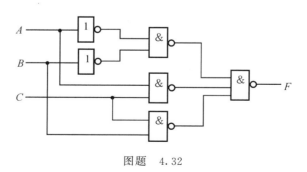

图题 4.32

第5章 触发器

触发器是构成时序逻辑电路的基本单元电路。它是具有记忆功能的基本逻辑单元,在下一个信号来到之前它能保持前一个信号作用的结果,即能存储记忆一位二值信号(0 或 1),这种电路称为触发器。从电路的结构和触发方式来分,有基本触发器(电平触发)、主从触发器、维持-阻塞触发器和边沿触发器等。从逻辑功能来分,有 RS 触发器、JK 触发器、D 触发器等。从构成触发器的晶体管的类型又分为 TTL 和 CMOS 等。本章中将介绍各种常见的触发器。

通过介绍基本触发器之间的联系以及在一定条件下的转换,强调事物之间普遍的联系性。事物之间只要达到了转换的条件,就可以发生转变。引导学生在遭遇挫折时,积极去探索,寻找可能的发展机遇。

5.1 RS 触发器

为了便于说明触发器的工作原理、电路结构特征和逻辑功能,这里首先以基本 RS 触发器为例进行介绍,它是构成其他类型触发器的基础。

5.1.1 基本 RS 触发器

1. 或非门构成的基本 RS 触发器

电路结构和符号图如图 5.1.1 所示,触发器有两个输出端 Q 和 $\bar{Q}$,两者互反,以 Q 的状态代表触发器的状态。

用 Q^n 表示 S_D 和 R_D 变化前的状态,Q^{n+1} 表示 S_D 和 R_D 变化后的状态。

如果 $Q^n=0$,则当 S_D 和 R_D 变为 $S_D=R_D=0$ 时,$Q^{n+1}=0$。

如果 $Q^n=1$,则当 S_D 和 R_D 变为 $S_D=R_D=0$ 时,$Q^{n+1}=1$。

如果 $Q^n=0$,则当 S_D 和 R_D 变为 $S_D=1$,$R_D=0$ 时,$Q^{n+1}=1$。

如果 $Q^n=1$,则当 S_D 和 R_D 变为 $S_D=1$,$R_D=0$ 时,$Q^{n+1}=1$。

$\vdots$

如果 $Q^n=1$,则当 S_D 和 R_D 变为 $S_D=R_D=1$ 时,$Q^{n+1}=0$,$\bar{Q}_{n+1}=0$(禁用)。

将分析的结果列出状态真值表见表 5.1.1,也叫特性表。R_D 输入端叫置 0 端(复位端),即当 $R_D=1$ 时,$Q=0$,$\bar{Q}=1$。S_D 端叫置 1 端(置位端),即当 $S_D=1$ 时,$Q=1$,$\bar{Q}=0$。R_D 或 S_D 只有为高电平时才有可能改变触发器的状态。

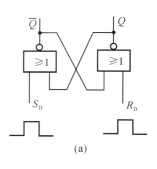
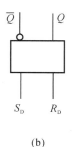

图 5.1.1　基本 RS 触发器

(a) 逻辑图;　(b) 符号图

表 5.1.1 真值表

S_D	R_D	Q^n	Q^{n+1}
0	0	0	0
0	0	1	1
1	0	0	1
1	0	1	1
0	1	0	0
0	1	1	0
1	1	0	0*
1	1	1	0*

值得注意的是,当 $S_D=R_D=1$ 时,$Q=\bar{Q}=0$,虽然 Q 和 $\bar{Q}$ 的状态是确定的,但破坏了 Q 和 $\bar{Q}$ 互反的关系,再者一旦 R_D 和 S_D 同时回 0,则触发器状态不定。原因是 R_D 和 S_D 同时回 0,Q 和 $\bar{Q}$ 相争为 1,由于电路存在交叉反馈,只能有一个为 1,究竟谁先为 1,这与门电路的延迟时间有关,因此触发器的状态具有随机性,叫状态不定。在表 5.1.1 中用 0* 表示。因此在正常工作时,输入信号应遵守 $R_D S_D=0$ 的约束条件,即不允许 R_D 和 S_D 同时为 1。

触发器的记忆功能指的是无触发时,即 $R_D=S_D=0$,触发器保持原来的状态不改变。

2. 与非门构成的基本 RS 触发器

电路结构和逻辑符号如图 5.1.2 所示。

如果 $Q^n=0$,则当 $\bar{S}_D$ 和 $\bar{R}_D$ 变为 $\bar{S}_D=\bar{R}_D=1$ 时,$Q^{n+1}=0$。

如果 $Q^n=1$,则当 $\bar{S}_D$ 和 $\bar{R}_D$ 变为 $\bar{S}_D=\bar{R}_D=0$ 时,$Q^{n+1}=1$。

如果 $Q^n=0$,则当 $\bar{S}_D$ 和 $\bar{R}_D$ 变为 $\bar{S}_D=\bar{R}_D=0$ 时,$Q^{n+1}=1$,$\bar{Q}^{n+1}=1$(禁用)。

如果 $Q^n=1$,则当 $\bar{S}_D$ 和 $\bar{R}_D$ 变为 $\bar{S}_D=\bar{R}_D=0$ 时,$Q^{n+1}=1$,$\bar{Q}^{n+1}=1$(禁用)。

将分析结果列出特性表见表 5.1.2,$\bar{S}_D$ 是置 1 端,$\bar{R}_D$ 是置 0 端,$\bar{R}_D$ 和 $\bar{S}_D$ 均是低电平触发。当 $\bar{S}_D=\bar{R}_D=0$ 时,$Q=\bar{Q}=1^*$,破坏了 Q 与 $\bar{Q}$ 互反的关系,一旦 $\bar{R}_D$ 和 $\bar{S}_D$ 同时回 1,则会产生状态不定的后果,因此,在工作时要遵守 $\bar{R}_D+\bar{S}_D=1$ 的约束条件。$\bar{R}_D$ 和 $\bar{S}_D$ 不得同时为 0。

表 5.1.2 特性表

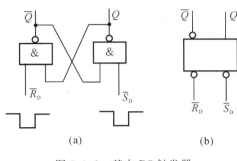

图 5.1.2 基本 RS 触发器

(a) 逻辑图; (b) 符号图

$\overline{S}_D$	$\overline{R}_D$	Q^n	Q^{n+1}
1	1	0	0
1	1	1	1
0	1	0	1
0	1	1	1
1	0	0	0
1	0	1	0
0	0	0	1*
0	0	1	1*

5.1.2 同步 RS 触发器

基本 RS 触发器的动作直接由 R,S 来控制,在数字系统中常常需要某些触发器统一协调动作,尽管 R,S 输入已经改变,而触发器仍保持不动,只有同步信号来到后触发器才完成动作。这个同步触发信号也叫时钟信号。由同步信号控制动作的 RS 触发器就叫作同步 RS 触发器,也叫时钟脉冲控制的 RS 触发器,其逻辑图如图 5.1.3 所示。同步 RS 触发器是在基本 RS 触发器的基础上增加两个门,并多一个同步触发信号 CP。从逻辑图可写出

$$Q_3 = \overline{CP \cdot R} \qquad 和 \qquad Q_4 = \overline{CP \cdot S}$$

表 5.1.3 同步 RS 触发器的特性表

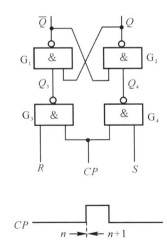

图 5.1.3 同步 RS 触发器的逻辑图

R	S	Q^n	Q^{n+1}
0	0	0	0
0	0	1	1
0	1	0	1
0	1	1	1
1	0	0	0
1	0	1	0
1	1	0	不定
1	1	1	

当 $CP=1$ 时，$Q_3=\bar{R}$，$Q_4=\bar{S}$，这时就是基本 RS 触发器。

当 $CP=0$ 时，$Q_3=Q_4=1$，触发器保持原状态，R,S 不起作用，因为 $CP=0$ 封住 G_3 和 G_4 门。只有 $CP=1$ 时，R,S 才能起作用。我们把触发信号 CP 等于 1 以前的 Q 的状态叫初态，用 Q^n 表示，$CP=1$ 触发后的 Q 的状态叫次态，用 Q^{n+1} 表示。Q^{n+1} 与 R,S,Q^n 的关系从图 5.1.3 的分析中可得到特性表（见表 5.1.3）。当 $R=S=1$ 时，CP 来到（即 $CP=1$），$Q_3=Q_4=0$，这时 $Q=\bar{Q}=1$，一旦 CP 回 0 则状态不定。因此，同步 RS 触发器仍然有约束条件即 $RS=0$，也就是说，在触发期间 R,S 不允许同时为 1。以 Q^{n+1} 为输出，以 R,S 和 Q^n 为输入作出的卡诺图如图 5.1.4 所示，可写出同步 RS 触发器的特性方程和约束条件。

$$Q^{n+1}=S+\bar{R}Q^n \qquad \text{（特性方程）}$$
$$RS=0 \qquad \text{（约束条件）}$$

特性方程是表示触发器触发后的状态 Q^{n+1} 与触发前各输入和触发器触发前的状态 Q^n 的逻辑关系。

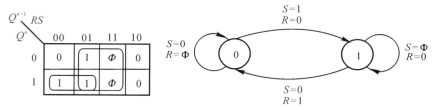

图 5.1.4　卡诺图　　　　图 5.1.5　同步 RS 触发器的状态转换图

描述如图 5.1.3 所示的同步 RS 触发器逻辑功能的除了状态表、卡诺图、特性方程以外，还可以用状态转换图来描述，如图 5.1.5 所示。

图 5.1.5 中两圆圈内的 0 和 1 表示一个触发器 Q 端的两种可能的状态，带箭头的曲线表示触发后状态变换的去向，曲线外的 R,S 值表示变换的条件。如果当前状态 $Q^n=0$，若触发前 $S=0$，$R=\Phi$，则触发后 $Q^{n+1}=0$，保持不动。如果触发前 $Q^n=0$，$S=1$，$R=0$ 则触发后 $Q^{n+1}=1$。如果触发前 $Q^n=1$，$S=\Phi$，$R=0$，则触发后 $Q^{n+1}=1$。如果 $Q^n=1$，$S=0$，$R=1$，则触发后 $Q^{n+1}=0$。状态转换图只不过是特性方程的图像表示法，更加形象地描述了触发器状态变换的条件和变换的去向。

为了增加同步 RS 触发器的功能，又增加两个直接置 0 端 $\bar{R}_D$ 和置 1 端 $\bar{S}_D$，这两个输入端不受同步触发脉冲 CP 的控制，因此又叫作异步置 0、置 1 端。同步 RS 触发器的结构图和符号图如图 5.1.6 所示，当 $\bar{R}_D=0$ 时，$Q=0$，$\bar{Q}=1$；当 $\bar{S}_D=0$ 时，$Q=1$，$\bar{Q}=0$。注意不允许 $\bar{R}_D$ 和 $\bar{S}_D$ 同时为 0，因为一旦 $\bar{R}_D$ 和 $\bar{S}_D$ 同时回 1，会导致状态不定。当不用 $\bar{R}_D$ 和 $\bar{S}_D$ 端时，它们均为高电平（接

1)。由于 $\overline{R}_\mathrm{D}$ 和 $\overline{S}_\mathrm{D}$ 是低电平起作用,即低电平有效,故在符号图上加一个小圆圈表示。

同步 RS 触发器有了同步触发信号 CP(也可看作是选通控制量),在 $CP=0$ 期间 R,S 变化或有干扰均不起作用,因此提高了可靠性。$CP=1$ 期间触发器动作,在这期间不允许 R,S 变化,如果变化会引起 Q 端的相应变化,另外,同步 RS 触发器有约束条件。

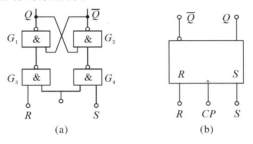

图 5.1.6　同步 RS 触发器

(a) 逻辑图；　(b) 符号图

例 5-1　已知如图 5.1.7 所示的同步 RS 触发器的 CP,R,S 的波形和 Q 端的初始值 $Q=0$,试画出 Q 端对应的波形。

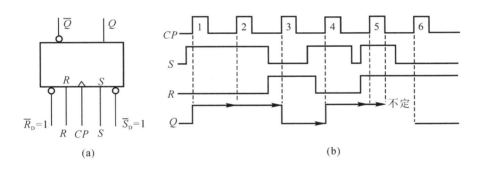

图 5.1.7　例 5-1 用图

解　该同步 RS 触发器是 CP 由 0 上升为 1 时动作,在 $CP=1$ 期间都是触发时间,画图时可利用特性方程也可利用状态转换图,将 CP 上跳前瞬间的 R,S 和 Q^n 值代入特性方程,便可得到触发后的 Q^{n+1} 值,再以这个 Q^{n+1} 作为下次触发前的 Q^n 值,依此类推下去便可画出 Q 的波形。如果在 $CP=1$ 期间 R,S 还有变化,还要仔细考虑 Q 的变化,均可利用特性方程求出 Q 的状态来,波形图如图 5.1.7 所示。

本例中第 5 个 CP 触发器,恰好 $R=S=1$,在 $CP=1$ 期间会出现 $Q=1$,$\overline{Q}=1$ 的现象,当 CP 回 0 时就出现状态不定。在实际使用中这种情况是不允许出现的。

5.2 JK 触发器

同步 RS 触发器存在的问题是对输入 R 和 S 有约束条件,另外在触发期间 R,S 如有变化时,触发器也可能动作。为克服同步 RS 触发器上述的两个缺点,出现了一种 JK 触发器。

5.2.1 主从 JK 触发器

1. 电路结构和工作原理

主从 JK 触发器如图 5.2.1 所示,它是由两个同步 RS 触发器串接而成的。下面的叫主触发器,上面的的叫从触发器。主触发器是 CP 为高电平时触发,从触发器是 CP 为低电平时触发。

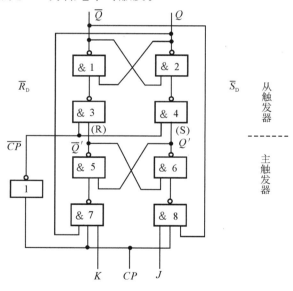

图 5.2.1 主从 JK 触发器

当 $\overline{R}_D = \overline{S}_D = 1$ 时,分析如下:

主触发器的 $R = KQ^n$,$S = J\overline{Q}^n$,CP 来到($CP=1$),主触发器被触发,从触发器处于保持状态。这时主触发器的状态为

$$Q'^{n+1} = S + \overline{R}Q'^n = J\overline{Q}^n + \overline{KQ^n}Q'^n = J\overline{Q}^n + \overline{K}Q'^n + \overline{Q}^nQ'^n$$

从触发器的 $R = \overline{Q}'^{n+1}$,$S = Q'^{n+1}$,当 CP 回 0,主触发器处于保持状态时,从触发器被触发。

$$Q^{n+1}=S+\overline{R}Q^n=Q'^{n+1}+Q'^{n+1}Q^n=Q'^{n+1}$$

此式说明，CP 回 0 从触发器被触发后的状态是跟随主触发器的状态，这就是"主从"的得名。当然也不难推断出 $Q^n=Q'^n$，将前面得到的 Q'^{n+1} 代入上式便得到

$$Q^{n+1}=J\overline{Q}^n+\overline{K}Q'^n+\overline{Q}^nQ'^n=J\overline{Q}^n+\overline{K}Q^n$$

这就是 JK 触发器的特性方程，JK 触发器的输出端是从触发器的状态，它是对应 CP 下跳时才动作的。

对于主触发器来说，$RS=KQ^nJ\overline{Q}^n=0$，任何时候均能自然满足同步 RS 触发器的约束条件，而与 J，K 无关，故对 J，K 无约束条件。

除了用特性方程表达 JK 触发器的逻辑功能外，还可用状态转换图来表述，如图 5.2.2 所示。

为了扩展 JK 触发器的逻辑功能，输入端可增加若干个，但要满足：$J=J_1J_2J_3$ 和 $K=K_1K_2K_3$。$\overline{S}_D$ 和 $\overline{R}_D$ 端是异步置 1 置 0 端，它们不受时钟脉冲 CP 控制。JK 触发器的逻辑符号如图 5.2.3 所示，CP 端的小圆圈表示 CP 下跳为 0 时，从触发器动作，也叫下跳触发。这是一种脉冲触发电路。

为保证主从 JK 触发器可靠地工作，对触发脉冲 CP 和输入 J，K 有一定的要求：在 $CP=1$ 期间不允许 J，K 变化，以免输出可能产生变化，发生错误动作。因此输入必须先于 CP 到达，也就是在 $CP=0$ 的时候加入。触发器过后（即 CP 回 0）J，K 方可改变。

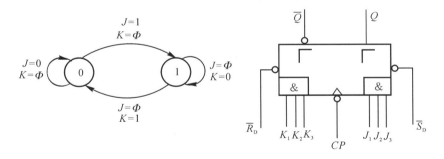

图 5.2.2　JK 触发器的状态转换图　　图 5.2.3　主从 JK 触发器的符号图

5.2.2　集成边沿触发的 JK 触发器

集成边沿触发的 JK 触发器与主从 JK 触发器相比较，既提高了工作频率，又解除了在 $CP=1$ 期间不允许 J，K 变化的限制。以 74LS78 为例，电路结构图如图 5.2.4 所示，其特性方程不变，也是下跳触发。

此种边沿触发JK触发器的输入J，K必须先于CP下跳前一个与非门的延迟时间以前加给触发器，保证G_3和G_4两个门的动作完成后CP方可下跳触发，从CP下跳到触发动作完成也只需两个与或非门的延迟时间$2t_{PD}$，因此，工作速度提高了，触发频率可达$60\ MHz$以上。在稳定的$CP=1$和$CP=0$期间J，K变化将不起作用，所以称它为边沿触发器。

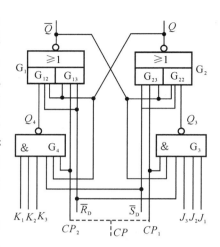

图 5.2.4　边沿触发 JK 触发器

例 5-2　已知边沿触发的 JK 触发器的CP，J，K的波形如图 5.2.5 所示，初始$Q=0$，试画出Q端对应的波形图。

解　$\overline{R}_D=\overline{S}_D=1$，这两个异步置 0 置 1 端对触发器不起作用，本触发器是属于CP下跳边沿触发，因此，Q端状态的变化一定对应CP下跳沿，在图 5.2.5(b)上自左向右每遇到一个CP下跳沿，就将下跳前的J，K和Q的状态代入特性方程便可求得CP下跳后的Q的状态，画出的Q端波形如图 5.2.5(b)所示。

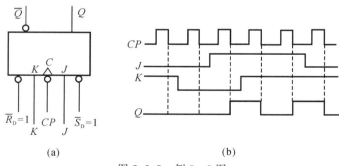

(a)　　　　　　　　　　(b)

图 5.2.5　例 5-2 图

例 5-3　已知边沿触发的 JK 触发器和CP，X和$\overline{S}_D$的波形如图 5.2.6 所示，试画出Q端的对应波形。

解　先写出 JK 触发器的特性方程

$$Q^{n+1}=J\overline{Q}^n+\overline{K}Q^n$$

由图 5.2.6(a)可写出$J=X\overline{Q}^n$，将$K=1$代入特性方程得到

$$Q^{n+1}=X\overline{Q}^n\overline{Q}^n+\overline{1}Q^n=X\overline{Q}^n$$

作图过程是，开始由于$\overline{S}_D=0$，故$Q=1$，与其他量均无关，在$\overline{S}_D=1$以后，

在触发之前 Q 仍保持为 1，只有被触发 Q 才有可能变化，以后每触发一次（CP 下跳），就将 CP 下跳前的 X 和 Q^n 代入上式便可得到触发后的 Q^{n+1}。依次做下去，便得到如图 5.2.6(b)所示的 Q 端的波形。

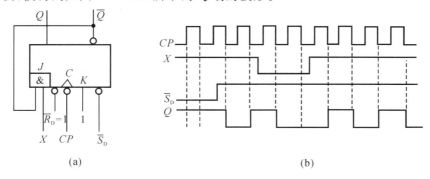

图 5.2.6　例 5-3 图

5.3　边沿触发 D 触发器和 D 锁存器

5.3.1　边沿触发 D 触发器

边沿触发 D 触发器也是一种没有约束条件的触发器。

1. 工作原理

本节介绍的边沿触发 D 触发器也叫维持-阻塞 D 触发器，是一种上升沿触发的触发器，其电路结构和符号图如图 5.3.1 所示，它是由 6 个与非门构成的，CP 为触发端，Q 和 $\overline{Q}$ 为触发器的输出端，$\overline{R}_D$ 和 $\overline{S}_D$ 为异步置 0、置 1 端，低电平有效，D 为输入端，在符号图中有 $D_1 D_2 D_3$ 三个输入端，它们满足 $D = D_1 D_2 D_3$ 的逻辑关系。

其工作原理如下（暂不考虑 $\overline{R}_D$ 和 $\overline{S}_D$ 的作用）：

(1) 当 $CP=0$ 时，G_3 和 G_4 两门被封锁，$Q_3 = Q_4 = 1$，则由 G_1 和 G_2 两门构成的基本 RS 触发器保持原状态，Q_3 相当于基本 RS 触发器的 $\overline{R}$ 输入端，Q_4 相当于 $\overline{S}$ 端。此时，Q_3 至 G_5 和 Q_4 至 G_6 两条反馈线将 G_5 和 G_6 门打开，使输入 D 进入，$Q_5 = \overline{D}$，$Q_6 = \overline{Q_5} = D$。

(2) 在 CP 由 0 上跳为 1 的瞬间，G_3 和 G_4 两门打开，$Q_3 = \overline{Q_5} = D$，$Q_4 = \overline{Q_6} = \overline{D}$，此时 Q_3 和 Q_4 互反。因为由与非门组成的基本 RS 触发器在满足 $\overline{R}$ 和 $\overline{S}$ 互反的前提下 $Q = \overline{R}$。在此 Q_3 相当于 $\overline{R}$，故 $Q = Q_3 = D$。也就是说在 CP 上跳瞬间 D 触发器被触发，触发后的 Q 就等于触发前的 D 的状态。

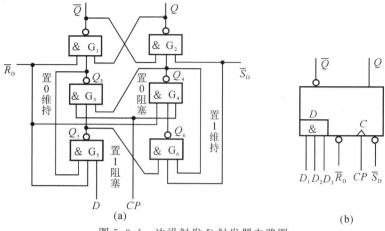

图 5.3.1　边沿触发 D 触发器电路图

（a）逻辑图；　（b）符号图

（3）在触发后 $CP=1$ 期间,输入信号 D 被封锁,D 再变化也不起作用。如 $D=0$,触发后 $Q_3=0$,经 Q_3 到 G_5 门的反馈线将 G_5 门封住,D 再变也不起作用。同时 $Q_5=1$,$Q_6=0$,使 $Q_4=1$,从而保证基本 RS 触发器的两个输入 Q_3 和 Q_4 互补,以满足约束条件。

当 $D=1$ 时,触发后 $Q_4=0$,用 Q_4 至 G_3 门的反馈线保持 $Q_3=1$,使基本 RS 触发器满足约束条件。同时用 Q_4 至 G_6 门的反馈线使 $Q_6=1$,用以维持 $Q_4=0$,有了这两个反馈线的作用 D 再变化也不起作用。

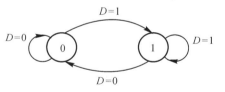

图 5.3.2　D 触发器的状态转换图

根据以上分析可直接写出 D 触发器的特性方程

$$Q^{n+1}=D^n$$

它的状态转换图如图 5.3.2 所示。

2. 上升沿触发 D 触发器的脉冲工作特性

（1）输入量 D 必须在 CP 上升沿前两个门的延迟时间（$2t_{PD}$）以前加入,保证 G_5,G_6 两门动作完成。

（2）CP 上升沿触发后必须等到反馈线起作用,输入量 D 方可改变,大致需要 t_{PD}。

（3）$CP=1$ 的脉宽,必须保证 Q 和 $\overline{Q}$ 动作完成,G_1,G_2 两门的交叉耦合起作用后 CP 方可撤除,即 CP 回 0,故 $CP=1$ 的维持时间要大于等于 $3t_{PD}$。

（4）该 D 触发器最高触发频率 f_{max} 满足下式

$$f_{\max} = \frac{1}{5t_{\text{PD}}}$$

例 5-4　D 触发器如图 5.3.3(a)所示，$\overline{R}_{\text{D}} = \overline{S}_{\text{D}} = 1$，输入 D 和触发脉冲 CP 的波形如图 5.3.3(b)所示，初态 $Q = 0$，试画出 Q 端的对应波形。

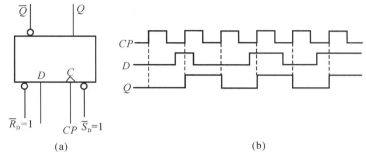

图 5.3.3　例 5-4 图

解　由于是上跳触发，所以 Q 端状态变化的对应时刻必须是 CP 的上升沿。根据 D 触发器的特性方程 $Q^{n+1} = D^n$ 可知，每次触发后 Q 的状态一定等于该次触发前 D 的状态。依据上述两条原则画出的 Q 端波形如图 5.3.3(b)所示。

例 5-5　由 D 触发器组成的电路如图 5.3.4(a)所示，$\overline{R}_{\text{D}} = 1$，已知 CP，A，B 和 $\overline{S}_{\text{D}}$ 的波形，且 Q 端的初始状态为 1，试画出 Q 端对应的波形。

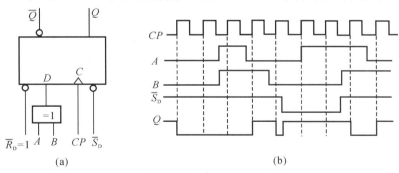

图 5.3.4　例 5-5 图

解　由图可写出 $D = A \oplus B$，CP 上跳沿触发，在 $\overline{S}_{\text{D}} = \overline{R}_{\text{D}} = 1$ 的条件下，每触发一次后的 Q^{n+1} 就等于触发前的 $A \oplus B$。一旦 $\overline{S}_{\text{D}} = 0$，$Q$ 就等于 1，不受 CP 影响。当 $\overline{S}_{\text{D}}$ 回 1 时，Q 不能立即变化，必须等到下下次触发才按 $Q^{n+1} = D^n$ 的规律变化。作出的波形图如图 5.3.4(b)所示。

5.3.2　D 锁存器

有时需要把某一瞬时的输入信号保存下来，就可以利用 D 锁存器，其逻辑图如图 5.3.5 所示,本电路就相当一个同步 RS 触发器,$R=\overline{CP \cdot D}$,$S=$
D。Q 和 $\overline{Q}$ 为输出端,D 为输入端,CP 为触发信号,可按同步 RS 触发器来分析。

当 $CP=0$ 时,锁存器 Q 和 $\overline{Q}$ 保持原态。

当 $CP=1$ 时,$Q^{n+1}=S+\overline{R}Q^n=D+CP \cdot D \cdot Q^n=D$。

即在 $CP=1$ 期间 Q 跟踪 D 的状态,一旦 CP 回零,就把 CP 回零前这一瞬间 D 的状态存储在锁存器中,即 Q 的状态。

一种中规模 8D 锁存器 74LS373(T4373)如图 5.3.6 所示。

输入是 $D_8 D_7 D_6 D_5 D_4 D_3 D_2 D_1$,输出 $Q_8 Q_7 Q_6 Q_6 Q_5 Q_4 Q_3 Q_2 Q_1$。当 $\overline{E}=0$ 时,如果 $S=1$,是存入状态,即输出跟踪输入,$Q_8=D_8$,$Q_7=D_7$,$\cdots$,$Q_1=D_1$。如果 $S=0$ 就保持所存入的状态。

当 $\overline{E}=1$ 时,输出端呈高阻状态。

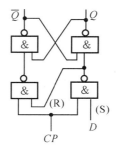 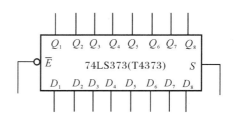

图 5.3.5 D 锁存器逻辑图　　　　　图 5.3.6 8D 锁存器符号图

5.4 CMOS 触发器

边沿触发的 CMOS 主从 D 触发器的逻辑图和符号图如图 5.4.1 所示。R_D 和 S_D 是异步置 0 置 1 端,高电平有效,不用时加低电平,在图中的连线用虚线表示。CP 为触发端。Q 和 $\overline{Q}$ 为触发器输出端。其结构形式分主、从两个触发器,其工作原理如下。

在 $S_D=R_D=0$ 的情况下:

(1) 当 $CP=0$,$\overline{CP}=1$ 时,CMOS 传输门 TG_1 接通,TG_2 断开,$\overline{Q'}=\overline{D}$,$Q'=D$,这期间主触发器的输出端 Q' 跟踪输入量 D 的状态。同时从触发器的传输门 TG_3 断开,TG_4 接通,TG_4 的作用是在 TG_3 断开以后用来维持从触发器的状态不变。

(2) 当 $CP=1$,$\overline{CP}=0$ 时,主触发器的传输门 TG_1 断开,TG_2 接通,主触发器的状态就保持在 CP 上跳前的状态,靠 TG_2 继续维持,与此同时从触发器的传输门 TG_3 接通,TG_4 断开,Q 就跟踪 Q'。

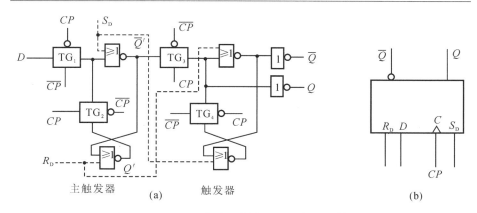

图 5.4.1　CMOS 主从 D 触发器的逻辑图和符号图

（a）逻辑图；　（b）符号图

　　从以上分析可知,触发器 Q 的状态变化是在 CP 上跳时发生的,属上跳边沿触发,触发后的 Q^{n+1} 是跟踪触发前的 D 的状态,在触发后 $CP=1$ 期间,由于主从间的隔离,D 变化也不会影响 Q 的状态。其特性方程是

$$Q^{n+1}=D^n$$

　　（3）当异步置 0 端 $R_D=1$ 时,$Q'=Q=0$;当异步置 1 端 $S_D=1$ 时,$Q'=Q=1$,R_D 和 S_D 不可同时为 1。

小　　结

　　（1）本章介绍了时序电路的基本单元电路——触发器,构成这些触发器的有 TTL 电路,也有 MOS 电路。从逻辑功能上来分有 RS 触发器、JK 触发器和 D 触发器。从触发形式来分有电平触发和边沿触发。在使用时要注意触发器的脉冲工作特性和约束条件,以保证工作可靠。

　　（2）在逻辑功能上除了 RS,JK 和 D 触发器以外,还时常提到 T 触发器和 T' 触发器,T 触发器的特性方程是 $Q^{n+1}=T\bar{Q}^n+\bar{T}Q^n$,如果将 JK 触发器的 J,K 两个输入端连在一起作为 T 输入端,即 $J=K=T$ 这时就成了 T 触发器,T' 触发器的特性方程是 $Q^{n+1}=\bar{Q}^n$。如果将 JK 触发器的 J、K 两个输入端连接在一起并接高电平,就成了 T' 触发器,其特性方程为

$$Q^{n+1}=J\bar{Q}^n+\bar{K}Q^n=1\bar{Q}^n+\bar{1}Q^n=\bar{Q}^n$$

同样,如果将 D 触发器的输入端 D 与 $\bar{Q}$ 连接起来也就变成了 T' 触发器,其特性方程为

$$Q^{n+1}=D^n=\bar{Q}^n$$

　　（3）触发器是具有记忆功能的逻辑电路,因此可用它们组成寄存器,计数器等多种时序电路。

习 题 五

5.1 由两个与非门组成的基本 RS 触发器及 $\overline{R}_D$，$\overline{S}_D$ 的波形如图题 5.1 所示，试画出对应的 Q 端的波形。

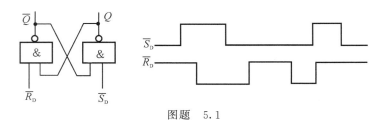

图题 5.1

5.2 基本 RS 触发器及 R_D，S_D 的波形如图题 5.2 所示，试画出对应的 Q 端的波形图。

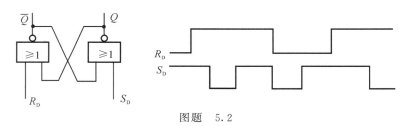

图题 5.2

5.3 已知同步 RS 触发器的 R，S，$\overline{R}_D$，$\overline{S}_D$ 和 CP 的波形如图题 5.3 所示，Q 的初态为 0，试画出对应的 Q 端的波形。

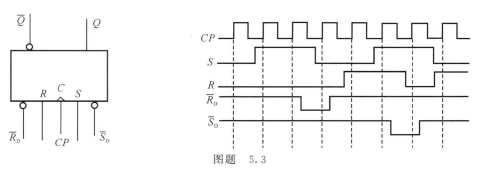

图题 5.3

5.4 四个 JK 触发器如图题 5.4 所示，设各触发器初始状态均为 0，在时钟脉冲 CP 作用下，试画出 Q_a，Q_b，Q_c 和 Q_d 的对应波形。

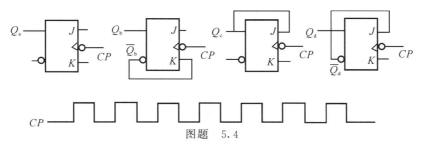

图题　5.4

5.5　已知 JK 触发器的 J, K 和 $\overline{R}_D$ 的波形, $\overline{S}_D = 1$, 如图题 5.5 所示, 初始状态 $Q = 0$, 试画出在 CP 作用下对应的 Q 端波形。

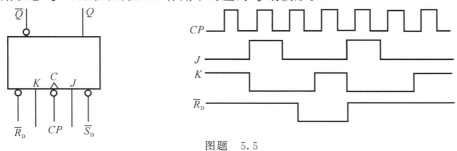

图题　5.5

5.6　JK 触发器的电路连接图如图题 5.6 所示, 已知输入 X 的波形和异步置 0 端 $\overline{R}_D$ 的波形, 试画出在 CP 作用下对应的 Q 端波形。

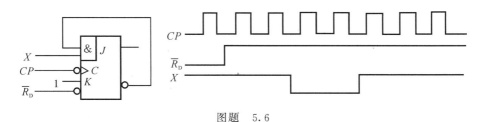

图题　5.6

5.7　已知维持-阻塞 D 触发器各输入端的波形如图题 5.7 所示, 试画出对应的 Q 端的波形。

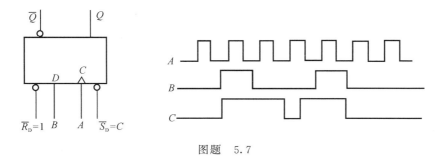

图题　5.7

5.8 已知 D 触发器各输入端的波形如图题 5.8 所示,试画出 Q 端对应的波形,初态 $Q=1$。

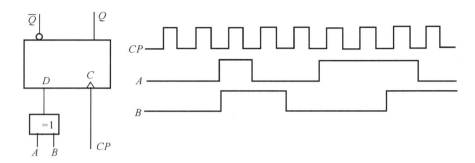

图题　5.8

5.9 由 D 触发器和 JK 触发器组成的电路如图题 5.9 所示,已知 $\overline{R}_{\mathrm{D}}$ 和 A 的波形。试画出在 CP 作用下的对应的 Q_1 和 Q_2 的波形。

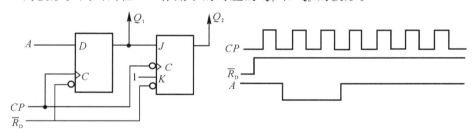

图题　5.9

5.10 由两个 D 触发器组成的电路如图题 5.10 所示,初态 $Q_1=Q_2=0$,已知两触发信号 CP_1 和 CP_2 的波形,试画出相对应的 Q_1 和 Q_2 的波形。

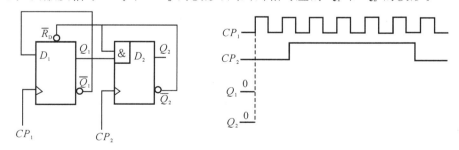

图题　5.10

5.11 触发器电路如图题 5.11 所示,给出了输入 A,B,C 和触发脉冲的波形,试画出相应的 Q 端波形,初态 $Q=0$。

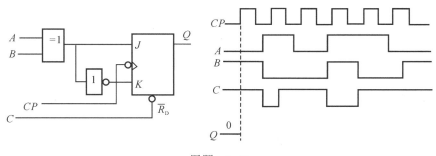

图题　5.11

5.12　触发器电路如图题 5.12 所示,触发信号 CP 和输入 S 的波形如图所示,试画出相应的 Q_1 和 Q_2 的波形。初态 $Q_2 = Q_1 = 0$。

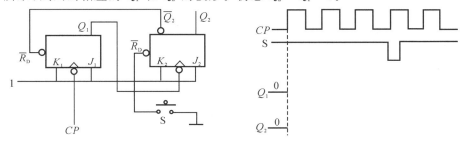

图题　5.12

第6章 时序逻辑电路

逻辑电路可以分为两大类,一类为组合逻辑电路,另一类为时序逻辑电路。组合逻辑电路的特点是电路当前的输出仅取决于当前的输入,而与电路过去的输入无关;时序逻辑电路的特点是电路当前的输出不仅取决于当前的输入信号,还与电路原来的状态有关。

本章将介绍时序逻辑电路的分析和设计。根据时序逻辑电路找出其逻辑功能的过程叫时序逻辑分析,依据时序逻辑的功能设计出实现这种功能的时序逻辑电路的过程叫时序逻辑电路设计。本章不仅介绍时序逻辑电路的分析与设计的一般方法和步骤,同时还将介绍常用的数字逻辑部件,如计数器、寄存器、移位寄存器等的原理及应用,通过理论知识与实际应用的结合,达到培养学生具备工程实践能力、创新能力的目的。

6.1 时序逻辑电路的分析方法

6.1.1 时序逻辑电路分析的一般步骤

(1)由给定的逻辑图写出各触发器的驱动方程和输出方程。

(2)将驱动方程代入各触发器的特性方程就得到各触发器的状态方程。若是异步时序逻辑电路,最好在状态方程后面标出触发信号,以便于分析。

(3)按状态方程设初态求次态,直到状态循环,就可得到状态表、状态图或时序图。

(4)对逻辑功能描述。

6.1.2 时序逻辑电路的分析举例

例 6-1 时序逻辑电路如图 6.1.1 所示,CP 为触发信号,X 为输入信号,Q_1,Q_0 是输出,$Q_1 Q_0$ 是两位二进制数。试分析当 $X=1$ 和 $X=0$ 时该电路的逻辑功能。

解 本电路由两个 D 触发器构成,两个触发器用同一个 CP 信号触发,因此是同步时序电路。首先根据电路图写出驱动方程,即触发器的输入方程。

驱动方程为

$$D_0 = \overline{Q}_0 \qquad D_1 = \overline{\overline{Q}_1(X\overline{Q}_0 + \overline{X}Q_0) + \overline{X\overline{Q}_0 + \overline{X}Q_0 Q_1}}$$

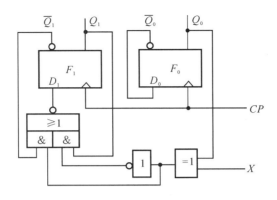

图 6.1.1　例 6 - 1 的时序逻辑电路

为了使分析简化些,分别在 $X=0$ 和 $X=1$ 时来进行分析。

当 $X=0$ 时,驱动方程为

$$D_0=\overline{Q}_0 ; D_1=Q_1 Q_0+\overline{Q}_1\overline{Q}_0$$

将驱动方程代入 D 触发器的特性方程 $Q^{n+1}=D^n$,就得到触发器的状态方程为

$$Q_0^{n+1}=\overline{Q}_0^n ; Q_1^{n+1}=Q_1^n Q_0^n+\overline{Q}_1^n\overline{Q}_0^n$$

利用状态方程设初态($Q_1^n Q_0^n$),求次态($Q_1^{n+1}Q_0^{n+1}$),两个触发器的状态有四种,即 00,01,10 和 11,在 $X=0$ 的前提下,得到相应的次态 $Q_1^{n+1}Q_0^{n+1}$,见表 6.1.1。由状态表画出的状态转换图如图 6.1.2 所示,从状态转换图可知,当 $X=0$ 时,该电路是两位二进制减法计数器。

表 6.1.1　例 6 - 1 的状态表

Q_1^n	Q_0^n	$Q_1^{n+1}Q_0^{n+1}$			
		$X=0$		$X=1$	
0	0	1	1	0	1
0	1	0	0	1	0
1	0	0	1	1	1
1	1	1	0	0	0

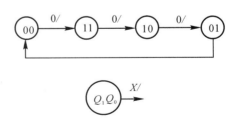

图 6.1.2　例 6 - 1 的状态转换图(1)

当 $X=1$ 时,驱动方程为

$$D_0=\overline{Q}_0 ; D_1=\overline{Q}_1 Q_0+Q_1\overline{Q}_0$$

状态方程是

$$Q_0^{n+1}=\overline{Q}_0^n\,;Q_1^{n+1}=\overline{Q}_1^nQ_0^n+Q_1^n\overline{Q}_0^n$$

同样利用状态方程设初态求次态,得出状态表(见表 6.1.1),画出的状态转换图如图 6.1.3 所示。可见在 $X=1$ 的条件下,该电路是两位二进制数加法计数器。

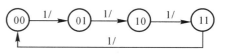

图 6.1.3　例 6-1 的状态转换图(2)

总之,该电路是两位二进制数可逆计数器,加减由输入信号 X 来控制。本电路直接由触发器的状态做输出,故没有输出方程。

例 6-2　试分析如图 6.1.4 所示的时序逻辑电路。已知初态 $Q_3Q_2Q_1=000$,触发信号的频率 $f_{CP}=800$ Hz,试求输出 Z 的频率 f_Z。

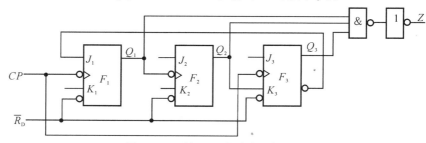

图 6.1.4　例 6-2 的时序逻辑电路

解　驱动方程为

$$\begin{cases}J_1=\overline{Q}_3\\K_1=1\end{cases};\begin{cases}J_2=1\\K_2=1\end{cases};\begin{cases}J_3=1\\K_3=Q_2\end{cases}$$

输出方程为
$$Z=Q_3Q_2Q_1$$

状态方程为
$$Q_1^{n+1}=\overline{Q}_3^n\overline{Q}_1^n\qquad\qquad[CP\downarrow]$$
$$Q_2^{n+1}=\overline{Q}_2^n\qquad\qquad\qquad[Q_1\downarrow]$$
$$Q_3^{n+1}=\overline{Q}_3^n+\overline{Q}_2^nQ_3^n=\overline{Q}_3^n+\overline{Q}_2^n\qquad[CP\downarrow]$$

由于 3 个 JK 触发器的触发信号不同,所以它是一个异步时序逻辑电路,为了分析方便,在状态方程后面标出该触发器的触发信号,并指明是上升沿触发还是下降沿触发,用 ↓ 表示下降沿触发。任何触发器只有在触发的条件下才能利用状态方程求出触发后的状态,若无触发时,触发器则保持原状态不变。

初态 $Q_3^nQ_2^nQ_1^n=000$,如果来一个触发脉冲 CP,当 CP 下跳时,触发器 1,3 被触发,利用状态方程求出 $Q_1^{n+1}=1$,$Q_3^{n+1}=1$。在这个过程中 Q_1 由 $Q_1^n=0$ 上跳为 $Q_1^{n+1}=1$,因为 Q_1 是上跳,故对触发器 2 无触发,则 $Q_2^n=0$ 保持原状态,这样第一个 CP 过后,$Q_3Q_2Q_1=101$。再以此作为初态,第二个 CP 过后,同样触发器 1,3 又被触发一次,便得到 $Q_1^{n+1}=0$,$Q_3^{n+1}=1$。由于 Q_1 由 1 下跳为

0,故对触发器 2 有触发,则 $Q_2^{n+1}=1$,可见第二个 CP 过后 $Q_3Q_2Q_1=110$。以此类推下去。第五个 CP 过后 $Q_3Q_2Q_1=000$ 又回到了最初状态,以后就循环了。列出状态表见表 6.1.2,同时在表中也列出来了输出函数 Z,Z 与 $Q_3Q_2Q_1$ 是组合逻辑关系。

3 个触发器的输出可能有 8 种组合状态,本电路的工作状态有 $Q_3Q_2Q_1=$ 000,101,110,010,111,这 5 种状态称为有效状态,另外还有 3 种状态 001,011 和 100 叫无效状态。万一电路进入无效状态,经过触发还能回到有效状态,叫能自启动的电路,不能返回有效状态的叫不能自启动的电路。下面来验证一下。

假如电路进入无效状态 $Q_3Q_2Q_1=001$,在一个 CP 触发后,利用前面的状态方程求出状态为 110,能回到有效状态。如电路进入另一个无效状态 011,则来一个 CP 触发后,次态为 100 还是无效状态,再来一个 CP 其次态还是 100,再触发也不变化了。画出的全状态转换图如图 6.1.5 所示。该电路是不能自启动的电路,一旦进入无效状态(100 或 011)就不能自动返回到有效状态。

表 6.1.2　例 6-2 的状态表

CP	Q_3	Q_2	Q_1	Z
0	0	0	0	0
1	1	0	1	0
2	1	1	0	0
3	0	1	0	0
4	1	1	1	1
5	0	0	0	0

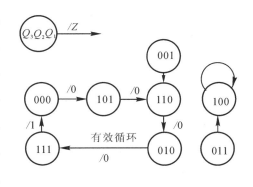

图 6.1.5　例 6-2 的全状态转换图

从状态表中可以看出,经过 5 个 CP 触发就循环一次,输出 Z 完成一个周期。如果再画出时序图就更清楚了,由时序图 6.1.6 可清楚地看出该电路是 5 分频电路。

$$f_Z=\frac{1}{5}f_{CP}=\frac{1}{5}\times800\ \text{Hz}=160\ \text{Hz}$$

输出 Z 的波形是矩形波,波形的占空比 $K=t_H/T$,是高电平的时间 t_H 与周期 T 之比值。若 $K=0.5$,波形就是方波。

在以上两个例题中,前者为同步时序逻辑电路,后者为异步时序逻辑电路。

同步电路的特点是工作速度快,但电路结构复杂。异步电路的特点是工作速度慢,但电路结构简单,同时也易发生竞争冒险现象,如电路的状态在由101转向次态110的过程中,由于各触发的触发有先有后,状态转变的瞬间会出现101→100→110的情况,这种现象有时对电路的工作会产生一定的影响,这要视具体情况而定。

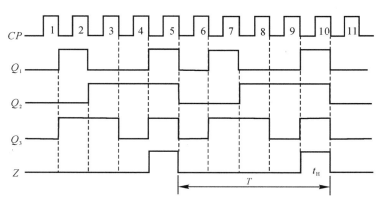

图6.1.6 例6-2的时序图

6.2 时序逻辑电路的设计

6.2.1 设计时序逻辑电路的原则和一般步骤

时序逻辑电路的设计是根据所要求的逻辑功能,做出实现这种逻辑功能的逻辑图,而且电路要最简。若用小规模电路设计时,用的触发器和门电路个数要最少,而且连线也要最少。如果用中规模电路设计,所用的器件和种类也要尽量少,相互连线也要少,同时也要考虑工作速度的要求。

时序逻辑电路设计的一般步骤如下。

1. 画出状态转换图或状态表

(1)根据实际逻辑功能的要求,确定输入、输出和电路的状态数。

(2)定义输入和输出逻辑状态的含义,并将电路状态顺序编号。

(3)按照题意要求列出状态表或状态转换图。

2. 状态化简

如果在状态转换图中出现在相同的输入条件下,输出相同,而且在触发后的次态也相同,这样的状态叫等价状态。凡等价状态就可以合并成一个,有利于电路的简化。

3. 确定状态编码

设计中有些编码在题目中已定，如 8421 码、余 3 码等。有些题目中并未给出，设计者要确定编码的形式。

4. 确定触发器的个数和触发方式

一个触发器有两种状态，两个触发器就能构成 4 种组合状态，n 个触发器就有 2^n 个组合状态。如果设计要求有 M 个状态，用的触发器的个数为 n 个，应满足下式：

$$2^{n-1} < M \leqslant 2^n$$

触发方式有同步和异步两种，同时也要注意是采用上跳沿触发还是下降沿触发，这要结合具体题目要求、工作速度、电路的繁简程度和工作可靠性等全面考虑。

5. 数据整理

根据状态表列出驱动表，写出驱动方程和输出方程，画出逻辑图。

6. 检查电路的自启动性

如果电路还有无效状态，就得利用状态方程，设初态为无效状态去求出次态，检查是否能回到有效状态。如果题目要求能自启动，而设计的电路不能自启动时，还得修改设计使之能自启动。

以上提出的 6 点设计步骤，并不一定每个设计都必须遵循，要具体问题具体分析。

6.2.2　同步时序逻辑电路设计举例

例 6-3　给定输入信号是频率 $f_0 = 1\ 000$ Hz 的方波，要求得到频率为 $f = 100$ Hz 的方波。要求用 D 触发器实现。

解　本电路的输入是 $f_0 = 1\ 000$ Hz 的方波，输出是 $f = 100$ Hz 的方波。这是一个 10 分频的时序电路，故有 10 个状态，需要用 4 个触发器，用其 16 个状态中的 10 个，其中一个触发器的输出端 Q 做输出（如 Q_4），使 Q_4 的频率为 100 Hz，其他 3 个触发器的状态编码可任意，但 4 个触发器的 10 个有效状态不能重复。见表 6.2.1 中的 $Q_4 Q_3 Q_2 Q_1$ 的状态变化顺序，从表中看出 $f_{Q_4} = (1/10) f_{CP}$。为实现这个状态表，各触发器的输入端 D 应如何连接呢？

如果初态 $Q_4 Q_3 Q_2 Q_1 = 0000$，触发后应为 0001，根据 D 触发器的特性方程可知，在触发前使 $D_4 D_3 D_2 D_1 = 0001$，触发后 $Q_4 Q_3 Q_2 Q_1 = 0001$，再次触发应满足 $Q_4 Q_3 Q_2 Q_1 = 0010$，只要在触发前使 $D_4 D_3 D_2 D_1 = 0010$ 就可以保证。以此规律列出的表叫驱动表，见表 6.2.1。

依照此表以 $Q_4 Q_3 Q_2 Q_1$ 为输入，分别以 $D_4 D_3 D_2 D_1$ 为输出，作出 4 个卡诺图，如图 6.2.1 所示。

表 6.2.1   例 6 – 3 的驱动表

CP	Q_4	Q_3	Q_2	Q_1	D_4	D_3	D_2	D_1
0	0	0	0	0	0	0	0	1
1	0	0	0	1	0	0	1	0
2	0	0	1	0	0	0	1	1
3	0	0	1	1	0	1	0	0
4	0	1	0	0	1	0	0	0
5	1	0	0	0	1	0	0	1
6	1	0	0	1	1	0	1	0
7	1	0	1	0	1	0	1	1
8	1	0	1	1	1	1	0	0
9	1	1	0	0	0	0	0	0
10	0	0	0	0				

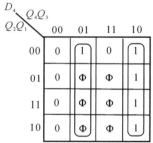
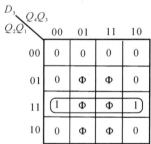
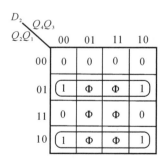
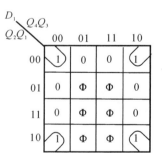

图 6.2.1   例 6 – 3 的卡诺图

由卡诺图写出 4 个 D 触发器的最简的驱动方程如下：

$$D_4 = Q_4\bar{Q}_3 + \bar{Q}_4 Q_3 ; \quad D_3 = Q_2 Q_1$$
$$D_2 = Q_2\bar{Q}_1 + \bar{Q}_2 Q_1 ; \quad D_1 = \bar{Q}_3\bar{Q}_1$$

作出逻辑图如图 6.2.2 所示。

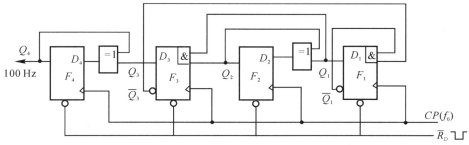

图 6.2.2 例 6-3 的逻辑图

本电路的有效状态为 10 个,还有 6 个无效状态,现在来检查一下电路的自启动性。首先将驱动方程代入触发器的特性方程得到 4 个状态方程:

$$Q_4^{n+1}=Q_4\bar{Q}_3+\bar{Q}_4Q_3 \, ; Q_3^{n+1}=Q_2Q_1$$
$$Q_2^{n+1}=Q_2\bar{Q}_1+\bar{Q}_2Q_1 \, ; Q_1^{n+1}=\bar{Q}_3\bar{Q}_1$$

假设时序电路进入无效状态,经过触发看能否回到有效状态,利用 4 个状态方程,便可得到表 6.2.2,从表中可看出,该电路是能自启动的。

表 6.2.1　例 6-3 的驱动表

初　态				次　态			
Q_4	Q_3	Q_2	Q_1	Q_4	Q_3	Q_2	Q_1
0	1	0	1	1	0	10	0
0	1	1	0	1	0	1	0
0	1	1	1	1	1	0	0
1	1	0	1	0	0	1	0
1	1	1	0	0	0	1	0
1	1	1	1	0	1	0	0

例 6-4 试用 JK 触发器设计 8421 码同步十进制加法计数器。

解 十进制计数有 10 种组合状态,$M=10$,也称模 10 计数器,需要用 4 个 JK 触发器。因为是 8421 加权码,故编码形式已定。利用 JK 触发器的状态转换图(见图 6.2.3)和计数器状态表便可得到驱动见表 6.2.3。说明如下:

计数器初始状态 $Q_3Q_2Q_1Q_0=0000$,第一个 CP 脉冲触发器过后,$Q_3Q_2Q_1Q_0$ 由

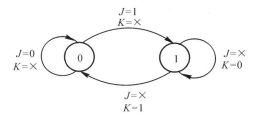

图 6.2.3 例 6-4 的状态转换图

0000 变到 0001,只有 Q_0 由 0 变 1,而 $Q_3Q_2Q_1$ 保持 0 不变,根据 JK 触发器的状态转换图可看出,只要在触发前使触发器的 $J_0=1$,K_0 可任意(用 $K_0=\times$ 表示),触发后 Q_0 就由 0 变 1。在触发前使另外 3 个触发器的 $J_3=J_2=J_1=0$,$K_3=K_2=K_1=\times$,就可以保证触发前后状态保持不变。第二个 CP 脉冲

触发后,计数器状态由 $Q_3Q_2Q_1Q_0 = 0001$ 转成 0010,要保证 Q_0 由 1 转成 0,在触发前使 $J_0 = \times$,$K_0 = 1$ 即可。还要使 Q_1 由 0 转成 1。在触发前使 $J_1 = 1$,$K = \times$ 即可,而使 Q_3 和 Q_2 保持 0 状态不变,只要满足触发前 $J_3 = J_2 = 0$,$K_3 = K_2 = \times$ 即可。以此规律分析下去便得到驱动表,见表 6.2.2。

表 6.2.3　例 6-4 的驱动表

CP	Q_3	Q_2	Q_1	Q_0	J_3	K_3	J_2	K_2	J_1	K_1	J_0	K_0
0	0	0	0	0	0	×	0	×	0	×	1	×
1	0	0	0	1	0	×	0	×	1	×	×	1
2	0	0	1	0	0	×	0	×	×	0	1	×
3	0	0	1	1	0	×	1	×	×	1	×	1
4	0	1	0	0	0	×	×	0	0	×	1	×
5	0	1	0	1	0	×	×	0	1	×	×	1
6	0	1	1	0	0	×	×	0	×	0	1	×
7	0	1	1	1	1	×	×	1	×	1	×	1
8	1	0	0	0	×	0	0	×	0	×	1	×
9	1	0	0	1	×	1	0	×	0	×	×	1
10	0	0	0	0								

依据驱动表,以 Q_3,Q_2,Q_1,Q_0 为输入,分别以 J_0,K_0,J_1,K_1,J_2,K_2,J_3,K_3 为输出作卡诺图,从表 6.2.3 中看出,对于 J_0 和 K_0 来说,其状态不是 1 就是 ×,没有 0,可以断定 $J_0 = K_0 = 1$,因此就不必再作卡诺图了,故只需作六个就可以了。卡诺图如图 6.2.4 所示。

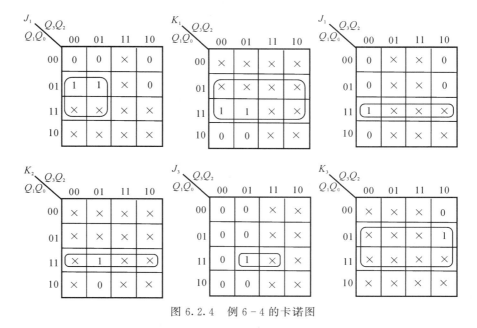

图 6.2.4　例 6-4 的卡诺图

由卡诺图写出最简的驱动方程：

$$\begin{cases} J_0=1 \\ K_0=1 \end{cases}; \begin{cases} J_1=\overline{Q}_3Q_0 \\ K_1=Q_0 \end{cases}; \begin{cases} J_2=Q_1Q_0 \\ K_2=Q_1Q_0 \end{cases}; \begin{cases} J_3=Q_2Q_1Q_0 \\ K_3=Q_0 \end{cases}$$

依据驱动方程可作出逻辑图，其逻辑图与图 6.2.4 基本相同，所不同的只是本设计中无进位输出而已。本电路是能自启动的。

例 6 - 5 设计一个串行数据输入检测电路，逻辑要求是：连续输入 3 个或 3 个以上"1"时，输出为"1"，否则为输出为"0"。

解 (1)分析逻辑要求和画状态图。设输入为 X，输出为 Z。无输入时的初始状态为 S_0，输入一个"1"的状态为 S_1，输入两个"1"的状态为 S_2，输入 3 个和 3 个以上"1"的状态为 S_3。一旦有"0"输入后，原来不管是什么状态，都要返回到初始状态 S_0，工作时是每次输入后便触发一次。画出的状态转换图如图 6.2.5(a)所示。

(2)状态化简。凡等价状态均可合并，即输入和输出均相同的条件下，触发后的状态也相同就是等价状态，本例中 S_2 和 S_3 两个状态就是等价状态，故可合并成一个状态以 S_2 表示，这样，状态图 6.2.5(a)可简化成图 6.2.5(b)的形式。

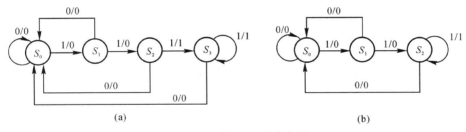

(a) (b)

图 6.2.5 例 6 - 5 的状态图

(3)状态编码。本例中有 3 个有效状态 S_0，S_1 和 S_2，即 $M=3$，用两个触发器即可实现。状态编码可取 $S_0=00$，$S_1=01$，$S_2=10$。

(4)选用 JK 触发器，同步触发。

(5)作状态表和驱动表（见表 6.2.3）。

表 6.2.4 例 6 - 5 的状态表和驱动表

初　态								次　态	
Q_2	Q_1	X	Z	J_2	K_2	J_1	K_1	Q_2	Q_1
0	0	0	0	0	×	0	×	0	0

续 表

初 态								次 态	
0	0	1	0	0	×	1	×	0	1
0	1	0	0	0	×	×	1	0	0
0	1	1	0	1	×	×	1	1	0
1	0	0	0	×	1	0	×	0	0
1	0	1	1	×	0	0	×	1	0

（6）求驱动方程和输出方程。以初态 Q_2Q_1 和 X 为输入，分别以 J_2，K_2，J_1，K_1 和 Z 为输出作卡诺图（略），可求出驱动方程和输出方程。

$$\begin{cases} J_2 = XQ_1 \\ K_2 = \overline{X} \end{cases} ; \quad \begin{cases} J_1 = X\overline{Q_2} \\ K_1 = 1 \end{cases} ; \quad Z = XQ_2$$

（7）作逻辑图，如图 6.2.6 所示。

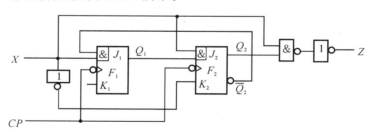

图 6.2.6 例 6-5 的逻辑图

本电路有一个无效状态是 $Q_2Q_1 = 11$，是能自启动的电路，读者可自行检验一下。

6.2.3 异步时序逻辑电路设计举例

实现同一逻辑功能，异步时序电路要比同步时序电路简单些，但触发器的动作有先有后，工作速度低，而且可能会出现冒险现象。在设计上与同步电路不同之处主要是给各触发器选取最合适的触发信号。

例 6-6 试用 D 触发器设计一个 421 码的六进制异步加法计数器，要求有进位输出，在计数器回零时输出一个上升沿进位信号，并要求电路能自启动。

解　（1）作状态表和选定触发信号。六进制计数有 6 个有效状态,故用 3 个 D 触发器。又给定的 421 加权码,则编码形式也是确定的。假设 3 个触发器的输出端为 Q_2,Q_1,Q_0,便可作出状态表见表 6.2.4 所示。

表 6.2.5　例 6-6 的状态表

Q_2	Q_1	Q_0	CP
0	0	0	0
0	0	1	1
0	1	0	2
0	1	1	3
1	0	0	4
1	0	1	5
0	0	0	6

异步电路选定触发信号时应遵循以下 3 点:

1）触发器动作必须有触发,但有触发时触发器也可以不动作。

2）根据触发器的类型选取合适的上跳信号或下跳信号作触发信号。

3）在保证各触发器按要求进行动作的前提下,触发次数要尽量少,可使电路简单。

假定输出 Q_0 的触发器为 F_0,输出 Q_1 的触发器为 F_1,输出 Q_2 的触发器为 F_2。因为 Q_0 在计数过程中每输入一个计数脉冲它都发生变化,即 F_0 只能用计数脉冲 CP 上跳触发。从表 6.2.5 中看到 Q_1 在一个计数循环中只变化两次,在 $001 \rightarrow 010$ 时,Q_1 由 0 变 1,在 $011 \rightarrow 100$ 时,Q_1 由 1 变 0,对应这两次变化的 Q_0 都是由 1 变 0 是下跳,而 $\overline{Q}_0$ 恰好是上跳,故可用 $\overline{Q}_0$ 作为 F_1 的触发信号。Q_2 在一个计数循环中也只有两次变化,在 $011 \rightarrow 100$ 时,Q_2 是由 0 变 1,在 $101 \rightarrow 000$ 时,Q_2 由 1 变 0,对应 Q_2 这两次变化的 Q_1 只有一次变化,故不能选用 Q_1 或 $\overline{Q}_1$ 作为 F_2 触发信号。而对应的 Q_0 却是两次下跳,$\overline{Q}_0$ 是两次上跳,故 F_2 也应用 $\overline{Q}_0$ 上跳触发。

（2）作驱动表。触发信号选好以后便可作驱动表,其方法基本上与同步电路类似,不同之处在于触发器无触发时,则该触发器输入端 D 不起作用,可用无关项符号 Φ 或 $\times$ 来表示。

设初态 $Q_2Q_1Q_0=000$,第一个 CP 上跳首先是触发器 F_0 被触发,Q_0 由 0 变 1。而 $\overline{Q}_0$ 是由 1 变 0 是下跳,对触发器 F_1,F_2 均无触发,Q_2,Q_1 自动保持

原状态,与 CP 上跳前的 D_2,D_1 无关,由以上分析可知,在第一个 CP 上跳前,只要使 $D_2D_1D_0 = \times\times1$,$CP$ 上跳触发后,$Q_2Q_1Q_0$ 就由 $000\rightarrow001$。第二个 CP 上跳,F_0 被触发,Q_0 由 1 变 0,则 $\bar{Q}_0$ 由 0 变 1 是上跳,对触发器 F_2,F_1 均有触发,触发后应是 $Q_2Q_1Q_0 = 010$,则第二个 CP 上跳前必须使 $D_2D_1D_0 = 010$,触发后 $Q_2Q_1Q_0$ 就由 $001\rightarrow010$。以此类推下去便得到驱动表见表 6.2.6 所示,同时把进位输出 C 也列在表中。当计数器回零时,进位输出一个上跳。

表 6.2.6 例 6-6 的驱动表

CP	Q_2	Q_1	Q_0	D_2	D_1	D_0	C
0	0	0	0	$\times$	$\times$	1	1
1	0	0	1	0	1	0	0
2	0	1	0	$\times$	$\times$	1	0
3	0	1	1	1	0	0	0
4	1	0	0	$\times$	$\times$	1	0
5	1	0	1	0	0	0	0
6	0	0	0				

(3)求驱动方程和输出方程。依据驱动表,以 Q_2,Q_1,Q_0 为输入,分别以 D_2,D_1,D_0 和 C 为输出作出四个卡诺图(本例略),便可得到最简的驱动方程和输出方程:

驱动方程: $D_2 = Q_1$;$D_1 = \bar{Q}_2\bar{Q}_1$;$D_0 = \bar{Q}_0$

输出方程: $C = \bar{Q}_2\bar{Q}_1Q_0$

(4)检查自启动。将驱动方程代入触发器的特性方程,便得到触发器的状态方程。

$$Q_0^{n+1} = \bar{Q}_0 \qquad [CP\uparrow]$$

$$Q_1^{n+} = \bar{Q}_2\bar{Q}_1 \qquad [\bar{Q}_0\uparrow]$$

$$Q_2^{n+1} = Q_1 \qquad [\bar{Q}_0\uparrow]$$

假如计数器进入无效状态 $Q_2Q_1Q_0 = 110$,当一个计数脉冲到来时 F_0 被触发,Q_0 由 0 变到 1,而 $\bar{Q}_0$ 是下跳,故对 F_2,F_1 无触发,Q_2Q_1 保持原态 11,这时计数器状态为 111,这个状态还是无效状态。再来一个 CP 计数脉冲触发,得到 $Q_2Q_1Q_0=100$,便进入了有效状态。本电路只有这两个无效状态,因此本电路是能自动启动的。

(5) 画出逻辑图。逻辑图如图 6.2.7 所示。

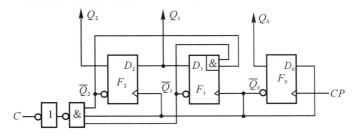

图 6.2.7　例 6-6 逻辑图

6.3　计　数　器

计数器是数字系统中使用较多的时序电路,它不仅用于对脉冲的计数,还可以用于定时、分频、产生拍节脉冲以及进行数字运算等。

计数器种类很多,如果按计数器中各触发器的触发信号是否相同可分为同步计数器和异步计数器两种。如果按计数过程中数值的增减来分,又可分为加法、减法和可逆计数器。有时也用计数器的计数容量(或称模数)来分,又有二进制、十进制和其他任意进制的计数器。

6.3.1　二进制计数器

1. 异步二进制加法计数器

由 D 触发器组成的四位异步二进制加法计数器如图 6.3.1 所示,CP 是计数输入脉冲,C 为向高位的进位输出。下面来分析本电路的功能。

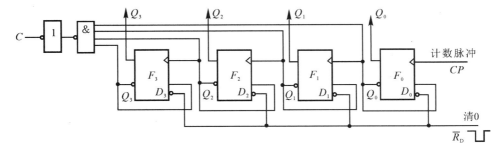

图 6.3.1　四位异步二进制加法计数器的逻辑图

驱动方程：　　　$D_0 = \overline{Q}_0 ; D_1 = \overline{Q}_1 ; D_2 = \overline{Q}_2 ; D_3 = \overline{Q}_3$

输出方程：　　　$C = \overline{Q}_3 \overline{Q}_2 \overline{Q}_1 \overline{Q}_0$

状态方程：　　　$Q^{n+1} = \overline{Q}_0$　　　　$[CP \uparrow]$

　　　　　　　　$Q_1^{n+1} = \overline{Q}_1$　　　　$[\overline{Q}_0 \uparrow]$

　　　　　　　　$Q_2^{n+1} = \overline{Q}_2$　　　　$[\overline{Q}_1 \uparrow]$

　　　　　　　　$Q_3^{n+1} = \overline{Q}_3$　　　　$[\overline{Q}_2 \uparrow]$

　　依据状态方程,设初态 $Q_3 Q_2 Q_1 Q_0 = 0000$,第 1 个 CP 来到,触发器 F_0 被触发,计数器的状态为 $Q_3 Q_2 Q_1 Q_0 = 0001$,其他 3 个触发器不被触发而保持原状态。第 2 个 CP 到来时,首先 F_0 被触发,触发后 $Q_0 = 0$,由于 $\overline{Q}_0$ 上跳为 1,故对 F_1 有触发,触发后 $Q_1 = 1$,$F_2 F_3$ 不被触发继续保持 0 状态,这时计数器的状态 $Q_3 Q_2 Q_1 Q_0 = 0010$。依此方法分析下去,当第 15 个 CP 到来时,计数器的状态为 $Q_3 Q_2 Q_1 Q_0 = 1111$,第 16 个 CP 到来时,触发器均回 0,即 $Q_3 Q_2 Q_1 Q_0 = 0000$,同时 C 上跳向高位进位,以后再触发就循环了。在分析过程中要注意,触发器被触发时才能利用状态方程由初态求次态,如果无触发时,触发器保持原状态,得到的状态表见表 6.3.1。

　　从表中可看出该电路是四位异步二进制加法计数器。图 6.3.2 是它的时序图,从图中可看出各触发器的状态及进位信号之间的对应关系。

表 6.3.1　四位异步二进制加法计数器的状态表

CP	C	Q_3	Q_2	Q_1	Q_0	CP	C	Q_3	Q_2	Q_1	Q_0
0	1	0	0	0	0	9	0	1	0	0	1
1	0	0	0	0	1	10	0	1	0	1	0
2	0	0	0	1	0	11	0	1	0	1	1
3	0	0	0	1	1	12	0	1	1	0	0
4	0	0	1	0	0	13	0	1	1	0	1
5	0	0	1	0	1	14	0	1	1	1	0
6	0	0	1	1	0	15	0	1	1	1	1
7	0	0	1	1	1	16	1	0	0	0	0
8	0	1	0	0	0						

　　从时序图中可看出,输出端 Q_0 的频率 $f_{Q_0} = \dfrac{1}{2} f_{CP}$,$Q_1$ 的频率 $f_{Q_1} = \dfrac{1}{4} f_{CP}$,$Q_2$ 的频率 $f_{Q_2} = \dfrac{1}{8} f_{CP}$,$Q_3$ 的频率 $f_{Q_3} = \dfrac{1}{16} f_{CP}$。如果 4 个输出端 Q_3,

Q_2，Q_1，Q_0 每个输出端单独输出，又可看作是具有分频的功能，Q_0 端为 2 分频，Q_1 端为 4 分频，Q_2 端为 8 分频，Q_3 端为 16 分频。

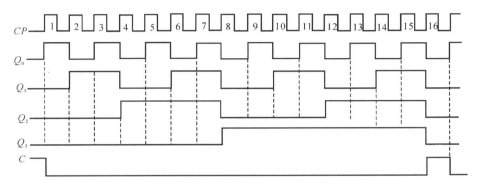

图 6.3.2　四位异步二进制加法计数器的时序图

2. 异步二进制减法计数器

由 4 个 JK 触发器构成的四位异步二进制减法计数器如图 6.3.3 所示。

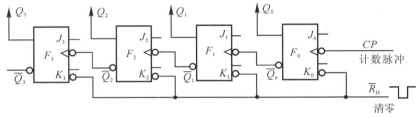

图 6.3.3　四位异步二进制减法计数器的逻辑图

驱动方程：

$$\begin{cases} J_0=1 \\ K_0=1 \end{cases}; \begin{cases} J_1=1 \\ K_1=1 \end{cases}; \begin{cases} J_2=1 \\ K_2=1 \end{cases}; \begin{cases} J_3=1 \\ K_3=1 \end{cases}$$

状态方程：

$$Q_0^{n+1}=\overline{Q}_0 \qquad [CP\downarrow]$$
$$Q_1^{n+1}=\overline{Q}_1 \qquad [\overline{Q}_0\downarrow]$$
$$Q_2^{n+1}=\overline{Q}_2 \qquad [\overline{Q}_1\downarrow]$$
$$Q_3^{n+1}=\overline{Q}_3 \qquad [\overline{Q}_2\downarrow]$$

利用状态方程设初态求次态，如设初态 $Q_3Q_2Q_1Q_0=0000$，第一个 CP 下跳，触发器 F_0 被触发，$Q_0=1$，则 $\overline{Q}_0$ 由 1 下跳为 0，对 F_1 有触发，触发后 $Q_1=1$，而 $\overline{Q}_1$ 又是由 1 下跳为 0，对 F_2 有触发，$Q_2=1$，$\overline{Q}_2$ 又由 1 下跳为 0，对 F_3 又有触发，$Q_3=1$，总之，第 1 个 CP 下跳后计数器的状态 $Q_3Q_2Q_1Q_0=1111$。第 2 个 CP 下跳时，F_0 被触发，$Q_0=0$，而 $\overline{Q}_0$ 是由 0 上跳为 1，对 F_1 无触发，Q_1 保持为 1，对 F_2，F_3 均无触发，因此第 2 个 CP 过后 $Q_3Q_2Q_1Q_0=1110$，依此类推，就得到状态表见表 6.3.2。该时序电路是递减的计数器，每一个 CP

到来时,计数器的计数值就减 1。

表 6.3.2 四位异步二进制减法计数器的状态表

CP	Q_3	Q_2	Q_1	Q_0	CP	Q_3	Q_2	Q_1	Q_0
0	0	0	0	0	9	0	1	1	1
1	1	1	1	1	10	0	1	1	0
2	1	1	1	0	11	0	1	0	1
3	1	1	0	1	12	0	1	0	0
4	1	1	0	0	13	0	0	1	1
5	1	0	1	1	14	0	0	1	0
6	1	0	1	0	15	0	0	0	1
7	1	0	0	1	16	0	0	0	0
8	1	0	0	0					

异步电路的特点是电路简单,连线少,但触发器是逐级动作,因而工作速度较慢。

3. 同步二进制加法计数器

由 4 个 JK 触发器组成的四位同步二进制加法计数器如图 6.3.4 所示。

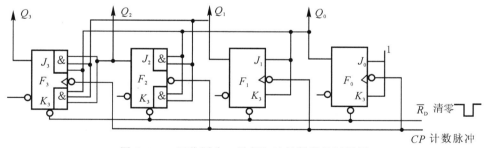

图 6.3.4 四位同步二进制加法计数器的逻辑图

驱动方程:

$$\begin{cases} J_0 = 1 \\ K_0 = 1 \end{cases}; \begin{cases} J_1 = Q_0 \\ K_1 = Q_0 \end{cases}; \begin{cases} J_2 = Q_1 Q_0 \\ K_2 = Q_1 Q_0 \end{cases}; \begin{cases} J_3 = Q_2 Q_1 Q_0 \\ K_3 = Q_2 Q_1 Q_0 \end{cases}$$

状态方程:

$$Q_0^{n+1} = \bar{Q}_0$$
$$Q_1^{n+1} = Q_0 \bar{Q}_1 + \bar{Q}_0 Q_1$$
$$Q_2^{n+1} = Q_1 Q_0 \bar{Q}_2 + \overline{Q_1 Q_0} Q_2$$
$$Q_3^{n+1} = Q_2 Q_1 Q_0 \bar{Q}_3 + \overline{Q_2 Q_1 Q_0} Q_3$$

同步时序电路每当一个计数脉冲 CP 到来时,所有触发器均被触发,将初态代入上面的 4 个状态方程就得到一组次态,从 $Q_3Q_2Q_1Q_0=0000$ 开始,依次分析下去直到循环,就得到与表 6.3.1 相同的状态表。本电路是一个四位同步二进制加法计数器。

同步计数器比异步计数器的电路复杂,但工作速度提高了。

4. 同步二进制减法计数器

最低位触发器每来一个时钟脉冲就翻转一次,高位触发器只有在低位全为 0,低位需向高位借位时,在时钟脉冲的作用下才产生翻转。用 J、K 触发器实现 4 位同步二进制减法计数器,其各级驱动方程如下:

驱动方程:

$$\begin{cases} J_0=1 \\ K_0=1 \end{cases} ; \begin{cases} J_1=\overline{Q}_0 \\ K_1=\overline{Q}_0 \end{cases} ; \begin{cases} J_2=\overline{Q}_0\,\overline{Q}_1 \\ K_2=\overline{Q}_0\,\overline{Q}_1 \end{cases} ; \begin{cases} J_3=\overline{Q}_0\,\overline{Q}_1\,\overline{Q}_2 \\ K_3=\overline{Q}_0\,\overline{Q}_1\,\overline{Q}_2 \end{cases}$$

状态方程:

$$Q_0^{n+1}=\overline{Q}_0^n$$

$$Q_1^{n+1}=\overline{Q}_0^n \cdot \overline{Q}_1^n+Q_0^n Q_1^n$$

$$Q_2^{n+1}=\overline{Q}_0^n\overline{Q}_1^n\overline{Q}_2^n+\overline{\overline{Q}_0^n \cdot \overline{Q}_1^n} \cdot Q_2^n$$

$$Q_3^{n+1}=\overline{Q}_0^n\overline{Q}_1^n\overline{Q}_2^n\overline{Q}_3^n+\overline{\overline{Q}_0^n \cdot \overline{Q}_1^n \cdot \overline{Q}_2^n} \cdot Q_3^n$$

其电路图请读者自己画出。

6.3.2　十进制计数器

在生活中人们更熟悉的是十进制计数,为了便于记录和显示常常使用十进制计数。十进制数的编码(BCD 码)种类很多,下面以 8421 码为例加以介绍。表示从 0~9 这十个数,用二进制码 0 和 1 来表示就需要四位,故用 4 个触发器;4 个触发器的输出可能的组合状态有 16 种,十进制只用 10 种,在电路中必须舍掉 6 种。

1. 8421 码同步十进制加法计数器

8421 码同步十进制加法计数器的逻辑图如图 6.3.5 所示,CP 为输入计数脉冲,$Q_3Q_2Q_1Q_0$ 为计数器输出端,C 为进位输出端。

驱动方程:

$$\begin{cases} J_0=1 \\ K_0=1 \end{cases} ; \begin{cases} J_1=\overline{Q}_3 Q_0 \\ K_1=Q_0 \end{cases} ; \begin{cases} J_2=Q_1 Q_0 \\ K_2=Q_1 Q_0 \end{cases} ; \begin{cases} J_3=Q_2 Q_1 Q_0 \\ K_3=Q_0 \end{cases}$$

状态方程:

$$Q_0^{n+1}=\overline{Q}_0$$

$$Q_1^{n+1}=\overline{Q}_3\overline{Q}_1 Q_0+Q_1\overline{Q}_0$$

$$Q_2^{n+1}=\overline{Q}_2 Q_1 Q_0+Q_2 \overline{Q_1 Q_0}$$

$$Q_3^{n+1}=\overline{Q}_3Q_2Q_1Q_0+Q_3\overline{Q}_0$$

输出方程： $C=Q_3Q_0$

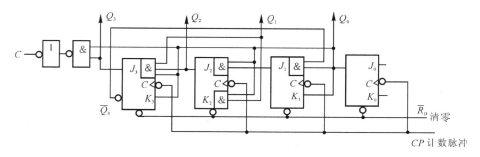

图 6.3.5　8421 码同步十进制加法计数器的逻辑图

依据状态方程和输出方程每触发一次可求出触发后 $Q_3Q_2Q_1Q_0$ 的状态和相应 C 的状态。假设初始状态 $Q_3Q_2Q_1Q_0=0000$，每触发一次计数器的值就增加 1，第 10 个计数脉冲过后计数器回零，得到的状态表见表 6.3.3。

表 6.3.3　状态表(1)

CP	Q_3	Q_2	Q_1	Q_0	C
0	0	0	0	0	0
1	0	0	0	1	0
2	0	0	1	0	0
3	0	0	1	1	0
4	0	1	0	0	0
5	0	1	0	1	0
6	0	1	1	0	0
7	0	1	1	1	0
8	1	0	0	0	0
9	1	0	0	1	1
10	0	0	0	0	0

表 6.3.4　状态表(2)

初　态				次　态			
Q_3	Q_2	Q_1	Q_0	Q_3	Q_2	Q_1	Q_0
1	0	1	0	1	0	1	1
1	0	1	1	0	1	0	0
1	1	0	0	1	1	0	1
1	1	0	1	0	1	0	0
1	1	1	0	1	1	1	1
1	1	1	1	0	0	0	0

十进制计数器的有效状态为 10 种，8421 码的有效状态为 0000,0001,…,1001。4 个触发器可能的状态有 16 种，有 6 种状态是无效状态，它们是 1010,1011,1100,1101,1110,1111。如果由于某种原因计数器进入无效状态，那么经过触发是否还能返回到有效状态来呢？下面检查一下，检查的方法是假设初态分别是 6 种无效状态，利用状态方程求出次态来，就得到表 6.3.4 所示的状态表。

本电路的 6 种无效状态经触发后均能返回有效状态，该电路是能自启动的。如果用状态转换图来表示该电路的逻辑功能就更形象了,全状态图(包括有效和无效的全部状态)如图 6.3.6 所示。

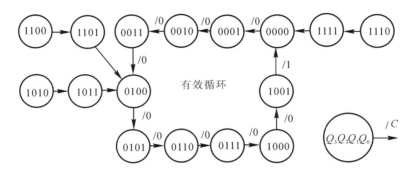

图 6.3.6　8421 码十进加法计数器的状态转换图

6.3.3　集成计数器功能分析及应用

1. 可预置数的四位二进制同步加法计数器 74LS161

74LS161 是由 4 个 D 触发器组成的,其逻辑图如图 6.3.7 所示,符号图如图 6.3.8 所示,表 6.3.5 是它的功能表。

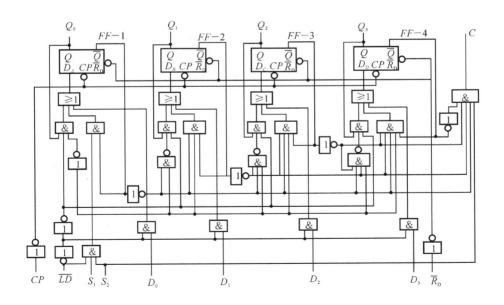

图 6.3.7　74LS161 的逻辑图

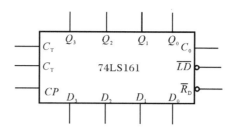

图 5.3.8　74LS161 的逻辑符号图

表 6.3.5　74LS161 功能表

输入									输出			
CP	$\overline{R_D}$	$\overline{LD}$	CT_P	CT_T	D_3	D_2	D_1	D_0	Q_3	Q_2	Q_1	Q_0
$\times$	0	$\times$	$\times$	$\times$	$\times$	$\times$	$\times$	$\times$	0	0	0	0
$\uparrow$	1	0	$\times$	$\times$	d_3	d_2	d_1	d_0	d_3	d_2	d_1	d_0
$\times$	1	1	0	$\times$	$\times$	$\times$	$\times$	$\times$	保持			
$\times$	1	1	$\times$	0	$\times$	$\times$	$\times$	$\times$	保持（$Co=0$）			
$\uparrow$	1	1	1	1	$\times$	$\times$	$\times$	$\times$	计数			

CP——计数脉冲输入端,上跳触发;

Q_3,Q_2,Q_1,Q_0——计数器输出端,Q_3 是高位;

CT_P,CT_T——工作状态控制输入端/计数控制端;

D_3,D_2,D_1,D_0——预置数输入端;

$\overline{LD}$——预置数使能端,当 $\overline{LD}=0$ 时,CP 上跳触发便将预置数 $D_3D_2D_1D_0$ 预置给 $Q_3Q_2Q_1Q_0$;

C_0——进位输出端,$C_0=G_TQ_3Q_2Q_1Q_0$,当 $Q_3Q_2Q_1Q_0=1111$ 回到 0000 时 C 下跳,产生一次进位;

$\overline{R_D}$——异步清零端,当 $\overline{R_D}=0$ 时,$Q_3Q_2Q_1Q_0=0000$,与 CP 无关。

例 6-7　电路如图 6.3.9 所示。试分析它是几进制加法计数器,电路的初始状态为 0000。

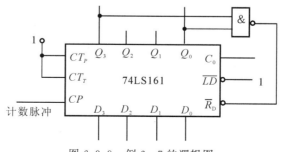

图 6.3.9　例 6-7 的逻辑图

解　图中 $CT_P = CT_T = 1$，$\overline{LD} = 1$，初始 $\overline{R}_D = \overline{Q_3 Q_0} = 1$，对照 74LS161 的功能表(见表 6.3.5)可知，该电路处于计数工作状态，从 0000 开始每输入一个计数脉冲，计数值就加 1，按四位二进制规律增加，当第 9 个计数脉冲来到，$Q_3 Q_2 Q_1 Q_0 = 1001$，由于 $Q_3 = Q_0 = 1$，此时 $\overline{R}_D = 0$，异步清零端起作用。电路状态迅速回零，即 $Q_3 Q_2 Q_1 Q_0 = 0000$，同时 $\overline{R}_D = 1$，清零结束，电路又回到计数工作状态。可见此电路是 8421 码九进制加法计数器。其状态表见表 6.3.6。1001 状态是瞬时状态，利用它来实现回零。该电路用了 9 个状态，其余状态为无效状态。电路一旦进入无效状态，只要出现 $Q_3 Q_0 = 11$，均会使 $\overline{R}_D = 0$，电路会自动回零。电路肯定能自启动。

表 6.3.6　例 6 - 7 的状态表

CP	Q_3	Q_2	Q_1	Q_0	CP	Q_3	Q_2	Q_1	Q_0
0	0	0	0	0	6	0	1	1	0
1	0	0	0	1	7	0	1	1	1
2	0	0	1	0	8	1	0	0	0
3	0	0	1	1	9	1	0	0	1
4	0	1	0	0		0	0	0	0
5	0	1	0	1					

利用 74LS161 4 位二进制计数器构成任意进制的计数器，可以利用其清零端或者置入控制端来实现。

(1)反馈置 0 法。

例 6 - 8　应用 4 位二进制同步计数器 74LS161 组成十进制计数器。

解　74LS161 是 4 位二进制计数器，它的模值 $M = 16$，要组成 $M = 10$ 的十进制计数器，由于其初态为 0，则选择 $0 \sim 9$ 为有效状态，$10 \sim 15$ 为无效状态。在输入 10 个 CP 脉冲后，$Q_3 Q_2 Q_1 Q_0 = 1010$，则立即使它变成 $Q_3 Q_2 Q_1 Q_0 = 0000$，使 74LS161 返回初态可利用是异步清零端信号 $CR = 0$ 来完成的。

逻辑图如图 6.3.10(a)所示，工作波形如图 6.3.10(b)所示。

(2)反馈置数法。反馈置数法是利用 74LS161 的置入控制端 $\overline{LD}$ 置入某一固定二进制数值的方法实现任意进制计数分频的。

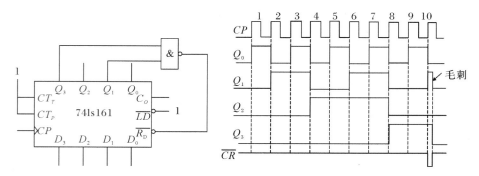

图 6.3.10 例 6-8 图

(a)逻辑图；(b)工作波形图

例 6-9 应用 4 位二进制同步计数器 74LS161 实现十进制计数器。

解 根据 74LS161 的功能表可知,当置入控制端 $\overline{LD}=0$ 时,实现同步置入功能。由于 4 位二进制同步计数器共有 16 种状态,现需实现模 10 计数,因此要跳越 6 个状态,可以选择前十个状态,也可以选后十个状态,还可以选中间任意连续十个状态。

选前十个状态,则后六个状态无效,当计数计到 $Q_3Q_2Q_1Q_0=001$ 时经与非门反馈给置入控制端 $\overline{LD}$,使 $\overline{LD}=0$。再来一个 CP 时钟,计数器将 $D_3D_2D_1D_0=0000$ 的数预置进计数器,电路图如图 6.3.11(a)所示,其状态转换表见表 6.3.7(a)。

如选前后个状态,以 4 位二进制计数器的进位位输出 $\overline{C_0}$ 作为 $\overline{LD}$ 的置入控制信号,将数据输入端 $D_3D_2D_1D_0$ 接 0110。这样当 74LS161 计数计到满值时, $\overline{C_0}=0$,在下一个时钟 CP 作用下计数器将 $D_3D_2D_1D_0=0110$ 的数预置进计数器,电路图如图 6.3.11(b)所示,其状态转换表见表 6.3.7(b)。

如选中间十个状态,前三个状态和后三个状态均无效,即采用余 3 码,电路图如图 6.3.11(c)所示,其状态转换表见表 6.3.7(c)。

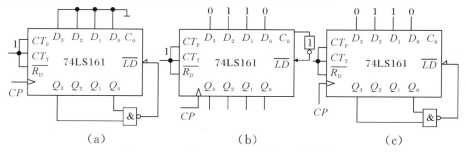

图 6.3.11 用 74LS161 组成十进制计数器

表 6.3.7　例 6-9 的状态转换表

(a)				(b)				(c)			
Q_3	Q_2	Q_1	Q_0	Q_3	Q_2	Q_1	Q_0	Q_3	Q_2	Q_1	Q_0
0	0	0	0	0	1	1	0	0	0	1	1
0	0	0	1	0	1	1	1	0	1	0	0
0	0	1	0	1	0	0	0	0	1	0	1
0	0	1	1	0	0	0	1	0	1	1	0
0	1	0	0	1	0	1	0	0	1	1	1
0	1	0	1	1	0	1	1	1	0	0	1
0	1	1	0	1	1	0	0	1	0	1	0
0	1	1	1	1	1	0	1	1	0	1	1
1	0	0	0	1	1	1	0	1	1	0	0
1	0	0	1	1	1	1	1				

2. 可预置数的四位同步二进制加法计数器 74LS163

74LS163 是由 4 个 D 触发器构成的,其符号图和功能表与 74LS161 基本相同,不同之处只是清零方式,74LS161 是异步清零,不受 CP 控制。74LS163 是同步请零,当同步清零端 $\overline{R}_D = 0$ 时计数器并不立刻清零,只是使 4 个 D 触发器的输入端 $D = 0$,只有 CP 上跳沿到来时触发器才动作,计数器回零。74LS163 的符号图如图 6.3.12 所示。

例 6-10　由 74LS161 组成的电路如图 6.3.13 所示,试分析该电路是几进制加法计数器,计数器的初始状态为 $Q_3 Q_2 Q_1 Q_0 = 0000$。

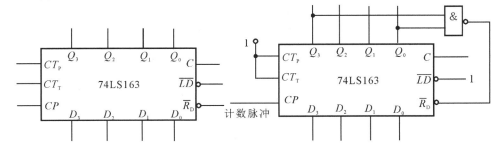

图 6.3.12　74LS163 的符号图　　　图 6.3.13　例 6-10 的逻辑图

解　$CT_P = CT_T = 1$,$\overline{LD} = 1$,初始 $\overline{R}_D = \overline{Q_3 Q_0} = 1$,故该电路是工作在计数状态。每当一个计数脉冲 CP 到来时计数器的计数值便累加 1,第 9 个 CP 过后 $Q_3 Q_2 Q_1 Q_0 = 1001$,这时清零输出端 $\overline{R}_D = 0$,但计数器不立即回零,因为该计数器是同步清零,必须等到第 10 个计数脉冲 CP 上跳,计数器才回零。这是一个 8421 码十进制加法计数器。它与 74LS161 相比,回零时没有瞬时过渡状态。状态表见表 6.3.8。

表 6.3.8　例 6-10 的状态表

CP	Q_3	Q_2	Q_1	Q_0	$\overline{R}_D$	CP	Q_3	Q_2	Q_1	Q_0	$\overline{R}_D$
0	0	0	0	0	1	6	0	1	1	0	1
1	0	0	0	1	1	7	0	1	1	1	1
2	0	0	1	0	1	8	1	0	0	0	1
3	0	0	1	1	1	9	1	0	0	1	0
4	0	1	0	0	1	10	0	0	0	0	1
5	0	1	0	1	1						

例 6-11　由 74LS163 组成的电路如图 6.3.14 所示,试分析:

(1) 当 $N=0$ 时,以 f 为计数脉冲,以 $Q_3Q_2Q_1Q_0$ 为输出,那么该电路是几进制加法计数;

(2) 当 $N=1$ 时,以 f 为输入,以 Q_3 为输出,那么该电路是几分频电路?(即 f/f_{Q_3} 的值)。

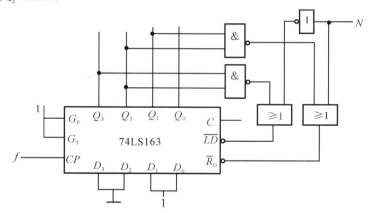

图 6.3.14　例 6-11 的电路图

解　由图可知

$$\overline{LD}=\overline{N}+\overline{Q_3Q_2} \quad \text{和} \quad \overline{R}_D=N+\overline{Q_2Q_1}$$

(1) 当 $N=0$ 时,$\overline{LD}=1$,$\overline{R}_D=\overline{Q_2Q_1}$,预置端 $\overline{LD}$ 不起作用,而清零端起作用,因此,做状态表时就以 0000 状态作起点。状态表见表 6.3.9,该电路功能是七进制加法计数器。有效循环中含有 7 个状态。

(2) 当 $N=1$ 时,$\overline{R}_D=1$,$\overline{LD}=\overline{Q_3Q_2}$,清零端不起作用。而预置端 $\overline{LD}$ 起

作用,因此,在作状态表时,起始状态就以预置数作循环的起点,见表 6.3.10。从表中可看出是 10 个状态的循环,而 Q_3 是在这 10 个循环状态中连续 5 个 0 再连续 5 个 1,完成一个周期,因此可得 $f/f_{Q_3}=10$,为 10 分频。而 Q_3 是方波(高电平和低电平的时间相等)。

表 6.3.9　例 6 - 11 的状态表(1)

CP	Q_3	Q_2	Q_1	Q_0	$\overline{R}_D$
0	0	0	0	0	1
1	0	0	0	1	1
2	0	0	1	0	1
3	0	0	1	1	1
4	0	1	0	0	1
5	0	1	0	1	1
6	0	1	1	0	0
7	0	0	0	0	1

表 6.3.10　例 6 - 11 的状态表(2)

CP	Q_3	Q_2	Q_1	Q_0	$\overline{LD}$
0	0	0	1	1	1
1	0	1	0	0	1
2	0	1	0	1	1
3	0	1	1	0	1
4	0	1	1	1	1
5	1	0	0	0	1
6	1	0	0	1	1
7	1	0	1	0	1
8	1	0	1	1	1
9	1	1	0	0	0
10	0	0	1	1	1

用两片 74LS163 可组成八位二进制加法计数器,电路如图 6.3.15 所示。74LS163(Ⅱ)的 $Q_7Q_6Q_5Q_4$ 为高四位,74LS163(Ⅰ)的 $Q_3Q_2Q_1Q_0$ 为低四位。

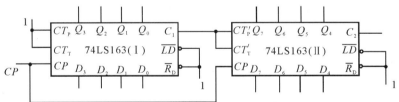

图 6.3.15　八位二进制加法计数

74LS163(Ⅰ)的进位信号 $C_1=CT_TQ_3Q_2Q_1Q_0$,在 74LS163(Ⅰ)从 0000 计到 1110 的范围内 $C_1=0$,也就是 74LS163(Ⅱ)的 $CT_P'=CT_T'=0$,所以 74LS163(Ⅱ)不计数,处于保持状态。当计到 $Q_3Q_2Q_1Q_0=1111$ 时,$C_1=CT_P'=CT_T'=1$,当下一个 CP 脉冲到来时 74LS163(Ⅱ)加 1,同时 74LS163(Ⅰ)回零,$CT_P'=CT_T'=C_1=0$。74LS163(Ⅰ)又从零重新计数,而高四位不动,低四位每次向高位进位一次,高四位才加 1。故可完成八位二进制加法计数。

3. 可预置数的四位二进制同步可逆计数器 74LS169

74LS169 是由 4 个 D 触发器组成的,其符号图如图 6.3.16 所示。

图中,Q_3,Q_2,Q_1,Q_0——计数器输出端;

D_3，D_2，D_1，D_0——预置数输入端；

$\overline{LD}$——预置数使能端，当$\overline{LD}=0$时，在CP上跳作用下完成预置；

$U/\overline{D}$——加/减使能端，$U=1$时为加法计数，$U=0$时为减法计数；

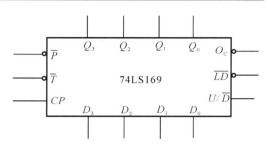

图 6.3.16　74LS169 的符号图

O_C——进/借位输出端，加法计数时是进位，$O_C=Q_3Q_2Q_1Q_0$；减法计数时是借位，$O_C=\overline{Q_3}\,\overline{Q_2}\,\overline{Q_1}\,\overline{Q_0}$。

本电路是靠预置零来清零的。其功能表见表 6.3.11。

表 6.3.11　74LS169 的功能表

CP	$\overline{P}+\overline{T}$	$U/\overline{D}$	$\overline{LD}$	Q_3	Q_2	Q_1	Q_0
×	1	×	1	保持			
↑	0	×	0	D_3	D_2	D_1	D_0
↑	0	1	1	二进制加法计数			
↑	0	0	1	二进制减法计数			

例 6-12　由 74LS169 组成的电路如图 6.3.17 所示，试分析当 $Y=0$ 和 $Y=1$ 时，该电路分别为何种计数功能。

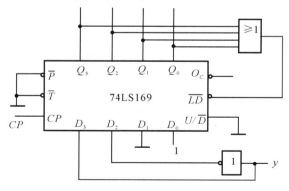

图 6.3.17　例 6-12 的电路图

解　因 $U/\overline{D}=0$，是减法工作状态，所以当 $Y=0$ 时，预置 0101；当 $Y=1$ 时，预置 1001。列出的状态表见表 6.3.12。列表时以预置数为起点直到循环为止。

表 6.3.12　例 6-13 的状态表

$Y=0$						$Y=1$					
CP	Q_3	Q_2	Q_1	Q_0	$\overline{LD}$	CP	Q_3	Q_2	Q_1	Q_0	LD
0	0	1	0	1	1	0	1	0	0	1	1
1	0	1	0	0	1	1	1	0	0	0	1
2	0	0	1	1	1	2	0	1	1	1	1
3	0	0	1	0	1	3	0	1	1	0	1
4	0	0	0	1	1	4	0	1	0	1	1
5	0	0	0	0	0	5	0	1	0	0	1
6	0	1	0	1	1	6	0	0	1	1	1
						7	0	0	1	0	1
						8	0	0	0	1	1
						9	0	0	0	0	0
						10	1	0	0	1	1

由表可看出,当 $Y=0$ 时是 8421 码的六进制减法计数。当 $Y=1$ 时,是 8421 码(十进制)减法计数。

4. 十进制同步加法计数器 74LS160

74LS160 是由 4 个 JK 触发器构成的,其符号图与 74LS161 完全一样,各输入、输出端与 74LS161 的一样,只是进位端 $C=CT_T Q_3 Q_0$,也是异步清零。计数的过程是从 $Q_3 Q_2 Q_1 Q_0 = 0000 \rightarrow 0001 \rightarrow 0010 \rightarrow \cdots \rightarrow 1001 \rightarrow 0000 \rightarrow \cdots$,也就是 8421 码加法计数器。

用两片 74LS160 可做成两位十进制数的计数器如图 6.3.18 所示。

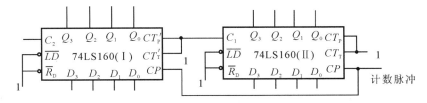

图 6.3.18　两位十进制数的计数器

当 74LS160(Ⅰ)在 0000 到 1000 的范围内计数时, $C_1 = CT_P' = CT_T' = 0$,

74LS160(Ⅱ)是保持状态。当个位数为 $Q_3Q_2Q_1Q_0=1001$ 时,$C_1=CT_P'=CT_T'=1$,当下一个 CP 计数脉冲到来时,十位数加1,同时个位数回零,也就是说,个位数每进一位,十位数才加1。这个计数器的计数范围是从零计到 $(99)_{10}$。

5. 十进制同步加/减计数器(双时钟)74LS192

74LS192 的符号图如图 6.3.19 所示。各端的功能介绍如下:

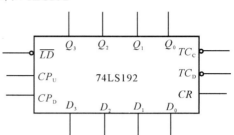

图 6.3.19 74LS192 的符号图

Q_3,Q_2,Q_1,Q_0——计数器输出端;

D_3,D_2,D_1,D_0——预置数输入端;

$\overline{LD}$——预置数使能端,当 $\overline{LD}=0$,直接送数,使 $Q_3Q_2Q_1Q_0=D_3D_2D_1D_0$,不需要触发脉冲;

TC_C——进位输出端,$TC_C=\overline{Q_3Q_0\,\overline{CP_D}}$;

TC_D——借位输出端,$TC_D=\overline{\overline{Q_3}\overline{Q_2}\overline{Q_1}\overline{Q_0}\,\overline{CP_U}}$;

CR——计数器异步请零端,当 $CR=1$,$Q_3Q_2Q_1Q_0=0000$;

CP_D——加法计数时计数脉冲输入端;

CP_U——减法计数时计数脉冲输入端。

本电路没有加/减控制端,脉冲从 CP_D 端进入,就进行加法计数;如果脉冲从 CP_U 端进入,就进行减法计数。其功能表见表 6.3.13。

表 6.3.13 74LS192 功能表

CP_U	CP_D	$\overline{LD}$	CR	Q_3	Q_2	Q_1	Q_0
×	×	×	1	0	0	0	0
×	×	0	0	D_3	D_2	D_1	D_0
↑	1	1	0	加法计数			
1	↑	1	0	减法计数			
1	1	1	0	保持			

6. 异步集成计数器 74LS90

74LS90 是由 4 个 JK 触发器组成的,逻辑图如图 6.3.20 所示,其功能表见表 6.3.14,逻辑符号如图 6.3.21 所示。

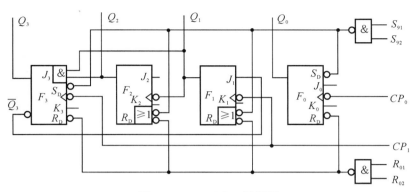

图 6.3.20　74LS90 逻辑图

Q_3，Q_2，Q_1，Q_0——计数器输出端；

$R_{0(1)}$，$R_{0(2)}$，$S_{9(1)}$，$S_{9(2)}$——使能输入端，它可以使计数器清零，预置 9（1001）和计数；

CP_0 和 CP_1——是两个计数脉冲输入端，如果用 CP_0 做计数脉冲输入端，以 Q_0 为输出端，这时只有触发器 F_0 工作，是一位二进制计数器。如果用 CP_1 做计数脉冲输入端，以 $Q_3Q_2Q_1$ 为输出端，这时电路就是五进制加法计数器。

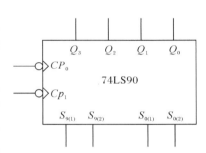

图 6.3.21　74LS90 逻辑符号

如果在外部将 Q_0 与 CP_1 连接起来，以 CP_0 做计数脉冲输入端，这时就构成 8421 码异步十进制加法计数器。

表 6.3.14　74LS90 功能表

输入						输出			
$R_{0(1)}$	$R_{0(2)}$	$S_{9(1)}$	$S_{9(2)}$	CP_0	CP_1	Q_3	Q_2	Q_1	Q_0
1	1	0	×	×	×	0	0	0	0
1	1	×	0	×	×	0	0	0	0
0	×	1	1	×	×	1	0	0	1
×	0	1	1	×	×	1	0	0	1
$\overline{R_{0(1)}R_{0(2)}}=1$		$\overline{S_{9(1)}S_{9(2)}}=1$		CP	0	二进制计数			
				0	CP	五进制计数			
				CP	Q_0	8421 码十进制计数			
				Q_3	CP	5421 码十进制计数			

数字电子技术

（1）8421 码计数。若计数脉冲由 CP_0 输入，Q_0 接 CP_1，则该计数器先进行二进制计数，再进行五进制计数，从而完成 8421 码十进制计数，电路如图 6.3.22(a)所示，状态转换见表 6.3.15。

（2）5421 码计数。若计数脉冲由 CP_1 输入，Q_3 接 CP_0，则该计数器先进行五进制计数，再进行二进制计数，从而完成 5421 码十进制计数，电路如图 6.3.22(b)所示，状态转换表见表 6.3.16。

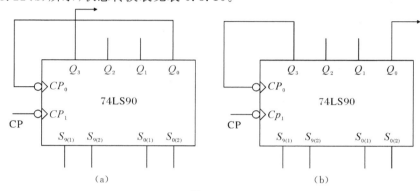

图 6.3.22
(a)8421 码计数；(b)5421 码计数

表 6.3.15　8421 码计数状态转换表

Q_3	Q_2	Q_1	Q_0	Q_3^{n+1}	Q_2^{n+1}	Q_1^{n+1}	Q_0^{n+1}
0	0	0	0	0	0	0	1
0	0	0	1	0	0	1	0
0	0	1	0	0	0	1	1
0	0	1	1	0	1	0	0
0	1	0	0	0	1	0	1
0	1	0	1	0	1	1	0
0	1	1	0	0	1	1	1
0	1	1	1	1	0	0	0
1	0	0	0	1	0	0	1
1	0	0	1	0	0	0	0

表 6.3.16　5421 码计数状态转换表

Q_3	Q_2	Q_1	Q_0	Q_3^{n+1}	Q_2^{n+1}	Q_1^{n+1}	Q_0^{n+1}
0	0	0	0	0	0	0	1
0	0	0	1	0	0	1	0
0	0	1	0	0	0	1	1
0	0	1	1	0	1	0	0
0	1	0	0	1	0	0	0
1	0	0	0	1	0	0	1
1	0	0	1	1	0	1	0
1	0	1	0	1	0	1	1
1	0	1	1	1	1	0	0
1	1	0	0	0	0	0	0

例 6 - 13　试分析图 6.3.23 所示的 74LS90 构成的电路，输入脉冲为 CP，输出端为 Q_2，试找出 Q_2 的频率 f_{Q_2} 与 CP 的频率 f_{CP} 的关系。初态 $Q_3 Q_2 Q_1 Q_0 = 0000$。

解　对照功能表 6.3.17，电路中 $S_{9(2)} = S_{9(1)} = 0$，初态 $R_{0(2)} = Q_1 = 0$，$R_{0(1)} = Q_2 = 0$，故本电路处于计数工作状态。又有 Q_0 与 CP_1 连接，在计数器回零以前是十进制加法计数器。

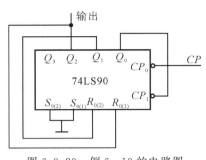

图 6.3.23　例 6-13 的电路图

表 6.3.17　例 6-13 用表

CP_1	Q_2	Q_1	Q_0
0	0	0	0
1	0	0	1
2	0	1	0
3	0	1	1
4	1	0	0
5	1	0	1
6	1	1	0
	0	0	0

计数的过程见表 6.3.16，当计数到第六个 CP 下跳时，$Q_2Q_1Q_0=110$，这时 $R_{0(1)}=R_{0(2)}=1$，由功能表上可看出这是清零状态，故计数器迅速回零，即 $Q_2Q_1Q_0=000$。而 110 是瞬间过渡状态，回零以后，$R_{02}=R_{01}=0$ 又处于计数状态，又从 000 开始继续计数。每 6 个 CP 计数脉冲到来才对应 Q_2 的一个周期，所以该电路叫作 6 分频电路。

$$f_{Q_2}=\frac{1}{6}f_{CP}$$

若以 $Q_2Q_1Q_0$ 为输出端，就是一个 421 码六进制加法计数器。

下面讨论一下本电路所采用的这种回零方式的可靠性问题。当第 6 个 CP 下跳脉冲到来时计数器的状态为 $Q_2Q_1Q_0=110$，利用这个状态使 $R_{02}=R_{01}=1$ 来进行清零，由于电路中各触发器的延迟有差异，Q_2Q_1 不一定能同时回零，如果有一个先回零，则清零状态就结束了，有可能造成清零不彻底而不能正常计数。为了保证清零彻底，电路又增加一个基本 RS 触发器，如图 6.3.24 所示。

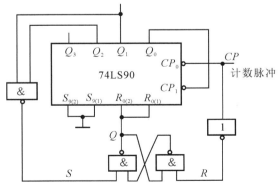

图 6.3.24　例 6-13 图

当第 6 个 CP 下跳到来时，$Q_3Q_2Q_1Q_0 = 0110$，$S = \overline{Q_2 Q_1} = 0$，则 $Q = 1$，即 $R_{0(2)} = R_{0(1)} = 1$，计数器进入清零状态。如果 Q_2 和 Q_1 回零不一致，即使 S 回 1，基本 RS 触发器的状态仍保持不变，即 Q 保持为 1，继续维持清零状态，直到第 7 个 CP 上跳脉冲到来，才使基本 RS 触发器 $R = 0$，触发器的 $Q = 0$，清零状态结束，进入计数状态。第 7 个 CP 下跳脉冲到来时又重新计数，使清零状态保持时间加长，从而使清零工作更可靠。

7. 应用举例

例 6 - 14　用 74LS 90 组成七进制计数器。

解　七进制计数器有 7 个独立状态，可先组成十进制计数器，然后采用一定的方法使它跳跃三个无效状态而得到。

方法一：先组成 8421 码十进制计数器，再利用反馈置 0 法。

设初态为 0，则选择 0~6 为有效状态，7~9 为无效状态，当 CP_7 到来时，输出 $Q_3Q_2Q_1Q_0 = 0111$，利用 0111 反馈置 0，使计数器返回初态。电路图及工作波形图，如图 6.3.25 所示，状态转换表见表 6.3.18。

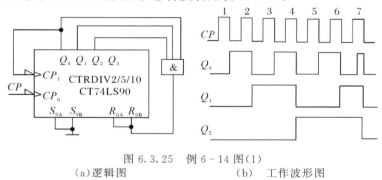

图 6.3.25　例 6 - 14 图（1）
（a）逻辑图　　　　　　　（b）工作波形图

表 6.3.18　例 6 - 14 状态转换表（1）

Q_3	Q_2	Q_1	Q_0
0	0	0	0
0	0	0	1
0	0	1	0
0	0	1	1
0	1	0	0
0	1	0	1
0	1	1	0
(0	1	1	1)

方法二:先组成 5421 码十进制计数器,再利用反馈置 0 法。

设初态为 0,当 CP_7 到来时,利用 $Q_3Q_2Q_1Q_0=1010$ 反馈置 0,使计数器返回初态。电路图及工作波形图如图 6.3.26 所示,状态转换表见表 6.3.19。

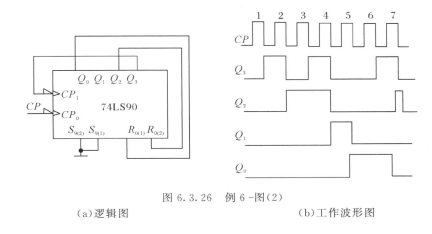

图 6.3.26　例 6 -图(2)

（a）逻辑图　　　　　　　　　　　　（b）工作波形图

表 6.3.19　例 6 - 14 状态转换表(2)

Q_3	Q_2	Q_1	Q_0
0	0	0	0
0	0	0	1
0	0	1	0
0	0	1	1
0	1	0	0
1	0	0	0
1	0	0	1
(1	0	1	0)

例 6 - 15　给定 $f_0=2\,400\ \text{Hz}$ 的方波信号,要求得到 $f=400\ \text{Hz}$ 的三相彼此相位相差 $120°$ 的方波信号。(1)要求用 D 触发器设计,并能自启动。(2)用计数器 74LS163 和译码器 74LS138 实现。

解　(1)根据题目要求是属于 6 分频的时序电路,需用 6 个有效状态,故选用 3 个 D 触发器即可实现,以 3 个触发器的 Q 端为输出,定为 Q_3,Q_2,Q_1,Q_3,Q_2,Q_1 的波形彼此相位相差 $120°$,并且是频率 $f=400\ \text{Hz}$ 的方波,先画出时序图如图 6.3.27 所示。

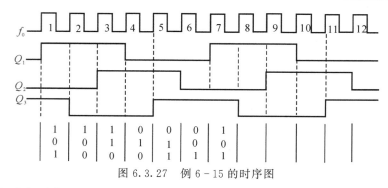

图 6.3.27 例 6-15 的时序图

在时序图中的 Q_3，Q_2，Q_1 满足频率为 400 Hz，且彼此相位相差 120°。时序图实际上就是一个状态表，由状态表可作出驱动表见表 6.3.20。由驱动表作出卡诺图，如图 6.3.28 所示。

表 6.3.20 例 6-15 的驱动表

CP	Q_3	Q_2	Q_1	D_3	D_2	D_1
1	1	0	1	0	0	1
2	0	0	1	0	1	1
3	0	1	1	0	1	0
4	0	1	0	1	1	0
5	1	1	0	1	0	0
6	1	0	0	1	0	1
7	1	0	1			

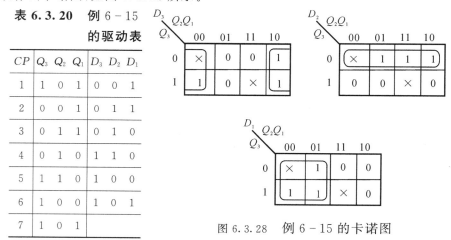

图 6.3.28 例 6-15 的卡诺图

由卡诺图可写出最简的驱动方程：

$$D_3 = \overline{Q_1} ; D_2 = \overline{Q_3} ; D_1 = \overline{Q_2}$$

有了驱动方程就可以作逻辑图了，但由于要求电路能自启动，故不急于画逻辑图，先检查其自启动性。

将驱动方程代入触发器的特性方程便得到状态方程，设初态为无效状态，求出触发后的状态。本电路的无效状态有两个，它们是 $Q_3 Q_2 Q_1 = 000$ 和 111。检查后画出的全状态图如图 6.3.29 所示，可见该电路是不能自启动的。

修改原设计使之能自启动。打破无效循环使之进入有效循环。对本例题具体来说，可以使 000 状态经触发一次进入任一个有效状态即可，也可以由 111 状态经过一次触发转入任一个有效状态。

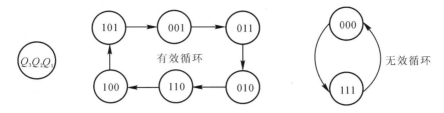

图 6.3.29　例 6-15 的全状态图

本例选用有效状态为 001,也就是说,一旦时序电路进入无效状态 111,经一次触发便转入有效状态 001,用什么措施来保证实现呢? 可在驱动表中增加一组对应状态,即当 $Q_3 Q_2 Q_1 = 111$ 时,对应的 $D_3 D_2 D_1 = 001$(见驱动表 6.3.21),并重新作出卡诺图如图 6.3.30 所示。在 D_1 卡诺图中增加一个二单元圈。由卡诺图写出驱动方程:

$$D_3 = \overline{Q_1}; \quad D_2 = \overline{Q_3}; \quad D_1 = \overline{Q_2} + Q_3 Q_1$$

从原驱动方程和修改后的驱动方程的对比中可以看出,只有一个驱动方程 D_1 有变化,即多了一个积项 $Q_3 Q_1$。究竟如何选择由无效状态转入的有效状态呢? 最好画出卡诺图。选取有效状态的原则是使得驱动方程最简,对本例来说,由无效状态 111 转入有效状态 001,010 和 100 均可,若转入 101,110 和 011 这三个有效状态,驱动方程就会复杂些。

根据修改后作出的逻辑图如图 6.3.31 所示。其全状态转换图如图 6.3.32 所示。所谓全状态转换图是包括所有的有效状态和无效状态,总的状态个数满足 2^n 个,n 为触发器的个数。

表 6.3.21　驱动表

CP	Q_3	Q_2	Q_1	D_3	D_2	D_1
1	1	0	1	0	0	1
2	0	0	1	0	1	1
3	0	1	1	0	1	0
4	0	1	0	1	1	0
5	1	1	0	1	0	0
6	1	0	0	1	0	1
	1	1	1	0	0	1

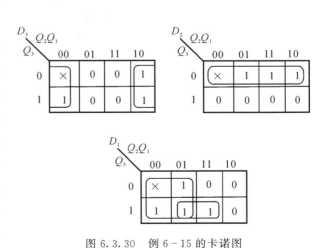

图 6.3.30　例 6-15 的卡诺图

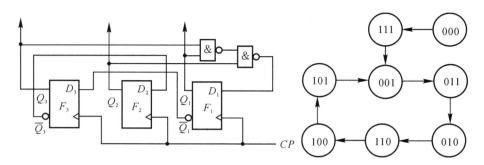

图 6.3.31　例 6-15 的逻辑图　　　图 6.3.32　例 6-15 的状态转换图

（2）用 74LS163 和 74LS138 实现。设计要求是 6 分频，有效循环状态是 6 个，因此应将 74LS163 连成六进制加法计数器。再根据时序图（见图 6.3.27）的分析得到 3 个输出的对应关系。为了与 74LS163 计数器输出 Q_3，Q_2，Q_1，Q_0 相区别，在此将 3 个相位互差 120° 的输出用 L_2，L_1，L_0 表示，列出状态真值表见表 6.3.21。L_2，L_1 和 L_0 与 $Q_2 Q_1 Q_0$ 是组合逻辑关系。

Q_2，Q_1，Q_0 是 74LS163 计数器的输出，也是译码器 74LS138 的输入，即 $A_2 = Q_2$，$A_1 = Q_1$，$A_0 = Q_0$（见图 6.3.33），依照表 6.3.22 可写出 L_2，L_1，L_0 的最小项表达式：

$$L_2 = m_0 + m_4 + m_5 = \overline{\overline{m_0}\,\overline{m_4}\,\overline{m_5}} = \overline{\overline{Y_0}\,\overline{Y_4}\,\overline{Y_5}}$$

$$L_1 = m_2 + m_3 + m_4 = \overline{\overline{m_2}\,\overline{m_3}\,\overline{m_4}} = \overline{\overline{Y_2}\,\overline{Y_3}\,\overline{Y_4}}$$

$$L_0 = m_0 + m_4 + m_5 = \overline{\overline{m_0}\,\overline{m_1}\,\overline{m_2}} = \overline{\overline{Y_0}\,\overline{Y_1}\,\overline{Y_2}}$$

根据以上分析便可作出电路连接图，如图 6.3.33 所示。

表 6.3.22　例 6-15 的状态真值表

CP	Q_2	Q_1	Q_0	L_2	L_1	L_0
0	0	0	0	1	0	1
1	0	0	1	0	0	1
2	0	1	0	0	1	1
3	0	1	1	0	1	0
4	1	0	0	1	1	0
5	1	0	1	1	0	0
6	0	0	0	1	0	1

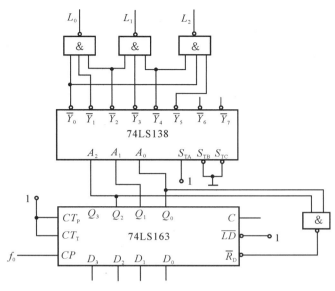

图 6.3.33　例 6-15 的电路图

例 6-16　给定信号频率 $f_0 = 3\,200$ Hz 的方波,欲得到频率 $f = 400$ Hz 的矩形波,其占空比为 1/4(占空比 K =高电平时间/周期),试用 74LS163 来设计。

解

$$\frac{f_0}{f} = \frac{3\,200}{400} = 8$$

该电路是 8 分频,8 个状态循环(即模长 $M = 8$),使某个输出在即一个周期的 8 个状态中。高电平占两个状态,低电平占 6 个状态,就满足占空比1/4。先列出 74LS163 四位二进制计数器的状态表,见表 6.3.23。在表中取 8 个状态循环,而且有一个输出是两个高电平 6 个低电平。因此取

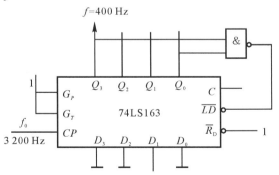

图 6.3.34　例 6-16 的电路图

$Q_3Q_2Q_1Q_0 = 0010$ 到 1001 循环,以 Q_3 为输出,刚好满足 1/4 的占空比,电路如图 6.3.34 所示。因有效状态中没有 0000 状态,故不能用清零端 $\overline{R}_D$,而应当用预置端 $\overline{LD}$,先预置 0010,然后加法计数,当加到 1001 时,使 $\overline{LD} = \overline{Q_3 Q_0} = 0$,再预置 0010,…,即可满足要求。

表 6.3.23　例 6 - 16 的状态表

Q_3	Q_2	Q_1	Q_0	$\overline{LD}$
0	0	0	0	
0	0	0	1	
0	0	1	0	1
0	0	1	1	1
0	1	0	0	1
0	1	0	1	1
0	1	1	0	1
0	1	1	1	1
1	0	0	0	1
1	0	0	1	0
1	0	1	0	
1	0	1	1	
1	1	0	0	
1	1	1	0	
1	1	1	1	

例 6 - 17　利用频率 $f_0 = 2\,000$ Hz 的方波信号设计一个定时器,欲得到每隔 2 ms 给出一个脉宽为 4 ms 的正脉冲,要求用 74LS169 的减法工作状态来完成设计要求。

解　首先画出欲得到的脉冲波形,如图 6.3.35 所示,计算出其频率为 f 和频率比 f_0/f 的值。

$$f = \frac{1}{(2+4) \times 10^{-3}}$$

$$\frac{f_0}{f} = \frac{2 \times 10^3}{\dfrac{1}{6 \times 10^{-3}}} = 12$$

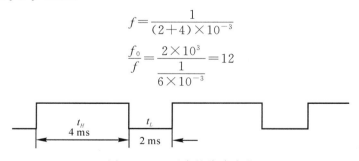

图 6.3.35　要求的脉冲波形

该定时器是一个分频器,为 12 分频,其矩形波的占空比 $K = 4/6 = 8/12$,即 12 个状态循环,使输出在一个周期中高电平占 8 个,低电平为 4 个。列出 74LS169 四位二进制减法计数器的状态表,见表 6.3.24,在表中取 $Q_3Q_2Q_1Q_0 = 1111$ 到 0100,作为循环,以 Q_3 为输出刚好满足要求。电路图如图 6.3.36 所示。当由 1111 减到 0100 时使 $\overline{LD} = Q_3 + Q_1 + Q_0 = 0$,又预置 1111 就达循环的目的了。

表 6.3.24　状态表

Q_3	Q_2	Q_1	Q_0	$\overline{LD}$
1	1	1	1	1
1	1	1	0	1
1	1	0	1	1
1	1	0	0	1
1	0	1	1	1
1	0	1	0	1
1	0	0	1	1
1	0	0	0	1
0	1	1	1	1
0	1	1	0	1
0	1	0	1	1
0	1	0	0	0
0	0	1	1	
0	0	1	0	
0	0	0	1	
0	0	0	0	

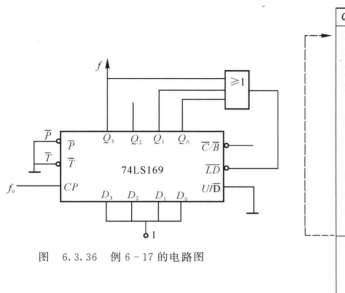

图　6.3.36　例 6-17 的电路图

例 6-18　利用 74LS169 设计减法计数器,要求当 $Y=0$ 时是 8421 码十一进制减法计数;当 $Y=1$ 时,是七进制减法计数。

解　减法计数器当减到 $Q_3Q_2Q_1Q_0=0000$ 时,再来一个计数脉冲就要预置数。

十一进制要预置 $D_3D_2D_1D_0=1010$,七进制预置 $D_3D_2D_1D_0=0110$,见表 6.3.25。由表可得出 $D_3=\overline{Y}$,$D_2=Y$,$D_1=1$,$D_2=0$,电路图如图 6.3.38 所示。

表 6.3.25　例 6-18 用表

Y	预　置　数			
	D_3	D_2	D_1	D_0
0	1	0	1	0
1	0	1	1	0

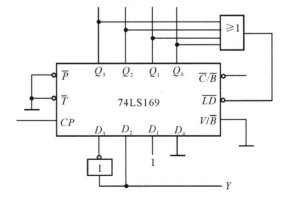

图 6.3.37　例 6-18 的电路图

当减到 $Q_3Q_1Q_1Q_0=0000$ 时，使 $\overline{LD}=Q_3+Q_2+Q_1+Q_0=0$，再来一个计数脉冲就预置，若 $Y=0$ 就预置 1010，若 $Y=1$ 就预置 0110。

6.4　寄　存　器

寄存器是由若干个触发器组成的，每个触发器可存放一位二进制码。在数字系统中，常用寄存器存放指令、数据等信息。寄存器有若干种，有并行输入和串行输入，输出也有并行输出和串行输出，还有移位寄存器，等等。

6.4.1　并行输入并行输出寄存器

由 4 个 D 触发器组成的四位寄存器如图 6.4.1 所示，被寄存器的数 $X_4X_3X_2X_1$ 是输入，寄存指令就是同步触发脉冲 CP。

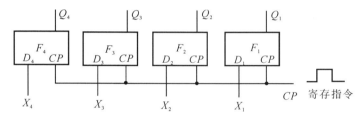

图 6.4.1　四位并行输入并行输出寄存器的逻辑图

驱动方程：　　　　$D_1=X_1;D_2=X_2;D_3=X_3;D_4=X_4$

通式为　　　　　　$D_i=X_i$　（$i=1$，2，3，4）

状态方程：　$Q_1^{n+1}=X_1;Q_2^{n+1}=X_2;Q_3^{n+1}=X_3;Q_4^{n+1}=X_4$

通式为　　　　　　$Q_i^{n+1}=X_i$　（$i=1$，2，3，4）

来一个寄存指令，即当一个 CP 到来时，则四个触发器 Q 端的状态为

$$Q_4Q_3Q_2Q_1=X_4X_3X_2X_1$$

它可使四位输入同时存入，叫并行输入，在下一次存新数以前，这个数一直保持在寄存器中，输出 $Q_4Q_3Q_2Q_1$ 四位可同时向外输出，叫并行输出。

6.4.2　移位寄存器

1. 单向移位寄存器

由 4 个 JK 触发器构成的单向移位寄存器如图 6.4.2 所示，图中的 X_i 是要存入的一位数码，是串行输入。CP 是移位触发脉冲。

驱动方程：

$$\begin{cases} J_1 = X_i \\ K_1 = \overline{X}_i \end{cases}; \begin{cases} J_2 = Q_1 \\ K_2 = \overline{Q}_1 \end{cases}; \begin{cases} J_3 = Q_2 \\ K_3 = \overline{Q}_2 \end{cases}; \begin{cases} J_4 = Q_3 \\ K_4 = \overline{Q}_3 \end{cases}$$

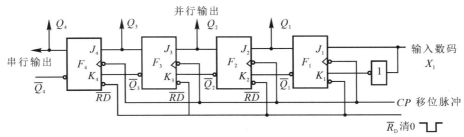

图 6.4.2　单向移位寄存器的逻辑图

状态方程：　$Q_1^{n+1} = X_I \overline{Q}_1 + X_I Q_1 = X_I$

$\qquad\qquad Q_2^{n+1} = Q_1 \overline{Q}_2 + Q_1 Q_2 = Q_1$

$\qquad\qquad Q_3^{n+1} = Q_2$

$\qquad\qquad Q_4^{n+1} = Q_3$

状态方程中等号右边的各变量均是触发前的值，也可省去上角标 n。

首先给清零端 $\overline{R}_D$ 加一个负脉冲，寄存器清零，这时 $Q_4 Q_3 Q_2 Q_1 = 0000$。要存的四位数码为 $X_4 X_3 X_2 X_1$，工作过程如下：

将 X_4 加到串行输入端 X_I 处，第一个移位脉冲过后，利用状态方程可求出

$$Q_4 Q_3 Q_2 Q_1 = 000X_4$$

将 X_3 加到 X_I 处，第二个移位脉冲过后，同样利用状态方程可求出

$$Q_4 Q_3 Q_2 Q_1 = 00X_4 X_3$$

将 X_2 加到 X_I 处，第三个移位脉冲过后

$$Q_4 Q_3 Q_2 Q_1 = 0X_4 X_3 X_2$$

再将 X_1 加到 X_I 处，第四个移位脉冲过后

$$Q_4 Q_3 Q_2 Q_1 = X_4 X_3 X_2 X_1$$

这样经过 4 个移位脉冲，就将串行输入的 4 个数码存入寄存器中，$Q_4 Q_3 Q_2 Q_1$ 可并行输出。如果再连续来 4 个移位脉冲，$X_4 X_3 X_2 X_1$ 又可从 Q_4 端串行输出。在通信、信号传送等设备中常用到串行输入、串行输出这种形式。

2. 双向移位寄存器

(1)中规模集成电路 74198。中规模集成电路 74198 符号图如图 6.4.3 所示，它是一个既可左移又可右移的双向移位的八位寄存器，内部电路省略，$D_7 D_6 D_5 D_4 D_3 D_2 D_1 D_0$ 是八位并行输入端，$Q_7 Q_6 Q_5 Q_4 Q_3 Q_2 Q_1 Q_0$ 是八位并行输出端，$\overline{R}_D$ 为异步清零端，$M_A M_B$ 为工作状态使能端，其功能见表 6.4.1。

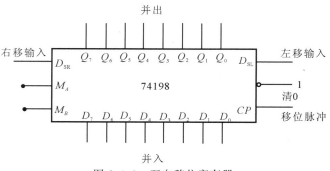

图 6.4.3　双向移位寄存器

表 6.4.1　双向移位寄存器的功能表

$\overline{R}_D$	M_A	M_B	CP	功　能
0	$\times$	$\times$	$\times$	清　零
1	0	0	$\times$	保　持
1	0	1	$\uparrow$	左　移
1	1	0	$\uparrow$	右　移
1	1	1	$\uparrow$	并行输入

例 6-19　由双向移位寄存器组成的电路如图 6.4.4(a)所示。CP，M_A 和 M_B 的对应波形如图 6.4.4(b)所示，试分析在第 5 个 CP 脉冲到来后寄存器中为何值，即求 $Q_7Q_6Q_5Q_4Q_3Q_2Q_1Q_0$ 的值。

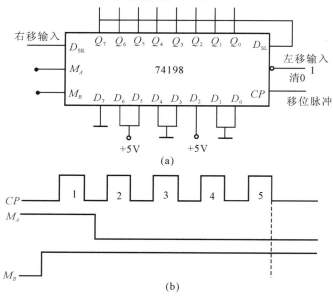

图 6.4.4　例 6-19 图

解 第 1 个 CP 脉冲到来时,$M_A M_B = 11$,从 74198 的功能表可知这是并行输入寄存状态,这时 $Q_7 Q_6 Q_5 Q_4 Q_3 Q_2 Q_1 Q_0 = 01100100$。

第 2 个脉冲到来时,$M_A M_B = 01$,为左移工作状态,由于 $Q_7 = D_{SL}$,这时 $Q_7 Q_6 Q_5 Q_4 Q_3 Q_2 Q_1 Q_0 = 11001000$。

第 3 个 CP 脉冲过后 $Q_7 Q_6 Q_5 Q_4 Q_3 Q_2 Q_1 Q_0 = 10010001$。

第 4 个 CP 脉冲过后 $Q_7 Q_6 Q_5 Q_4 Q_3 Q_2 Q_1 Q_0 = 00100011$。

第 5 个 CP 脉冲过后 $Q_7 Q_6 Q_5 Q_4 Q_3 Q_2 Q_1 Q_0 = 01000110$。

(2)双向移位寄存器 74LS194。74LS194 是中规模集成电路 4 位双向移位寄存器,其除了有右移功能外,还有左移功能。74LS194 的逻辑符号如图 6.4.5 所示,功能表见表 6.4.2。从功能表中可以看出,$M_0 M_1$ 为功能选择,当 $M_0 M_1 = 00$ 时,触发器保持原态,当 $M_0 M_1 = 01$ 且 CP 上升沿到达时,电路执行右移移位寄存功能,Q_0 接收 D_{SR} 串行输入数据;当 $M_0 M_1 = 10$ 且 CP 上升沿到达时,Q_3 接收 D_{SL} 串行输入数据 $M_0 M_1 = 11$ 且 CP 上升沿到达时,电路执行并行输入功能,Q_0,Q_1,Q_2,Q_3 接收并行输入数据 d_0,d_1,d_2,d_3。

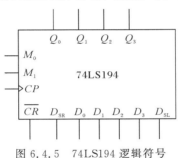

图 6.4.5 74LS194 逻辑符号

表 6.4.2 例 6-19 的 74LS194 功能表

输入										输出				功能
$\overline{CR}$	M_0	M_1	CP	D_{SL}	D_{SR}	D_0	D_1	D_2	D_3	Q_0	Q_1	Q_2	Q_3	
0	×	×	×	×	×	×	×	×	×	0	0	0	0	清除
1	0	0	×	×	×	×	×	×	×	Q_0^n	Q_1^n	Q_2^n	Q_3^n	保持
1	0	1	↑	×	1	×	×	×	×	1	Q_0^n	Q_1^n	Q_2^n	右移
1	0	1	↑	×	0	×	×	×	×	0	Q_0^n	Q_1^n	Q_2^n	
1	1	0	↑	1	×	×	×	×	×	Q_1^n	Q_2^n	Q_3^n	1	左移
1	1	0	↑	0	×	×	×	×	×	Q_1^n	Q_2^n	Q_3^n	0	
1	1	1	↑	×	×	d_0	d_1	d_2	d_3	d_0	d_1	d_2	d_3	送数

6.4.3 移位寄存器型计数器

1. 环形计数器

四位环形计数器的电路如图 6.4.6 所示。

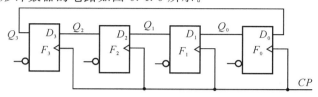

图 6.4.6 四位环形计数器

将移位寄存器首尾相连,即 $D_0 = Q_3$,当连续不断地输入时钟脉冲 CP 时,在寄存器里的数据就循环左移,如果初始状态 $Q_3Q_2Q_1Q_0 = 1000$,在时钟脉冲作用下电路的状态将按图 6.4.7 所示的顺序变化。

这个电路是不能自启动的电路。将上述电路加上反馈逻辑电路,就能达到自启动的目的,电路如图 6.4.8 所示。

环形计数器的突出优点是电路结构简单,而且有效循环的每个状态中只含一个 1(或 0),这样可以直接以各个触发器输出的 1 状态表示电路的一个状态,不需要另外再加译码电路。

环形计数器的主要缺点是没有充分利用电路的状态,这显然是一种浪费。

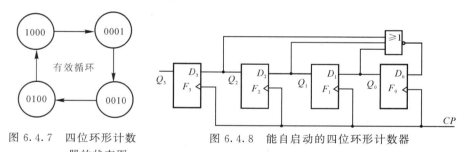

图 6.4.7 四位环形计数
器的状态图

图 6.4.8 能自启动的四位环形计数器

2. 扭环形计数器

为了提高状态利用率,又做成了扭环形计数电路,如图 6.4.9 所示。四位扭环形计数器状态转换图如图 6.4.10 所示。

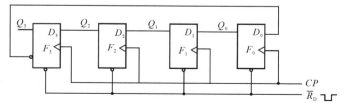

图 6.4.9 扭环形计数电路

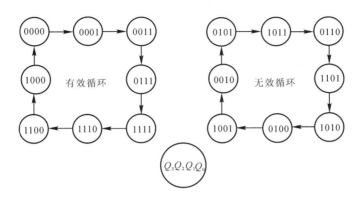

图 6.4.10　四位扭环形计数器状态转换图

虽然扭环形计数器的状态数利用率提高了,但还有一半没有利用。而且这个电路是不能自启动的,再改进成能自启动的电路,如图 6.4.11 所示。

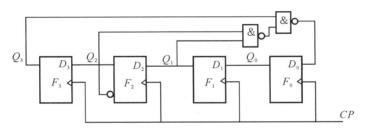

图 6.4.11　能自启动的四位扭环形计数器

其状态转换图如图 6.4.12 所示。

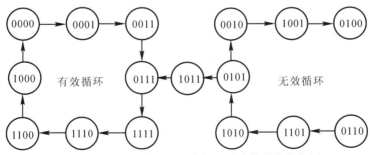

图 6.4.12　能自启动的四位扭环形计数器的状态图

从扭环形计数器的有效循环状态图中可看出,在电路每次状态转换时只有一个触发器改变状态,因而在将电路状态译码时不会产生竞争冒险现象。

例 6-20　用四位右移移位寄存器 74LS195 做成扭环形计数器,如图 6.4.13 所示,74LS195 的功能表见表 6.4.3。当 $SH/\overline{LD}=1$ 时,Q_0 接收 $J,\overline{K}$ $(J=\overline{K})$ 的串行输入并向左移位。

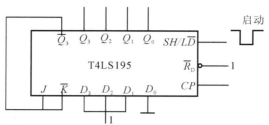

图 6.4.13 例 6-20 的电路图

表 6.4.3 例 6-20 的 74LS195 功能表

$\overline{CR}$	$SH/\overline{LD}$	CP	J	$\overline{K}$	D_0	D_1	D_2	D_3	Q_0	Q_1	Q_2	Q_3	$\overline{Q_3}$
0	$\times$	$\times$	$\times$	$\times$	$\times$	$\times$	$\times$	$\times$	0	0	0	0	1
1	0	$\uparrow$	$\times$	$\times$	d_0	d_1	d_2	d_3	d_0	d_1	d_2	d_3	$\overline{d_3}$
1	1	$\uparrow$	0	1	$\times$	$\times$	$\times$	$\times$	Q_0^n	Q_0^n	Q_1^n	Q_2^n	$\overline{Q_2^n}$
1	1	$\uparrow$	0	0	$\times$	$\times$	$\times$	$\times$	0	Q_0^n	Q_1^n	Q_2^n	$\overline{Q_2^n}$
1	1	$\uparrow$	1	0	$\times$	$\times$	$\times$	$\times$	$\overline{Q_0^n}$	Q_0^n	$0\ Q_1^n$	Q_2^n	$\overline{Q_2^n}$
1	1	$\uparrow$	1	1	$\times$	$\times$	$\times$	$\times$	1	Q_0^n	Q_1^n	Q_2^n	$\overline{Q_2^n}$

启动负脉冲过后

$$Q_3 Q_2 Q_1 Q_0 = D_3 D_2 D_1 D_0 = 1110$$
$$\overline{Q_3} = 0, \quad J = \overline{K} = 0$$

第一个触发脉冲 CP 上跳后，$Q_3 Q_2 Q_1 Q_0 = 1100$；

第二个触发脉冲 CP 上跳后，$Q_3 Q_2 Q_1 Q_0 = 1000$；

第三个触发脉冲 CP 上跳后，$Q_3 Q_2 Q_1 Q_0 = 0000$，这时 $\overline{Q_3} = J = \overline{K} = 1$；

第四个触发脉冲 CP 上跳后，$Q_3 Q_2 Q_1 Q_0 = 0001$；

⋮

状态表见表 6.4.4。

6.4.4 例 6-20 的状态转换表

CP	Q_3	Q_2	Q_1	Q_0
0	1	1	1	0
1	1	1	0	0
2	1	0	0	0
3	0	0	0	0
4	0	0	0	1
5	0	0	1	1
6	0	1	1	1
7	1	1	1	1
8	1	1	1	0

6.5　序列信号发生器

序列信号发生器是能够循环产生一组或多组 0、1 序列信号的数字电路。一般情况下,它是由时序电路和组合电路组成的,时序电路保证序列信号长度,组合电路产生所需序列信号。产生序列信号的电路称为序列信号发生器。根据结构的不同,序列信号发生器可分为反馈移存型和计数型两种。

6.5.1　移存型序列信号发生器

1. 移存型序列信号发生器的原理

例 6 - 21　分析图 6.5.1 所示的时序逻辑电路。

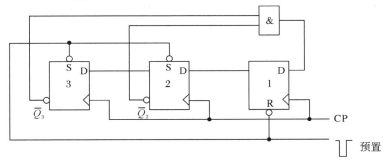

图 6.5.1　例 6 - 22 的逻辑图

解　由图可见,各级触发器的特征方程为

$$Q_1^{n+1} = [\overline{Q_2}\ \overline{Q_3}]CP \uparrow$$
$$Q_2^{n+1} = [Q_1]CP \uparrow$$
$$Q_3^{n+1} = [Q_2]CP \uparrow$$

由特征方程列出状态转换表,见表 6.5.1。

表 6.5.1　例 6 - 21 的状态转换表

Q_3	Q_2	Q_1	Q_3^{n+1}	Q_2^{n+1}	Q_1^{n+1}
1	1	0	1	0	0
1	0	0	0	0	0
0	0	0	0	0	1
0	0	1	0	1	1
0	1	1	1	1	0

由表 6.5.1 可见,在 CP 脉冲的作用下,Q_3 输出为 11000 循环序列,Q_2 输出为 10001 循环序列,Q_1 输出为 00011 循环序列。这三个循环序列是 1 和 0 排列相同的序列,仅是起始位不同而已。由于它由 5 位数码构成,称为循环长

度 $M=5$,或序列长度为 5,由以上分析可知图 6.5.1 所示为一个循环长度 $M=5$ 的移存型序列信号发生器。它由移位寄存器和组合电路两部分构成。

2. 移存型序列信号发生器设计

移存型序列信号发生器是以移位寄存器作为主要存储部件的,因此要将给定的长度为 M 的序列信号按移存规律组成 M 个状态,完成状态转换。然后求出移位寄存器的串行输入激励函数,就可构成该序列信号产生电路。

例 6 - 22 设计产生序列信号为 00011101,00011101,…的发生器电路。

解 根据给定序列信号的循环长度 $M=8$,因此确定移位寄存器的位数 $n=3$。为此,按序列信号三位一组划分,构成 8 个状态的循环,见表 6.5.2。

表 6.5.2 **例 6 - 22 的循环表**

序列信号 0 0 0 1 1 1 0 1 0 0 0 0 1 1 1 0 1 ——			
0	0	0	S_0
0	0	1	S_1
0	1	1	S_2
1	1	1	S_3
1	1	0	S_4
1	0	1	S_5
0	1	0	S_6
1	0	0	S_7

由于状态转换符合移存规律,所以只需设计输入第一级的激励信号。选用 74LS195 的 Q_2,Q_1,Q_0 三级进行讨论。首先列出 $SH/\overline{LD}=1$ 时 $Q_2Q_1Q_0$ 的状态转换表,见表 6.5.3。

表 6.5.3 **例 6 - 22 状态转换表**

Q_2	Q_1	Q_0	Q_2^{n+1}	Q_1^{n+1}	Q_0^{n+1}
0	0	0	0	0	1
0	0	1	0	1	1
0	1	0	1	0	0
0	1	1	1	1	1
1	0	0	0	0	0
1	0	1	0	1	0
1	1	0	1	0	1
1	1	1	1	1	0

由表 6.5.3 可见

$$Q_1^{n+1} = [Q_0]CP \uparrow$$

$$Q_2^{n+1} = [Q_1]CP \uparrow$$

只需设计 $Q_0^{n+1} = [J\,\overline{Q_0} + \overline{K}Q_0]CP\uparrow$，令 $J = \overline{K}$，得出 $Q_0^{n+1} = J = \overline{K}$

用 4 选 1 数据选择器实现 $J = \overline{K}$ 的过程如图 6.5.2 所示。

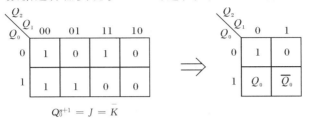

$$Q_0^{n+1} = J = \overline{K}$$

图 6.5.2　$Q_0^{n+1} = J = \overline{K}$ 的卡诺图

用 74LS195 移位寄存器和 4 选 1 数据选择器实现的序列信号发生器逻辑电路如图 6.5.3 所示。

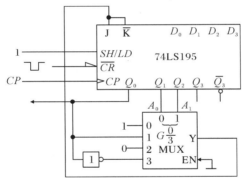

图 6.5.3　例 6-22 的逻辑图

例 6-23　设计产生序列信号为 $00001111, 00001111, \cdots$ 的序列信号发生器。

解　根据给定序列循环长度 $M=8$，因此移位寄存器的位数 $n=3$，为此，按照序列信号三位一组的划分，得到状态划分及转换表，见表 6.5.4。

表 6.5.4　例 6-23 循环表

序列信号			
0	0	0	S_0
0	0	0	S_1
0	0	1	S_2
0	1	1	S_3
1	1	1	S_4
1	1	1	S_5
1	1	0	S_6
1	0	0	S_7

序列信号 0 0 0 0 1 1 1 1 0 0 0 0 1 1 1 1

从表 6.5.4 可以看出，S_0 和 S_1 两个状态均为 000，S_4 和 S_5 两个状态均为 111，所以用三位移位寄存器不能产生所需的序列信号，必须增加位数，重新进行状态划分，取 $n=4$，得到状态划分及状态转换表见表 6.5.5。在这个表中，没有相同的状态，可以用 4 位移位寄存器实现，选用 74LS195，列出 $SH/\overline{LD}$ =1 时 $Q_3Q_2Q_1Q_0$ 的状态转换表，见表 6.5.6。

表 6.5.5   例 6 - 23 的状态转换表(1)

序列信号 0000111100001111	0	0	0	0	S_0
	0	0	0	1	S_1
	0	0	1	1	S_2
	0	1	1	1	S_3
	1	1	1	1	S_4
	1	1	1	0	S_5
	1	1	0	0	S_6
	1	0	0	0	S_7

表 6.5.6   例 6 - 23 的状态转换表(2)

Q_3	Q_2	Q_1	Q_0	Q_3^{n+1}	Q_2^{n+1}	Q_1^{n+1}	Q_0^{n+1}
0	0	0	0	0	0	0	1
0	0	0	1	0	0	1	1
0	0	1	1	0	1	1	1
0	1	1	1	1	1	1	1
1	1	1	1	1	1	1	0
1	1	1	0	1	1	0	0
1	1	0	0	1	0	0	0
1	0	0	0	0	0	0	0

由表 6.5.6 可见

$$Q_1^{n+1} = [Q_0]CP \uparrow$$
$$Q_2^{n+1} = [Q_1]CP \uparrow$$
$$Q_3^{n+1} = [Q_2]CP \uparrow$$

只需设计 Q_0^{n+1} ，令 $Q_0^{n+1} = J = \overline{K}$ ，画出 Q_0^{n+1} 的卡诺图，如图 6.5.4(a)所示，可求出 $J = \overline{K} = \overline{Q_3}$ ，从而画出 00001111 序列信号发生器的逻辑电路图如图 6.5.4(b)所示。

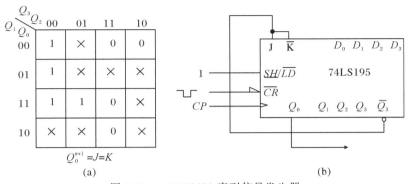

图 6.5.4　00001111 序列信号发生器

6.5.2　计数型序列信号发生器

移存型序列信号发生器只能产生一组序列信号,如果需要同时产生多组序列信号,可采用计数型序列信号发生器。

计数型序列信号发生器是在计数器的基础上加上适当的组合网络构成的。因此,要求实现序列长度为 M 的计数型序列信号发生器,首先应设计一个模 M 的计数器,然后按计数器的状态转换关系和序列信号的要求,设计出输出组合网络。

例 6 - 24　设计产生序列信号 1101000101,1101000101,⋯的计数型序列信号发生器电路。

解　由于给定的序列长度 $M=10$,故先用 74LS161 设计一个模 10 的计数器。利用 74LS161 的 $\overline{LD}$ 作预置端,对后十个状态,即 0110∼1111,令其中每一个状态的输出符合给定序列的要求,列出其真值表见表 6.5.7,对应的输出卡诺图如图 6.5.5(a)所示。由于采用 8 选 1 数据选择器实现,需要将 F 的卡诺图降维。电路图如图 6.5.5(b)所示。

表 6.5.7　F 的真值表

Q_3	Q_2	Q_1	Q_0	F
0	1	1	0	1
0	1	1	1	1
1	0	0	0	0
1	0	0	1	1
1	0	1	0	0
1	0	1	1	0
1	1	0	0	0
1	1	0	1	1
1	1	1	0	0
1	1	1	1	1

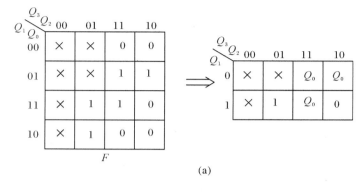

(a)

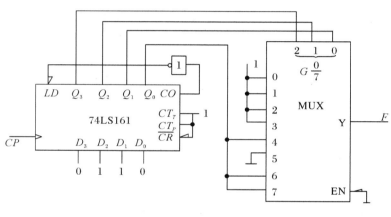

(b)

图 6.5.5 例 6-24 设计过程

(a)F 的卡诺图；(b)逻辑图

例 6-25 设计能同时产生两组代码的序列信号发生器,这两组代码分别是

$$F_1 = 110101, 110101, \cdots$$

$$F_2 = 010110, 010110, \cdots$$

解 由于给定的序列长度 M 均为 6,故先用 74LS90 构成 8421 码的六进制计数器,计数从 000~101。利用 110 来反馈置 0,令其中每一个状态的输出均符合 F_1, F_2 给定序列的要求,列出真值表,见表 6.5.8,在此用一片 3 线-8 线译码器和与非门实现输出组合逻辑。

表 6.5.8　例 6 - 25 真值表

Q_2	Q_1	Q_0	F_1	F_2
0	0	0	1	0
0	0	1	1	1
0	1	0	0	0
0	1	1	1	1
1	0	0	0	1
1	0	1	1	0

由表 6.5.8 可得

$$F_1 = m_0 + m_1 + m_3 + m_5 = \overline{\overline{m_0} \cdot \overline{m_1} \cdot \overline{m_3} \cdot \overline{m_5}}$$

$$F_2 = m_0 + m_1 + m_4 = \overline{\overline{m_0} \cdot \overline{m_1} \cdot \overline{m_4}}$$

最后画出逻辑电路图,如图 6.5.6 所示。

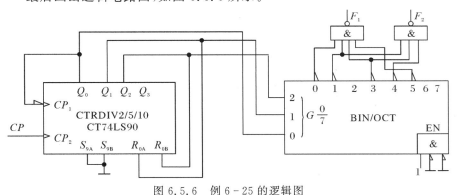

图 6.5.6　例 6 - 25 的逻辑图

小　　结

（1）时序逻辑电路中既有组合逻辑电路又有存储器件或反馈延迟电路。时序电路的输出状态不仅取决于当时的输入信号,而且还与电路的原来状态有关。所谓当前状态与原来状态是以时间顺序而言的,而时间顺序又以时钟脉冲为基准。

（2）触发器是时序逻辑电路的基本存储器件,触发器的特性方程是一个很重要的逻辑函数。此外,在时序逻辑电路的分析和设计中常用的逻辑函数还有驱动方程、输出方程和状态方程。

（3）常用的时序逻辑电路有各种触发器、锁存器、寄存器和各类计数器等,这些电路既有 TTL 型的,也有 CMOS 型的,可根据需要去选用。

（4）时序逻辑电路的工作方式有同步式和异步式的,在分析和设计上两者略有差异。

（5）本书中列举了一些中规模集成数字电路，重点在电路外部逻辑功能的应用上，应用时可查阅有关手册，以便选取最合适的电路。

习　题　六

6.1 由 3 个 D 触发器组成的同步时序电路如图题 6.1 所示，试分析其逻辑功能，并作出全状态转换图。（初态 $Q_2Q_1Q_0=000$）

6.2 由 4 个 JK 触发器组成的异步时序电路如图题 6.2 所示，试分析电路的逻辑功能，并求出输出端 Q_3 的频率 f_{Q_3} 与时钟脉冲 CP 的频率 f_{CP} 的关系。

6.3 由 3 个 JK 触发器构成的同步时序电路如图题 6.3 所示，以 CP 为输入，以 Q_2，Q_1，Q_0 为输出，初态 $Q_2Q_1Q_0=000$，试分析其逻辑功能，并作出全状态转换图。

6.4 由可预置数的四位同步二进制加法计数器 74LS161 组成的电路如图题 6.4 所示。$\overline{R}_D$ 端为异步清零端，当 $\overline{R}_D=0$ 时，输出端 $Q_3Q_2Q_1Q_0=0000$，试分析电路的功能。

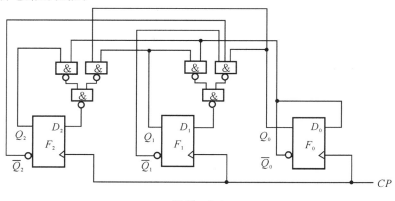

图题　6.1

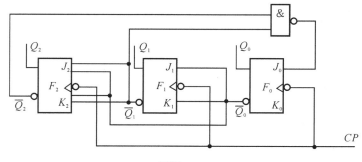

图题　6.2

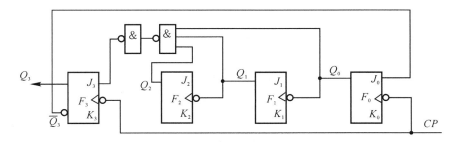

图题　6.3

6.5　由可预置数的四位同步二进制加法计数器 74LS163 组成的电路如图题 6.5 所示。$\overline{R}_D$ 同步清零端,当 $\overline{R}_D=0$ 时,当下一个计数脉冲 CP 到来时,输出端 Q_3,Q_2,Q_1,Q_0 才均回零,其他端功能与 74LS161 一样。试分析该电路是几进制计数器。

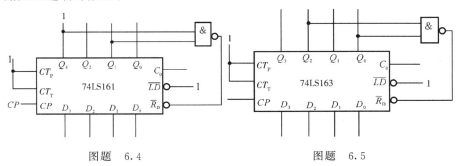

图题　6.4　　　　　　　　　　图题　6.5

6.6　由 74LS163 组成的电路如图题 6.6 所示,试分析当 $X=1$ 时,以 Q_3,Q_2,Q_1,Q_0 为输出,是何种计数功能;当 $X=0$ 时,以 Q_3 为输出,是何种分频功能;输出矩形波的占空比是何值。

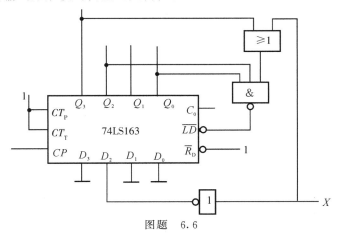

图题　6.6

6.7 由 74LS169 组成的电路如图题 6.7 所示,试分析当 $Y=1$ 和 $Y=0$ 时分别是完成何种计数功能。

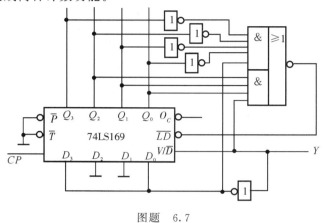

图题 6.7

6.8 由两个十进制同步加法计数器 74LS160 组成的计数电路如图题 6.8 所示,74LS160 各接线端的功能与 74LS161 相同,其进位输出端在计数到 $Q_3Q_2Q_1Q_0=1001$ 时,再来一个 CP 全部回零时,C 产生一个下跳进位。试分析该电路是几进制计数器。

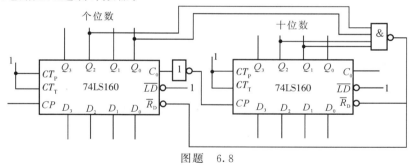

图题 6.8

6.9 由二-五-十进制计数器 74LS90 组成的电路如图题 6.9 所示,初态 $Q_3Q_2Q_1Q_0=0000$,试分析其逻辑功能。

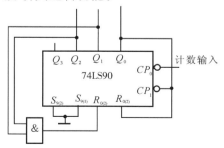

图题 6.9

6.10 由四位二进制可逆计数器 74LS169 组成的电路如图题 6.10 所示,计数脉冲信号的频率 $f_{CP} = 3\,600$ Hz,以 Q_3 为输出,试求 Q_3 的频率 f_{Q_3} 和其波形的占空比 K。

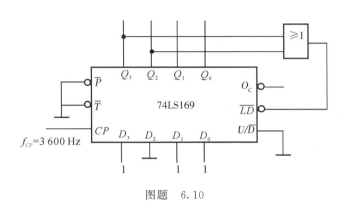

图题 6.10

6.11 用 D 触发器设计一个 421 码同步六进制减法计数器。

6.12 用 D 触发器设计一个 8421 码同步九进制加法计数器。

6.13 用 JK 触发器设计一个 421 码同步七进制加法计数器。

6.14 用 JK 触发器设计一个 8421 码同步十二进制减法计数器。

6.15 用四位同步二进制加法计数器 74LS161 设计中 8421 码的九进制加法计数器。

6.16 用四位同步二进制加法计数器 74LS163 设计中 8421 码的十一进制加法计数器。

6.17 用可预置数的四位同步二进制可逆计数器 74LS169 设计一个计数器,当 $Y = 0$ 时,是 8421 码八进制减法计数器,当 $Y = 1$ 时,是 8421 码减法计数器。

6.18 给定频率 $f_0 = 4\,800$ Hz 的方波,试用 74LS163 分频,欲得到频率 $f = 400$ Hz 占空比 $K = \dfrac{1}{6}$ 的矩形波。

6.19 分析图题 6.19 所示电路为几进制计数器,列出状态转换表。74LS194 为双向移位寄存器。

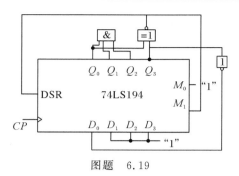

图题 6.19

6.20 用移位寄存器 74LS195 和 4 选 1 数据选择器设计序列信号发生器,要求产生序列信号为 1111001000。

第7章　脉冲信号的产生与整形电路

在数字系统中,常常需要不同宽度、不同幅值和不同波形的脉冲信号,通常可采用脉冲信号产生电路或通过变换电路对已有的信号进行变换,从而获得需要的脉冲波形,以满足实际系统的要求。

本章将介绍用于脉冲产生、整形和定时的几种基本单元电路,比如单稳态触发器、多谐振荡器、施密特触发器及 555 定时器等。

7.1　单稳态触发器

第 5 章介绍过的 RS 触发器、D 触发器和 JK 触发器均有两个稳定状态,而单稳态触发器只有一个稳定状态,无触发时,电路处于稳定状态。电路受到触发时就转入暂态,经过一段时间电路又自动返回稳定状态,暂态的维持时间由电路的元件参数决定。

7.1.1　微分型单稳态触发器

1. 电路的组成与工作原理

单稳态触发器可由与非门构成(见图 7.1.1),也可由或非门组成(见图 7.1.2)。两个门之间是由 RC 微分电路耦合的单稳态电路叫微分型单稳。下面以 CMOS 或非门组成的单稳态触发器(见图 7.1.2)为例来说明其工作原理,为了便于分析,就认为理想化的 CMOS 或非门的开门电平和关门电平相等,并统称为阈值电压 U_{TH},且 $U_{TH} = \frac{1}{2}U_{DD}$ 而输出高电平 $U_{OH} \approx U_{DD}$,输出低电平 $U_{OL} \approx 0$ 。

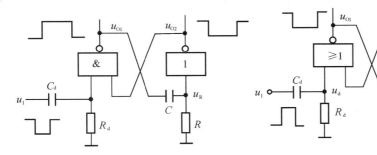

图 7.1.1　由与非门构成的微分　　图 7.1.2　由或非门构成的微分
　　　　　　型单稳态电路　　　　　　　　　　型单稳态电路

（1）稳态。无触发时 $u_I = 0$（低电平），非门的输入端经电阻 R 接电源 $+U_{DD}$，电位 $u_R = +U_{DD}$，则 $u_{O2} = 0$，$u_{O1} = +U_{DD}$。电容 C 上的电压 $u_C = U_{DD} - u_{O1} = 0$，在触发信号来到以前，电路一直保持这种状态。

（2）暂态。外部触发信号 u_I 上跳为高电平，经 C_dR_d 微分电路产生的 u_d 正脉冲触发单稳使之进入暂态，$u_{O1} \approx 0$，如图 7.1.3 所示，由于电容 C 上的电压不能突变，电位 u_R 被电容带动而近似为 0，故 $u_{O2} = 1$，触发后外部触发信号 u_d 回低电平，电路可由 u_{O2} 也维持这种暂态。在暂态期间电容 C 要经过 $+U_{DD}$ → R → C → u_{O1} 通路充电，则电位 u_R 随之上升。对应波形如图 7.1.3 所示。

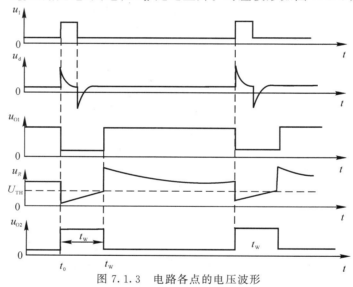

图 7.1.3 电路各点的电压波形

（3）由暂态自动返回稳态。电位 u_R 随电容 C 充电而上升，当 u_R 上升到阈值电压 U_{TH} 时，电路又翻转回到稳态，$u_{O2} = 0$，$u_{O1} = 1$。因 u_{O1} 上跳经电容 C 带动 u_R 也上跳，形成正反馈，更有利于电路迅速翻转回到稳态。然后电容 C 经过放电，也就是经过恢复时间 t_{re} 后才能接受下一次触发。每触发一次 u_{O2} 就输出一个脉宽为 t_W 的正脉冲，u_{O1} 则输出一个脉宽相同的负脉冲，如图 7.1.3 所示。

2. 输出脉宽 t_W 和恢复时间 t_{re} 的计算

（1）输出脉宽 t_W 的计算。输出脉宽 t_W 是由 RC 充电回路来决定的，要计算电容上任一时刻的电压值，必须知道电容电压的初始值、充放电的时间常数和时间趋于无穷大时电容上电压最终趋向的电压值，常称这 3 个值为"三要素"。假定本电路在 $t_0 = 0$ 时触发，触发后的瞬间 $t = 0^+$，电容上的电压为 $u_C(0^+)$

$$u_C(0^+) = u_C(0)) \approx 0$$

电容充电最终值趋向电源电压 U_{DD},故有

$$u_C(\infty) \approx u_R(\infty) = U_{DD}$$

充电时间常数为 $\tau = RC$,知道这三要素便可利用如下的通用公式,求出任何时间 t 的电容上的电压值 $u_C(t)$

$$u_C(t) = u_C(\infty) + [u_C(0^+) - u_C(\infty)]e^{-t/\tau}$$

在暂态期间,$u_{O1} \approx 0$,则 $u_C \approx u_R$,也就是

$$u_R(t) = u_R(\infty) + [u_C(0^+) - u_C(\infty)]e^{-t/RC}$$

当 $u_R = U_{TH}$ 时电路的暂态结束,用的时间 $t = t_w$,并将三要素代入即有

$$u_R(t_w) = U_{DD} + [0 - U_{DD}]e^{-t_w/RC} = U_{TH}$$

解出
$$t_w = RC\ln\frac{U_{DD}}{U_{DD} - U_{TH}}$$

如果 $U_{TH} \approx \frac{1}{2}U_{DD}$,则有 $t_w \approx 0.7RC$。

(2)恢复时间 t_{re} 的计算。单稳态电路回到稳态后电容要放电,放完电方可进行下一次触发。放电时间通常大约为 $(3\sim5)\tau$ 就认为放电基本完成,τ 为放电电路的时间常数,所以

$$t_{re} = (3\sim5)\tau = (3\sim5)RC$$

由于 CMOS 门电路的输入端有保护二极管(在集成电路内部),提高了放电速度,使得恢复时间缩短为

$$t_{re} = (3\sim5)R_OC$$

式中:R_O 为或非门的输出电阻。

如果单稳态电路是如图 7.1.1 所示的形式,是由 TTL 与非门构成的,电阻 R 要满足 $R < R_{OFF}$(关门电阻),那么输入电路的电阻 R_d 应满足 $R_d > R_{ON}$(开门电阻)。该电路的暂稳时间 t_w 为

$$t_w \approx RC\ln\frac{U_{OH}}{U_{TH}} = RC\ln\frac{3.6}{1.4} = 0.9RC$$

式中:U_{OH} 为 TTL 为非门输出高电平;U_{TH} 为阈值电压。

7.1.2　积分型单稳态触发器

以 CMOS 或非门组成的积分型单稳态触发器为例,如图 7.1.4 所示。两个门之间由 RC 积分电路耦合的单稳态电路叫积分型单稳。其工作原理简述如下:

(1)稳态。输入 u_I 为高电平,$u_{O1} = 0$,$u_{I2} = 0$,$u_{O2} = 0$。这时电容 C 上的压降 $u_C = U_{DD} - u_{I2} = U_{DD}$。触发之前就保持这种状态。

(2)暂态。输入 $u_I = 0$(下跳),单稳电路被触发,$u_{O1} = U_{DD}$,由于电容上的 u_C 不能突变,故 u_{I2} 仍保持 0,$u_{I2} = 1$,于是电容 C 经过电阻 R 开始放电,u_{I2} 的

电位随之上升,当 $u_{I2}=U_{TH}$ 时,$u_{O2}=0$,则暂态结束。由于电路中无正反馈,故在暂态期间触发信号 u_1 的低电平不能撤消,否则输出脉宽不能由 RC 控制。暂态结束后,触发信号撤消,$u_I=1$,电容又充电达到 $u_C \approx U_{DD}$,过了这段恢复时间后方可下次触发。对应波形如图 7.1.5 所示。脉宽时间 t_w 由下式决定:

$$t_w \approx 0.7RC$$

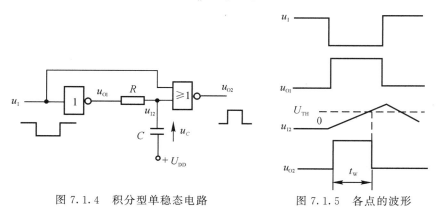

图 7.1.4　积分型单稳态电路　　　　图 7.1.5　各点的波形

由 TTL 与非门组成的积分型单稳态触发器和各电压对应的波形如图 7.1.6 和图 7.1.7 所示。

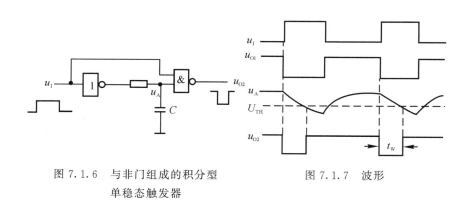

图 7.1.6　与非门组成的积分型　　　图 7.1.7　波形
　　　　　单稳态触发器

输出脉冲宽度 t_w 用下式估算

$$t_w = RC\ln\frac{U_{OL}-U_{OH}}{U_{OL}-U_{TH}} = RC\ln\frac{0.3-3.6}{0.3-1.4} = 1.1RC$$

积分型单稳与微分型单稳相比,积分型单稳具有抗干扰能力较强的优点。因为数字电路中的噪声多为尖峰脉冲形式(幅度大而脉宽窄),对积分电路影响不大。

积分型单稳的缺点是输出波形的边沿比较差,这是由于电路的状态转换

第7章 脉冲信号的产生与整形电路

过程中无正反馈作用的缘故。此外,这种类型的单稳触发脉冲的宽度必须大于输出脉冲的宽度。

7.1.3 集成单稳态触发器

微分型集成单稳态触发器 74LS121 的电路如图 7.1.8 所示。

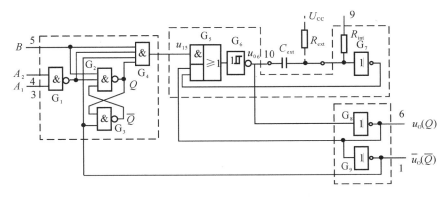

图 7.1.8 集成单稳态触发器 74LS121 的电路图

74LS121 的外部引线图如图 7.1.9 所示,功能见表 7.1.1。A_1,A_2 和 B 均可作触发输入端,Q 和 $\overline{Q}$ 为输出端。

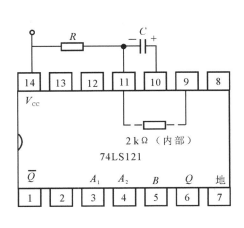

图 7.1.9 74LS121 外部引线图

表 7.1.1 74LS121 的功能表

输 入			输 出	
A_1	A_2	B	Q	$\overline{Q}$
0	×	1	0	1
×	0	1	0	1
×	×	0	0	1
1	1	×	0	1
1	↓	1	⊓	⊔
↓	1	1	⊓	⊔
↓	↓	1	⊓	⊔
0	×	↑	⊓	⊔
×	0	↑	⊓	⊔

74LS121 集成单稳有两种使用方式,即内部脉宽定时和外部脉宽定时,在外部引线的连接上也有区别。

— 199 —

（1）内部脉宽定时。引线端 10 号和 11 号之间连接外部电容 C，9 号端和 14 号端短接即可。2 kΩ 的电阻在内部。

（2）外部脉宽定时。引线端 10 号和 11 号之间连接外部电容，11 号和 14 号之间连接外部电阻 R，9 号端悬空即可。

Q 和 $\overline{Q}$ 输出一正一负的脉冲，其脉宽 t_w 均为 $0.7RC$。

除了 TTL 型单稳态电路以外，也有 CMOS 型单稳态电路如 CD4528。其电路和功能表如图 7.1.10 所示并见表 7.1.2。

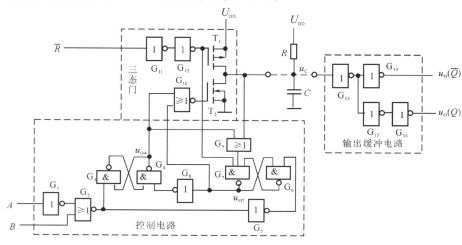

图 7.1.10　集成单稳态触发器 CD4528 的逻辑图

CD4528 是可重复触发的积分型单稳态触发器，电路中的电阻 R 和电容 C 是外接元件，其工作波形图如图 7.1.11 所示。从图中可看出对于可重复触发的单稳电路，在暂态持续时间 t_w 结束前再加触发脉冲，就可以加宽输出脉冲。

表 7.1.2　功能表

$\overline{R}$	A	B	Q	$\overline{Q}$
0	×	×	0	1
1	0	×	0	1
1	×	1	0	1
1	1	↑	⊓	⊔
1	↓	0	⊓	⊔

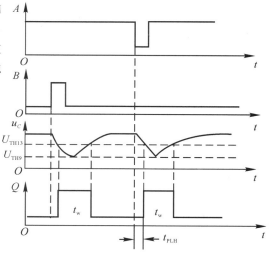

图 7.1.11　CD4528 的工作波形图

图中 U_{TH13} 和 U_{TH9} 是 G_{13} 门和 G_9 门的阈值电压, t_{PLH} 是从触发开始到产生输出单稳脉冲的延迟时间,它不影单稳脉宽 t_w 的值。

$$t_w \approx 0.7RC$$

7.1.4　单稳态触发器的应用举例

1. 定时

单稳态触发器每被触发一次就输出一个固定脉宽的脉冲,脉宽又可根据需要来调整。如欲测某信号 A 的频率 f_A,如图 7.1.12 所示,使单稳态电路输出脉宽为 1 秒的正脉冲,与门每次打开 1 s 所通过的脉冲数就是信号 A 的频率 f_A。如果与门输出端再接上计数器,1 s 内的计数值就是频率 f_A。

还可以经过译码和显示器显示出来。

2. 噪声消除电路

有时在有用信号中含有噪声和干扰,这些干扰和噪声往往都是些较窄的尖脉冲,可利用单稳电路来消除它们。原理电路如图 7.1.13(a) 所示,如利用 74LS121 外部定时的

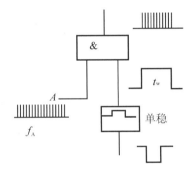

图 7.1.12　单稳态触发器的定时电路图

使用方法,调整单稳输出脉宽大于干扰和噪声的脉宽,而又小于有用信号的脉宽。

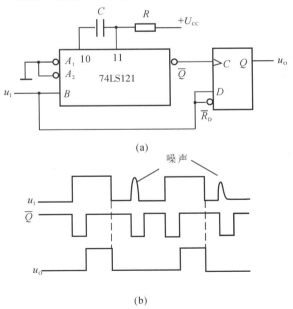

(a)

(b)

图 7.1.13　噪声消除电路

(a) 逻辑图; (b) 波形图

u_1 是含有干扰和噪声的输入信号,它加在 74LS121 的触发端 B 上,u_1 每上跳一次 Q 端就输出一个固定脉宽的负脉冲,脉宽可由 RC 来调整,同时 u_1 还与 D 触发器 D 端和异步清零端 $\bar{R}_D$ 相连。

假如 u_1 的波形和对应 Q 的波形如图 7.1.13(b)所示。由于 $\bar{Q}$ 和 D 触发器的触发端 CP 相连,故 $\bar{Q}$ 每上跳一次 D 触发器就被触发一次,依据 D 触发器的特性方程 $Q^{n+1}=D^n$,就可知道每次触发后 Q 的状态。但当 u_1 下跳回零时,同时 $\bar{R}_D=0$,D 触发器也回零,对应的 D 触发器输出 $Q(u_O)$ 的波形如图 7.1.13(b)所示。最后 u_O 的波形就是 u_1 被消除了干扰和噪声的有用信号,只不过 u_O 的脉宽比 u_1 的脉宽变窄了些。

3. 矩形波信号发生器

用两个单稳态触发器可连成一个矩形波信号发生器,如图 7.1.14 所示。

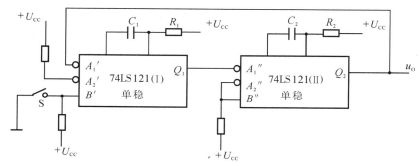

图 7.1.14　由单稳构成的矩形波发生器

开始时开关 S 是闭合的,$B'=0$,对照单稳电路 74LS121 功能表 7.1.1 可知,单稳 I 的输出 $Q_1=0$。而单稳 II 的 $A_1''=Q_1=0$,其输出 $Q_2=0$。只要开关 S 与地接通,这种状态就一直保持着,电路不会有矩形波输出。

如果一旦开关 S 断开,B' 就上跳为 1,A_1' 仍为 0($A_1'=Q_2$),则 Q_1 上跳为 1 进入暂态,其 $Q_1=1$ 的脉宽为 $0.7R_1C_1$,在这个暂态时间内 $Q_2=0$ 保持不动。当这个暂态结束,即 Q_1 回零(下跳)时,单稳 II 被触发,$Q_2=1$,此时单稳 II 进入暂态,$Q_2=1$ 的脉宽为 $0.7R_2C_2$,在这个暂态期间单稳 I 不动,Q_1 保持为 0。当 Q_2 回零下跳,单稳 I 又被触发进入暂态,$Q_1=1$,……,周而复始地一直进行下去。其周期为

$$T\approx0.7(R_1C_1+R_2C_2)$$

如果取 $R_1=R_2=R$;$C_1=C_2=C$,就成了方波信号发生器,其方波周期为

$$T\approx1.4RC$$

7.2 多谐振荡器

多谐振荡器又称无稳态电路,主要用于产生方波或矩形波。

7.2.1 自激多谐振荡器

1. 电路形式

由两个 CMOS 反相器组成的多谐振荡器的电路图如图 7.2.1 所示,将 CMOS 反相器的内部电路也表示出来,如图 7.2.2 所示,一个反相器由两个 MOS 管构成,一个是 P 沟道的,一个是 N 沟道的,以下简称为 P 管和 N 管。图 7.2.2 中所示的二极管是对 MOS 管起保护作用的。

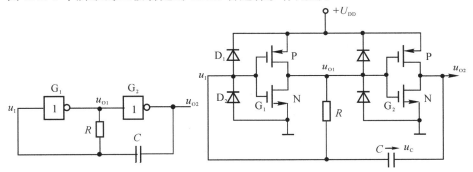

图 7.2.1 多谐振荡器　　　　图 7.2.2 多谐振荡器电路原理图

2. 工作原理

CMOS 门电路输出高电平为 $U_{OH}=U_{DD}$,输出低电平 $U_{OL}=0$,阈值电压为 $U_{TH}=\dfrac{U_{DD}}{2}$。

(1)第一暂态及自动翻转过程。假定接通电源时的初始状态是:$u_{O1}=U_{DD}$,$u_{O2}=0$,电容上的压降 $u_C=0$,称它为第一暂态。电容 C 开始充电,其通路是 $+U_{DD}\rightarrow G_1$ 的 P 管 $\rightarrow R\rightarrow C\rightarrow G_2$ 的 N 管 $\rightarrow$ 地。随着电容 C 不断充电,u_I 的电位不断升高,当升到 $u_I=U_{TH}$ 时,电路发生如下的正反馈过程:

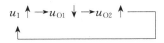

电路便迅速翻转进入第二暂态 $u_{O1}=0$,$u_{O2}=U_{DD}$。

(2)第二暂态及自动翻转过程。电路进入第二暂态后,电容开始放电,其通路是:$+U_{DD}\rightarrow G_2$ 的 P 管 $\rightarrow C\rightarrow R\rightarrow G_1$ 的 N 管 $\rightarrow$ 地。当 u_I 随电容放电下降到 U_{TH} 时,电路又发生如下的正反馈过程:

$$u_\text{I} \uparrow \rightarrow u_\text{O1} \downarrow \rightarrow u_\text{O2} \uparrow$$

电路便迅速翻转又进入第一暂态 $u_\text{O1}=U_\text{DD}$，$u_\text{O2}=0$。

两个暂态周而复始不停地相互变换，就可以得到方波信号，其对应波形如图 7.2.3 所示。

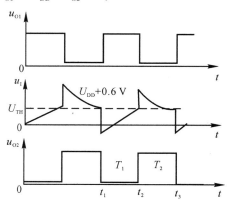
图 7.2.3　多谐振荡器各点的波形

3. 振荡周期的计算

第一暂态的时间 $T_1=t_2-t_1$，以 t_1 点作为时间的起点 $t=0^+$。此时对应的 u_I 为低电平，由于二极管 D_2 的箝位作用，$u_\text{I}(0^+)=-0.6$ V。随着电容充电 u_I 增高，其目标是 $u_\text{I}(\infty)=+U_\text{DD}$，充电回路的时间常数 $\tau \approx RC$。第一暂态是 $u_\text{O2}\approx 0$，u_I 就等于电容 C 上的电压，根据过渡过程电容上的电压公式，可写出表达式为

$$u_\text{I}(t)=u_\text{I}(\infty)+[u_\text{I}(0^+)-u_\text{I}(\infty)]\text{e}^{-t/\tau}=$$
$$U_\text{DD}+[-0.6-U_\text{DD}]\text{e}^{-t/RC}$$

当 $u_\text{I}(t)=U_\text{TH}$，电路翻转，这时 $t=T_1$，代入上式得

$$U_\text{TH}=U_\text{DD}+[-0.6-U_\text{DD}]\text{e}^{-T_1/RC}$$

$$\frac{T_1}{RC}=\ln\frac{U_\text{DD}+0.6}{U_\text{DD}-U_\text{TH}}$$

则

$$T_1=RC\ln\frac{U_\text{DD}+0.6}{U_\text{DD}-U_\text{TH}}$$

如果满足 $U_\text{DD}\gg 0.6$ V，则 $U_\text{DD}+0.6\approx U_\text{DD}$，得

$$T_1\approx RC\ln\frac{U_\text{DD}}{U_\text{DD}-U_\text{TH}}$$

第二暂态时间 $T_2=t_3-t_2$，以 t_2 为时间的起点 $t=0^+$，得

$$u_C(t)=u_C(\infty)+[u_C(0^+)-u_C(\infty)]\text{e}^{-t/\tau}$$

此时

$$u_C(t)=u_\text{I}(t)-u_\text{O2}；u_\text{O2}=U_\text{DD}；u_C(0^+)=0.6 \text{ V}$$
$$u_C(\infty)=u_\text{I}(\infty)-u_\text{O2}=0-U_\text{DD}=-U_\text{DD}$$

代入上式并整理得到

$$u_\text{I}(t)=[U_\text{DD}+0.6]\text{e}^{-t/RC}$$

当放电到 $u_\text{I}(t)=U_\text{TH}$ 时电路翻转，用的时间 $t=T_2$，则上式为

$$U_{TH} = (U_{DD} + 0.6)e^{-T_2/RC}$$

$$T_2 = RC\ln\frac{U_{DD} + 0.6}{U_{TH}} \approx RC\ln\frac{U_{DD}}{U_{TH}}$$

其振荡周期 T 为

$$T = T_1 + T_2$$

若 $U_{TH} = \frac{1}{2}U_{DD}$，则

$$\begin{cases} T_1 = RC\ln 2 \approx 0.7RC \\ T_2 = RC\ln 2 \approx 0.7RC \end{cases}$$

得
$$T \approx 1.4RC$$

7.2.2　带有 RC 延迟电路的环形振荡器

带有 RC 延迟电路的环形振荡器如图 7.2.4 所示。

图中电阻 R_S 的作用是保护门电路输入端二极管在电容充放电过程中电流不致于太大。

假定 $t = 0$ 时，u_O 上跳为高电平 U_{OH}，u_1 下跳为 U_{OL}，u_2 上跳为 U_{OH}，而 u_3 被电容 C 因 u_1 下跳而带动为低电平。这时 u_2 经电阻 R 给电容 C 充电使 u_3 上升，当 $u_3 = U_{TH}$ 时。u_O 下跳为 U_{OL}，u_1 上跳为 U_{OH}，u_3 被电容带动上跳为 $U_{TH} + (U_{OH} - U_{OL})$，这时因 $u_2 = U_{OL}$，则电容 C 经 R 放电而使 u_3 下降，当 u_3 下降到 U_{TH} 时，u_O 又上升为 U_{OH}，u_1 下跳，u_3 也下跳到 $U_{TH} - (U_{OH} - U_{OL})$，电容又充电，……，如此周而复始一直进行下去，如图 7.2.5 所示。u_O 就是一个矩形波。其充电和放电的部分电路如图 7.2.6 所示。

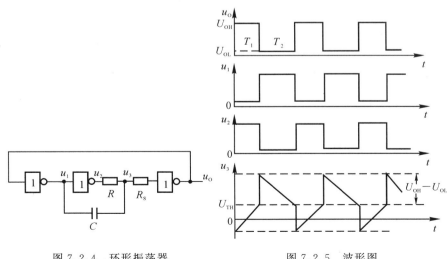

图 7.2.4　环形振荡器　　　　　图 7.2.5　波形图

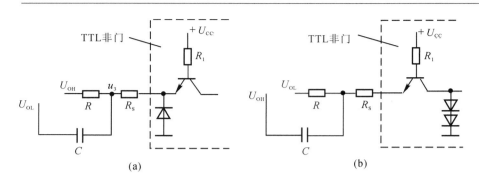

图 7.2.6 充放电部分电路

（a）充电电路； （b）放电电路

若 $R_1+R_s \gg R$，则充电时间 T_1 和放电时间 T_2 可用下式估算

$$T_1 \approx RC\ln \frac{2U_{OH}-U_{TH}-U_{OL}}{U_{OH}-U_{TH}}$$

$$T_2 \approx RC\ln \frac{U_{OH}+U_{TH}-2U_{OL}}{U_{TH}-U_{OL}}$$

假定 $U_{OH}=3.6$ V，$U_{OL}=0.3$ V，$U_{TH}=1.4$ V，则

$$T_1 \approx 0.92RC, T_2 \approx 1.39RC$$

得周期

$$T=T_1+T_2 \approx 2.3RC$$

7.2.3 石英晶体多谐振荡器

前面介绍的多谐振荡器，其振荡频率取决于 RC，同时也受 U_{TH} 和 U_{CC} 的影响，如果这些参数不稳定或受温度影响，频率稳定性就差些，用石英晶体可大大提高频率的稳定性，电路图如图 7.2.7 所示。

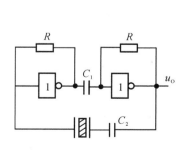

图 7.2.7 石英晶体振荡器

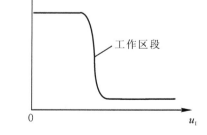

图 7.2.8 非门的传输特性

两个非门各连一个负反馈电阻 R，其阻值介于开门电阻 R_{ON} 和关门电阻

R_{OFF} 之间(对 TTL 与非门 0.5 kΩ$<$$R$$<$1.9 kΩ;对于 CMOS 与非门 10 MΩ$<$$R$$<$100 MΩ)。可保证反相器工作的线性放大区,即工作在传输特性的转折段上,如图 7.2.8 所示。图 7.2.7 中的 C_1,C_2 表示耦合电容,在谐振时可看作短路,该电路相当于两个反相的线性放大器相串联,再采用石英晶体支路作正反馈,就组成一个谐振器。振荡频率 f_0 取决于石英晶体的串联谐振频率,石英晶体串联谐振时,阻抗为零,且本身无相移,此时符合正反馈,而且反馈又最强,因此只能振荡在这个频率上。由于石英晶体的品质因数 Q 值很高,故频率稳定性好。

7.3 施密特触发器

施密特触发器是脉冲波形变换中经常使用的一种电路,它与前面讲过的几种触发器不同,其特点是:① 它是电平触发,输入信号达到一定值时电路状态发生突变,输入信号由低升高或由高降低使电路状态发生变化所对应的输入信号电压值不同,即有滞回的电压传输特性。② 电路内部有正反馈,保证电路动作迅速,使输出波形的边沿较陡。

7.3.1 施密特触发器的电路和工作原理

1. TTL 集成施密特触发器 7413

7413 的电路和逻辑符号如图 7.3.1 所示。由于输入级附加了与门逻辑功能,输出级又具有反相功能,所以这种电路也叫施密特与非门。

7413 施密特触发器的组成包括 4 部分,即二极管与门电路、施密特电路、电平移动电路和推拉式输出电路。其中核心部分是由 T_1、T_2、R_2、R_3 和 R_4 组成的施密特电路。施密特电路是一个通过公共发射极电阻 R_4 耦合的两极正反馈放大电路。

假定三极管发射结导通压降和二极管正向压降均为 0.7 V。在分析其工作原理时,将 4 个输入端连接在一起接输入电压 u_I。由于 $R_1$$>$$R_2$,一接通电源,$T_2$ 导通 T_1 截止。

(1)当 $u_1=0$ 时,$U_{P1}=0.7$ V,T_1 截止,T_2 导通,$U_{P3}=I_{E2} \cdot R_4=U_{T+}$,$I_{E2}$ 为 T_2 饱和时的发射极电流。由于 T_2 导通使 U_{P3} 抬高,更会使 T_1 可靠截止。这时 U_{P4} 为低电平,T_3、D_2、T_4 和 T_6 均截止,而 T_5 和 D_3 导通,输出 u_O 为高电平。

(2) 当 $0<u_1<U_{T+}$ 时,上述状态不变,即 T_1 不会导通。

(3) 当 $u_1=U_{T+}$ 时,T_1 开始导通,电路发生如下的正反馈过程:

$$u_1 \uparrow \rightarrow u_{P1} \uparrow \rightarrow i_{B1} \uparrow \longrightarrow i_{C1} \uparrow \longrightarrow u_{P2} \downarrow$$
$$i_{B1} \uparrow \longleftarrow u_{BE1} \uparrow \longleftarrow u_{P3} \downarrow$$

这种正反馈的结果使 T_1 迅速饱和导通,使 T_2 迅速截止,这时 T_3,D_2,T_4 和 T_6 导通,T_5 和 D_3 截止,输出 u_O 为低电平。

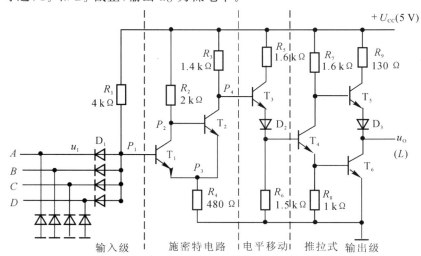

(a)

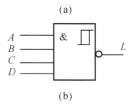

(b)

图 7.3.1　施密特电路和逻辑符号

(a) 电路图;　(b) 逻辑符号图

(4) 当 $u_1 > U_{T+}$ 时,上述状态不变,输出 u_O 保持低电平。

(5) 当 u_1 由高电平下降 U_{T+} 时,电路状态仍保持不变,因为此时的 $U_{P3} = I_{E1}R_4$,I_{E1} 为 T_1 管饱和时发射极电流,由于 $R_2 > R_3$,则有 $I_{E1} < I_{E2}$,故此时的 $U_{P3} < U_{T+}$,所以 T_1 不会截止。

(6) 当 u_1 下降到 $u_I = I_{E1}R_4 = U_{T-}$ 时,T_1 脱离饱和,电路又发生如下的正反饱过程:

$$u_I \downarrow \rightarrow u_{P1} \downarrow \rightarrow i_{B1} \downarrow \longrightarrow i_{C1} \downarrow \longrightarrow u_{P2} \uparrow \rightarrow i_{B2} \uparrow$$
$$i_{B1} \downarrow \longleftarrow u_{BE1} \downarrow \longleftarrow u_{P3} \downarrow \longleftarrow u_{E2} \uparrow$$

正反馈的结果使 T_1 迅速截止,T_2 迅速迅速饱和导通,输出 u_O 为高电平。

如果输入电压 u_1 为三角波,根据上面分析的结果,可画出相对应的输出波形,如图 7.3.2(a)所示,其传输特性如图 7.3.2(b)所示,从此图可明显地看出施密特触发器的滞回特性。

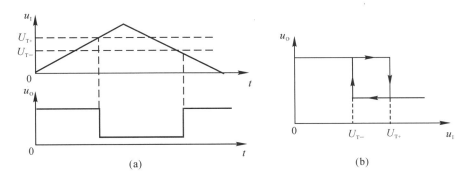

图 7.3.2　施密特触发器的特性

(a) 输入与输出波形;　(b) 传输特性

对 7413 来说 $U_{T+} \approx 1.7$ V,$U_{T-} \approx 0.8$ V(计算从略),得

$$\Delta U_T = U_{T+} - U_{T-}$$

把 ΔU_T 叫施密特触发器的回差。

图 7.3.1 中的电平移动电路的作用是保证当 u_{P4} 为低电平时,T_4 管能可靠截止,如果无此部分电路,将 P_4 点直接与 T_4 管的基极相连,当 U_{P4} 为低电平时,T_4 仍然导通。如果 P_4 点的电位经 U_{BE3} 和 U_{D2} 的降压,T_4 就可以截止了。另外为了增加电路的带负载能力,输出级采用推拉式输出级。

2. CMOS 集成施密特触发器 CC40106

CC40106 的电路如图 7.3.3 所示。由于集成电路内部器件的参数差异较大,所以 U_{T+} 和 U_{T-} 的数值有较大的分散性,同时,U_{T+} 和 U_{T-} 受电源电压的影响较大,使用不同的 U_{DD} 值,U_{T+} 和 U_{T-} 也有变动。

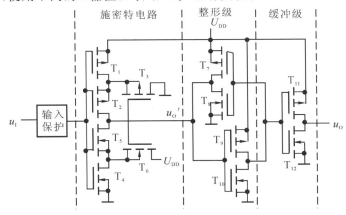

图 7.3.3　CMOS 集成施密特触发器 CC40106

7.3.2 施密特触发器的应用举例

1. 波形变换

利用施密特触发器状态转换过程中的正反馈作用,可以将边沿变化缓慢的信号变换为矩形脉冲信号。图 7.3.4 所示的输入信号是一个含有直流分量的正弦信号,只要其幅度大于施密特触发器的 U_{T+},则施密特触发器的输出就是一个同频率的矩形脉冲信号。

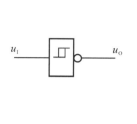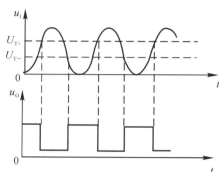

图 7.3.4 利用施密特电路变换波形

2. 脉冲的整形

在数字系统中,矩形脉冲信号在传输过程中往往发生波形畸变,有的是前后沿变坏,有的是上跳沿和下跳沿发生振荡,有的是窜入干扰和噪声,若经过施密特触发器整形后就可以得到满意的波形,如图 7.3.5 所示。

3. 脉冲鉴幅

若将一系列不同幅度的脉冲信号加到施密特触发器的输入端,只有那些幅度超过 U_{T+} 的脉冲才能产生输出信号,也就是说施密特触发器能将幅度大于 U_{T+} 的脉冲选出,即具有脉冲鉴幅能力,如图 7.3.6 所示。

4. 用施密特触发器组成的多谐振荡器

如果利用施密特触发器的滞回特性可以使它的输入电压在 U_{T+} 和 U_{T-} 之间不停地往复变化,那么在输出端就可以得到连续的矩形脉冲。

实现上述设想的方法很简单,只要将施密特触发器的反相输出端经 RC 积分电路接回输入端即可,如图 7.3.7(a)所示。

通电后,因为电容上的初始电压为零,所以输出端的高电平通过电阻 R 给电容充电,当充电到使输入电压 $u_I = U_{T+}$ 时,输出电压 u_O 跳变为低电平,这时电容又经 R 开始放电,当放到使 $u_I = U_{T-}$ 时,输出电压 u_O 跳为高电平,电容又开始充电,周而复始地进行下去,电路就不停地振荡,其对应的波形如图 7.3.7(b)所示,图中只画出了稳定振荡的波形。

如采用 TTL 施密特触发器,对于典型电路 $U_{T-} = 0.8$ V, $U_{T+} = 1.6$ V,输出电压摆幅为 3 V,其振荡频率为

$$f \approx 0.7/RC$$

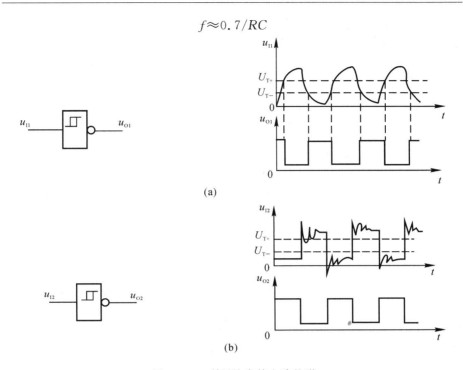

(a)

(b)

图 7.3.5 利用施密特电路整形

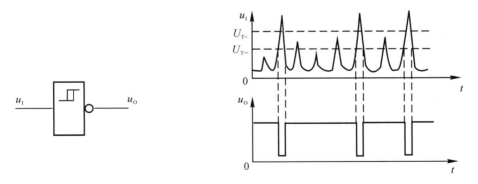

图 7.3.6 利用施密特电路鉴幅

若采用 CMOS 施密特触发器,其输出高电平 $U_{OH} \approx U_{DD}$,输出低电平 $U_{OL} \approx 0$,其振荡周期 T 可按下式计算

$$T = t_1 + t_2 = RC\ln\frac{U_{DD} - U_{T-}}{U_{DD} - U_{T+}} + RC\ln\frac{U_{T+}}{U_{T-}} =$$

$$RC\ln\left(\frac{U_{DD} - U_{T-}}{U_{DD} - U_{T+}}\frac{U_{T+}}{U_{T-}}\right)$$

以上这种多谐振荡器可通过改变 R、C 的值来调节振荡频率,但不能调整脉冲的占空比。占空比是脉宽 t_1 与周期 T 的比值。为了能调整占空比,电路可改进如图 7.3.8 所示,使电容 C 充电和放电的时间常数不同。

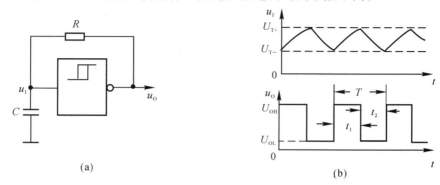

(a)

图 7.3.7　由施密特电路组成的多谐振荡器

（a）电路图；　（b）波形图

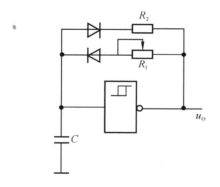

7.3.8　占空比可调的多谐振荡器

7.4　555 定时器及其应用

7.4.1　555 定时器的电路

555 定时器是一种多用途的单片集成电路,利用它能极方便地组成施密特触发器、单稳态触发器和多谐振荡器。由于使用灵活、方便,因而 555 定时器在波形的产生与变换、测量与控制、电子玩具、家用电器等各个领域都得到了广泛的应用。下面介绍一种双极型电路结构的 5G555 和一种 CMOS 型的 CC7555。

1.5G555 的电路结构和工作原理

5G555 定时器的电路如图 7.4.1 所示,它是由比较器 C_1,C_2 和基本 RS 触发器、集电极开路放电三极管 T_1 及 3 个阻值为 5 kΩ 的分压器组成的。

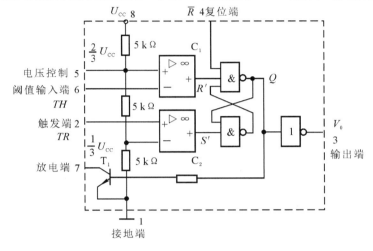

图 7.4.1　5G555 定时器电路图

由分压器为两个比较器 C_1、C_2 提供基准电压,C_1 的基准电压是 $\frac{2}{3}U_{CC}$(当电压控制端 5 悬空,不加外部电压时)。C_2 的基准为 $\frac{1}{3}U_{CC}$。其工作原理如下:

(1)当复位端 $\bar{R}=0$,RS 触发器的输出端 Q 为高电平,T_1 导通,电路的输出 V_0 为低电平。$\bar{R}$ 的复位作用不受其他输入端的影响,不复位时 $\bar{R}=1$,对电路无影响。

(2)当阈值输入端 TH 的电压$>\frac{2}{3}U_{CC}$,触发输入端 TR 的电压$>\frac{1}{3}U_{CC}$时,两个比较器的输出 $R'=0$, $S'=1$, $Q=1$, T_1 导通,$V_0=0$(低电平)。

(3)当 TH 端电压$<\frac{2}{3}U_{CC}$,TR 端电压$>\frac{1}{3}U_{CC}$时,$R'=1$, $S'=1$,电路保持原状态不变。

(4)当 TH 端电压$<\frac{2}{3}U_{CC}$,TR 端电压$<\frac{1}{3}U_{CC}$时,$R'=1$, $S'=0$, $Q=0$,T_1 截止,$V_0=1$(高电平)。

根据以上分析,列出 5G555 的功能表见表 7.4.1。

如果电压控制端 5 外接电压 E,这时两个比较器的基准电压就变了,C_1 比较器的基准电压为 E,C_2 比较器的基准电压为 $\frac{1}{2}E$。

表 7.4.1 5G555 的功能表

TH	TR	$\bar{R}$	V_0	T_1
$\times$	$\times$	0	0	导　通
$>\frac{2}{3}U_{CC}$	$>\frac{1}{3}U_{CC}$	1	0	导　通
$<\frac{2}{3}U_{CC}$	$>\frac{1}{3}U_{CC}$	1	保　持	保　持
$<\frac{2}{3}U_{CC}$	$<\frac{1}{3}U_{CC}$	1	1	截　止

2. CC7555 的电路结构

CC7555 是 CMOS 型的 555 定时器,电路结构如图 7.4.2 所示,其功能与 5G555 基本一致,不再详述。

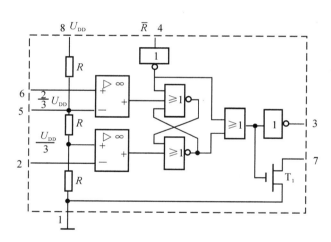

图 7.4.2　CC7555 定时器电路

7.4.2 555 定时器的应用举例

1. 用 555 定时器组成单稳态触发器

由 555 定时器组成的单稳态触发器的电路如图 7.4.3(a)所示。图中 u_1 是单稳态的触发信号,是下跳触发,u_1 的波形如图 7.4.3(b)中所示,不触发时 u_1 为高电平,且大于 $\frac{1}{3}U_{CC}$,电容 C_2 的作用是保证比较器的基准电压稳定。

通电后,电源 $+U_{CC}$ 经电阻 R 给电容 C_1 充电,电位 u_c 上升,当 $u_c>\frac{2}{3}U_{CC}$ 时,此时因无触发信号,且又 $u_1>\frac{1}{3}U_{CC}$,故 u_O 为低电平,放电管 T_1 导通,电

容通过 T_1 放电，u_C 又随之下降，当 $u_C < \frac{2}{3}U_{CC}$，同时 $u_1 > \frac{1}{3}U_{CC}$，则 u_O 的低电平保持不变。电容上的电压 u_C 就等于 T_1 的饱和压降。

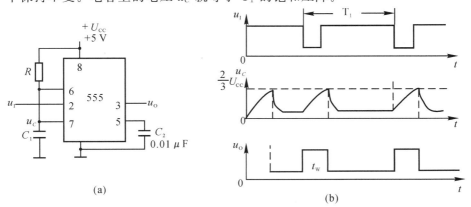

图 7.4.3 由定时器组成的单稳电路
(a) 电路；(b) 各点波形

当 u_I 下跳到小于 $\frac{1}{3}U_{CC}$ 时电路被触发，输出 u_O 为高电平，放电管 T_1 截止，电容 C_1 又被充电，当充电到 $u_C = \frac{2}{3}U_{CC}$ 时，u_O 为低电平，T_1 导通，电容又放电，一个单脉冲结束，准备下一次触发。对应的波形如图 7.4.3(b) 所示。输出脉宽 t_W 由下式计算：

$$t_W = \tau \ln 3 \approx 1.1RC_1$$

触发信号的脉宽要小于单稳输出的脉宽，触发信号 u_1 的周期必须大于 t_W 与放电时间之和，放电时间一般取 $3 \sim 5\,\tau$，τ 为放电时间常数。

2. 失落脉冲检出器

在单稳态触发器的基础上稍加改变即可做成失落脉冲检出器，电路如图 7.4.4(a) 所示，图中 T 为外接放电用的晶体管，R_L 为报警的负载。u_1 是被检测的脉冲用来做触发信号。调节电阻 R 使 u_1 在连续两次触发时间间隔内，电容 C 充电电压达不到 $\frac{2}{3}U_{CC}$，故输出 u_O 不会为 0，即 R_L 负载上无压降（或压降最小），所以不报警。其过程是：u_1 每下跳一次就对电路触发一次，输出 u_O 为高电平，在 u_1 为低电平的时间外接的放电管 T 导通，迅速泄放电容 C 上的电荷。在触发过后 u_1 恢复到高电平时，u_O 仍保持高电平。由于 T 截止，电容又充电，电容上的电压还未充到 $\frac{2}{3}U_{CC}$ 时，下一次触发又来到，电容又放电，……。这样工作的结果是输出 u_O 一直保持高电平。

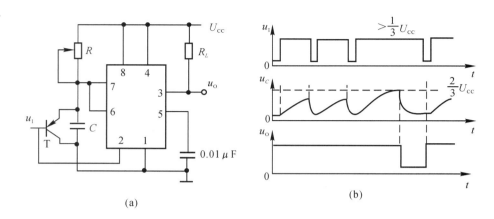

(a) (b)

图 7.4.4 由定时器组成失落脉冲检出器

（a）电路；（b）各点波形

如果周期性的触发信号 u_1 在某瞬时缺少一个脉冲,则在这一段时间内电容充电时间就加长了,电容上的充电电压就能达到 $\frac{2}{3}U_{cc}$,输出 u_O 就出现一次低电平。这时 R_L 上便得到一次输出信号,就可以判断出失落一次脉冲。同时定时器内部泄放管 T_1 导通使电容 C 放电,u_O 保持为低电平,等到下一个 u_1 下跳触发后,u_O 才恢复高电平。对应波形图 7.4.4(b)所示。利用这种原理可监视机器的运转,监视病人的心脏跳动等。

3. 用 555 定时器做成多谐振荡器

多谐振荡器是不需外部输入信号的,通电后电路就会自动振荡起来。电路如图 7.4.5(a)所示。

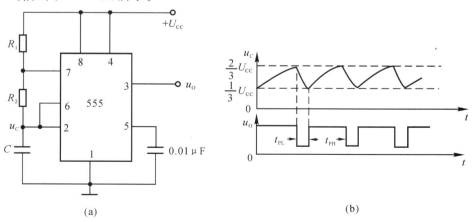

(a) (b)

图 7.4.5 由定时器组成的多谐振荡器

（a）电路；（b）波形

电路通电后,首先电源 $+U_{CC}$ 经 R_1, R_2 给电容 C 充电,当充到 $u_C = \frac{2}{3}U_{CC}$ 时,输出 u_O 为低电平,同时定时器内部泄放管 T_1 导通,电容经 R_2 放电;当放电到 $u_C = \frac{1}{3}U_{CC}$ 时,u_O 为高电平,T_1 截止,电容又充电;如此周而复始地一直进行下去,输出量 u_O 就是一个矩形波,对应波形如图 7.4.5(b)所示。

放电时间

$$t_{PL} = R_2 C \ln 2 \approx 0.7 R_2 C$$

充电时间

$$t_{PH} = (R_1 + R_2) C \ln 2 \approx 0.7(R_1 + R_2)C$$

输出的矩形波的频率 f 为

$$f = \frac{1}{t_{PL} + t_{PH}} \approx \frac{1.43}{(R_1 + 2R_2)C}$$

为了能调整输出矩形波的占空比,改进电路如图 7.4.6 所示,利用二极管将电容 C 的充电回路和放电回路分开。充电回路是:$U_{CC} \rightarrow R_A \rightarrow D_1 \rightarrow C \rightarrow$ 地。放电回路是:地 $\rightarrow C \rightarrow D_2 \rightarrow R_B \rightarrow T_1$。充电时间 $t_{PH} \approx 0.7 R_A C$,放电时间 $t_{PL} \approx 0.7 R_B C$,通过调整 R_A 和 R_B 的阻值可改变输出矩形的占空比。

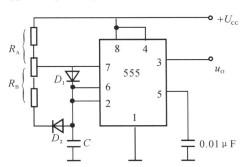

图 7.4.6　占空比可调的多谐振荡电路

4.用 555 定时器构成的施密特触发器

(1)电路组成。施密特电路具有两个稳定的状态,将 555 时基电路 2、6 端连接,即构成施密特电路,如图 7.4.7(a)所示。

(2)工作原理。当 $u_I < \frac{1}{3}U_{CC}$ 时,$U_{TH} < \frac{2}{3}U_{CC}$,$U_{TR} < \frac{1}{3}U_{CC}$,输出 u_O 为高电平;u_I 增加,满足 $\frac{1}{3}U_{CC} < u_I < \frac{2}{3}U_{CC}$ 时,$U_{TH} < \frac{2}{3}U_{CC}$,$U_{TR} > \frac{1}{3}U_{CC}$,电路维持不变,即 $u_O = 1$;u_I 继续增加,满足 $u_I \geqslant \frac{2}{3}U_{CC}$ 时,$U_{TH} > \frac{2}{3}U_{CC}$,$U_{TR} > \frac{1}{3}U_{CC}$,输出 u_O 由高电平变为低电平;之后 u_I 再增加,只要满足 $u_I \geqslant \frac{2}{3}U_{CC}$,电路不变。如 u_I 下降,只要满足 $\frac{1}{3}U_{CC} < u_I < \frac{2}{3}U_{CC}$,由于 $U_{TH} < \frac{2}{3}U_{CC}$,$U_{TR} > \frac{1}{3}U_{CC}$,电路状态仍维持不变。只有当 $u_I \leqslant \frac{1}{3}U_{CC}$ 时,电路才再次翻转,u_O

为高电平,波形如图 7.4.7(b)所示。

由上述内容可看出,当 u_I 上升时,引起电路状态改变,由高电平变为低电平的输入电压为 $U_{TH} = \dfrac{2}{3}U_{CC}$;当 u_I 下降时,引起电路状态变化,由低电平变为高电平的输入电压为 $U_{TL} = \dfrac{1}{3}U_{CC}$。这二者之差称为回差电压,即

$$\Delta U_T = U_{TH} - U_{TL}$$

该电路的传输特性如图 7.4.7(c)所示。回差电压的大小可通过改变 5 脚电压达到,一般来讲,5 脚电压越高,回差电压 ΔU_T 越大,抗干扰能力越强,但是这样就降低了触发灵敏度。

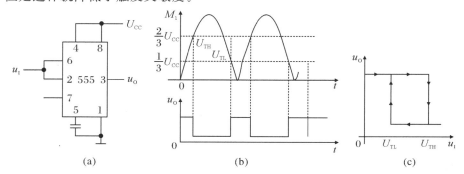

图 7.4.7 由 555 定时器构成的施密特触发器

小　　结

在这一章里主要讲述了脉冲信号的产生、整形和变换。

(1)产生脉冲的电路是自激多谐振荡器,它不需要外部输入信号,只要接通电源就能自行产生矩形脉冲信号,它没有稳定状态,而是两个暂态在自行转换,是靠电容的充放电来提供内部触发而转换状态的。其振荡的频率取决于电路参数。为使用灵活可做成频率可调或输出脉冲占空比可调的多谐振荡器。石英晶体多谐振荡器具有很高的频率稳定性。

(2)整形电路主要是单稳态触发器和施密特触发器,它们的状态转换都需要外加信号进行触发。单稳态触发器由暂态回到稳态是靠电路内部电容的充放电来提供转换条件的。施密特触发器的状态转换完全由外信号决定。

(3)整形电路可以把跳沿不陡、幅度不整齐、脉冲宽度不满足需要或有干扰的脉冲变成所要求的有规则的脉冲。

(4)定时器是一种应用广泛的集成电路,多用于脉冲的产生、整形和定时等。

习　题　七

7.1　由 TTL 与非门构成的单稳电路如图题 7.1 所示，与非门输出的高电平 $U_{OH}=3.4$ V，门坎电压 $U_{TH}=1.4$ V，求输出脉宽 t_w，已知输入触发信号 u_I 的波形，试画出对应的输出量 u_O 的波形。

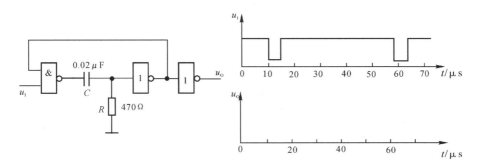

图题　7.1

7.2　为了得到输出脉冲宽度等于 3 ms 的单稳态触发器，在使用集成单稳态触发器 74LS121 内部定时状态，问需要外接多大的电容？假定集成电路内部电阻为 2 kΩ。

7.3　集成单稳 74LS121 工作在外部脉宽定时状态，外接电容 $C=1$ μF，外接电阻是一个固定电阻 $R=5$ kΩ 和一个 20 kΩ 的可调电阻相串联，试计算输出脉宽的可调范围。

7.4　在图 7.3.8 所示电路中，CMOS 集成施密特触发器的 $U_{DD}=15$ V，$U_{T+}=9$ V，$U_{T-}=4$ V，试问：

（1）为了得到占空比为 0.5 的输出脉冲，R_1 与 R_2 的比值应取多少？

（2）若给定 $R_1=3$ kΩ，$R_2=8.2$ kΩ，$C=0.05$ μF，电路的振荡频率是多少？输出脉冲的占空比又是多少？

7.5　试用 555 定时器设计一个单稳态触发器，要求输出脉宽在 1～100 ms 内连续可调。电容 $C=1$ μF，求电阻值的可调范围。

7.6　试用 555 定时器设计一个多谐振荡器，要求输出脉冲的频率为 20 kHz，占空比为 25％，电容 $C=0.01$ μF（见图 7.4.6）。

7.7　在图 7.4.5(a) 所示电路的基础上，5 号端外加控制电压 $E(E<U_{CC})$ 构成压控振荡器，555 电路中两个比较器的基准电压分别为 E 和 $\frac{1}{2}E$，电容的充放电的电压是在 $\frac{1}{2}E$ 和 E 之间往复进行。

（1）试证明充电时间 t_{PH} 和放电时间 t_{PL} 满足下式：

$$t_{PH}=(R_1+R_2)C\ln\frac{U_{CC}-\frac{1}{2}E}{U_{CC}-E}$$

$$t_{PL}=R_2C\ln2$$

（2）试说明当控制电压 E 增高时，振荡频率如何变化？

7.8 过压监视电路如图题 7.8 所示，试说明当被监视电压 u_χ 超过一定值时，发光二极管 D 发出闪烁的信号。（提示：当三极管 T 饱和导通时，555 的 1 号端可认为处于地电位。）

7.9 一个防盗报警电路如题图 7.9 所示，a，b 两点用细铜丝连通，铜丝放置在认为盗窃者必经之处，在细铜丝被盗窃者碰断后，扬声器便发生报警声（扬声器电压为 1.2 V，通过电流为 40 mA）。试说明工作原理。

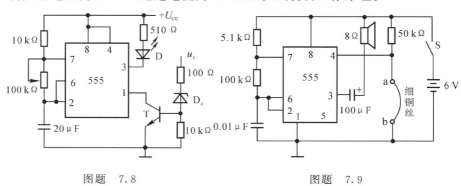

图题 7.8　　　　　　　图题 7.9

第8章 数/模和模/数转换

在实际应用中遇到的各种物理量多为模拟量,人们为了读取、测量、记载和分析计算就必须把模拟量转化为数字量,叫作模/数转换,即 A/D 转换。在控制系统中为了完成某种控制的目的,有时也需要把数字量转换为模拟量,这就需要进行数/模转换,即 D/A 转换。

随着电子计算机的发展,其已经深入到科学技术和国民经济的各个方面,而数/模与模/数转换电路是电子计算机和各用户之间不可缺少的接口部件,这些转换不仅应用在计算机技术中,而且在数字式仪表、显示、通信、遥控遥测等方面也被大量应用。

8.1 D/A 转换器

8.1.1 T形电阻网络型和权电流型 D/A 转换器

1. R－2RT 形电阻网络 D/A 转换器

以四位二进制输入为例,其电路如图 8.1.1 所示。该电路由 3 部分组成,即 T 形电阻网络、模拟开关 S_i 及求和放大器 A。输入量是四位二进制量 $D_4 = d_3 d_2 d_1 d_0$,这四位二进制量分别控制 4 个模拟开关 S_3,S_2,S_1,S_0。当数字量任一位 $d_i = 1$ 时,对应的开关 S_i 就接通运算放大器的反相输入端 N(虚地端)。当 $d_i = 0$ 时,开关 S_i 就与地接通。U_{REF} 为常值的参考电压。各开关无论是接地或是接虚地,总电流是不变的。

$$I = \frac{U_{REF}}{R} \tag{8.1.1}$$

流过各开关的电流也是不变的,分别为

$$I_3 = \frac{1}{2}I; \quad I_2 = \frac{1}{4}I; \quad I_1 = \frac{1}{8}I; \quad I_0 = \frac{1}{16}I$$

输出电压 U_O 为

$$U_O = -I_\Sigma R_F \tag{8.1.2}$$

只有 $d_i = 1$ 时,流过开关 S_i 的电流才是 I_Σ 的组成部分,因此有

$$I_\Sigma = I_3 d_3 + I_2 d_2 + I_1 d_1 + I_0 d_0 = I\left(\frac{1}{2}d_3 + \frac{1}{4}d_3 + \frac{1}{8}d_1 + \frac{1}{16}d_0\right) =$$

$$\frac{I}{2^4}(2^3d_3+2^2d_2+2^1d_1+2^0d_0) \qquad (8.1.3)$$

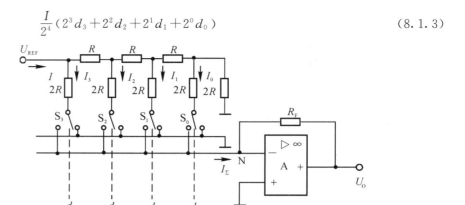

图 8.1.1 R-2RT 型电阻 D/A 转换器原理图

将式(8.1.1)代入式(8.1.3),再代入式(8.1.2)便得到

$$U_O=-\frac{U_{REF}}{2^4}\frac{R_F}{R}(2^3d_3+2^2d_2+2^1d_1+2^0d_0) \qquad (8.1.4)$$

式(8.1.4)括号内的量就是四位二进制数的多项式表示法,2^3,2^2,2^1,2^0 是各二进制码的"权"。如果取 $R_F=R$,则式(8.1.4)可写成:

$$U_O=-\frac{U_{REF}}{2^4}D_4 \qquad (8.1.5)$$

式中:D_4 表示是四位二进制数字量。由此式可见,输出模拟电压 U_O 与输入数字量 D_4 成正比,其比例系统是 $-U_{REF}/2^4$,负号是反相放大器带来的。

如果将式(8.1.5)扩展到 n 位二进制数时,其表达式为

$$U_O=-\frac{U_{REF}}{2^n}D_n \qquad (8.1.6)$$

这种 D/A 转换器内各电阻中的电流是常数,各支路电流直接输给运算放大器,因此工作速度较快,动态误差较小,但开关上的压降对误差还是有影响的。

2. 权电流 D/A 转换器

用一组电流源代替 T 型电阻网络,就可构成权电流 D/A 转换器,以四位二进制数作输入为例,其原理图如图 8.1.2 所示。

当输入数字量 $d_3d_2d_1d_0$ 中任一位 $d_i=1$ 时,其对应的开关 S_i 就接通运放的反相输入端;当 $d_i=0$ 时,开关 S_i 就与地接通,图 8.1.2 中的 4 个电流源用符号表示。输出的模拟电压 U_O 为

$$U_O=\frac{IR_F}{2^4}(2^3d_3+2^2d_2+2^1d_1+2^0d_0) \qquad (8.1.7)$$

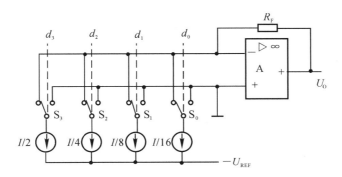

图 8.1.2　权电流型 D/A 转换器原理图

由于采用了电流源,开关 S 上的压降对转换精度就没有影响了。

8.1.2　D/A 转换器中的电子开关

电子开关工作速度较高,导通压降也小。开关有双极型和 CMOS 型的。下面介绍一种 CMOS 型的。

CMOS 开关如图 8.1.3 所示,T_4 至 T_7 组成两个互为倒相的 CMOS 反相器,两个反相器的输出分别控制 T_8,T_9 两管的栅极。

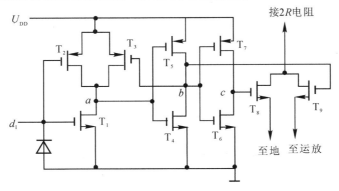

图 8.1.3　CMOS 型开关

当输入数字量某位 $d_i=1$ 时,T_1 导通,T_2、T_3 截止,U_a 为低电平,U_b 为高电平,U_c 为低电平,则 T_9 导通,T_8 截止,就将电阻网络中的电流引向运放的反相输入端。同理若 $d_i=0$,T_8 导通,T_9 截止,就将电阻网络中的电流引向地。

8.1.3　D/A 转换器的输出方式

常用的 D/A 转换器绝大部分是数字电流转换器,实际应用时还需将电流转换成电压,为了正确地使用 D/A 转换器,选择和设计输出电路也是重要的。

1. 数字量与模拟量的基本关系

D/A 转换器的输出方式有两种,即单极性和双极性两种。

(1)单极性:输出电压由 0 至满度值(正或负),如 0～+10 V。

(2)双极性:负满度值至正满度值,如−5～+5 V。

单极性和双极性二进制码以八位二进制数为例,利用式(8.1.6)便可找出模拟电压 U。与输入数字量的对应关系,见表 8.1.1。如果从输出的模拟电压中减去 $U_{\text{REF}}/2$,输出的模拟电压就是双极性的了。

表 8.1.1 数字量与模拟量的对应关系

数　字　量								单极性模拟量	双极性模拟量
1	1	1	1	1	1	1	1	$U_{\text{REF}}255/256$	$+U_{\text{REF}}/127/256$
			......					......	......
1	0	0	0	0	0	0	1	$U_{\text{REF}}129/256$	$+U_{\text{REF}}1/256$
1	0	0	0	0	0	0	0	$U_{\text{REF}}128/256$	0
0	1	1	1	1	1	1	1	$U_{\text{REF}}127/256$	$-U_{\text{REF}}1/256$
			......					......	......
0	0	0	0	0	0	0	1	$U_{\text{REF}}1/256$	$-U_{\text{REF}}127/256$
0	0	0	0	0	0	0	0	$U_{\text{REF}}0/256$	$-U_{\text{REF}}128/256$

2. 基本输出电路

(1)单极性输出。输出的模拟电压可以是正值也可以是负值,输出为负值的是采用反相输入,电路如图 8.1.4 所示。$d_{n-1},d_{n-2},\cdots,d_1,d_0$ 为 n 位二进制数字量,I_Σ 为与数字量成比例的模拟电流量,输出模拟电压为

$$U_{\text{O}}=-I_\Sigma R_{\text{F}}$$

即
$$U_{\text{O}}=-\frac{U_{\text{REF}}}{2^n}D_n$$

此式就是式(8.1.6),其条件是 R_{F} 等于 T 型网络的阻值 R。

输出为正值的是采用同相输入,如图 8.1.5 所示,输出模拟电压 U_{O} 为

$$U_{\text{O}}=I_\Sigma \frac{R}{2}\left(1+\frac{R}{R}\right) \tag{8.1.8}$$

即
$$U_{\text{O}}=\frac{U_{\text{REF}}}{2^n}D_n \tag{8.1.9}$$

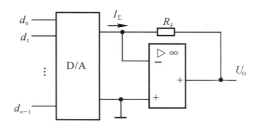

图 8.1.4　D/A 转换器的单极性

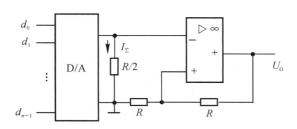

8.1.5　D/A 转换器的单极性反相电压输出同相电压输出

8.1.4　集成 D/A 转换器举例

常用的单片集成 D/A 转换器属于双极型管的有 AD1408,DAC100 等；CMOS 型的有 AD7523,DAC0808,5G7520,AD561 等。

现以 5G7520 为例讨论在使用中的一些问题。5G7520 是十位的 D/A 转换器,它是由 T 型电阻网络($R=10$ kΩ)和开关组成的使用时需外接运算放大器,而运算放大器的反馈电阻 $R_F=10$ kΩ 已在集成电路中,不需外接,参考电压 $U_{REF}=10$ V。当输入的数字量最高位为 1 时,对应的支路电流为 0.5 mA,该电流通过运放的反馈电阻便产生 -5 V 的电压;当输入数字量十位全为 1 时,对应的输出电压 $U_O=-9.99$ V;当十位全为 0 时,输出 $U_O=0$;最低一位为 1 时,对应模拟量为 $-\dfrac{U_{REF}}{1\,024}$。具体连接电路如图 8.1.6 所示,图中 R_3 为调零电位器,R_1、R_2 为调节输出电压比例系的可调电阻。

输出电压 U_O 为

$$U_O=-\frac{D_{10}}{2^{10}}U_{REF}=-\frac{U_{REF}}{1\,024}D_{10} \qquad (8.1.10)$$

式中:D_{10} 为输入的十位数字量。

使用时的调整步骤如下:

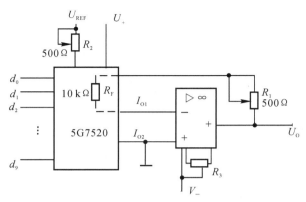

图 8.1.6　5G7520 的应用连接电路

（1）将所有的数字量输入端接地，即 $D_{10}=0000000000$，如果输出不为零，就调节 R_3 使 $U_O=0$，或在 ± 1 mV 以内。

（2）要增大输出电压，可增加运放的反馈电阻，即调节 R_1 的值。将所有数字输入端均接电源 U_+（即均接 1），调节 R_1 的值使输出 U_O 达到预定的满量程值。

（3）若减小输出电压，可采用减小基准电流的办法。将所有的数字输入端均接电源 U_+，调节 R_2 的值使输出 U_O 降到所要求的满量程值。

8.1.5　D/A 转换器的主要技术参数

1. 绝对精度（或绝对误差）

输入端加入对应输出为满量程的数字量时，D/A 转换器的理论值与实际值之差就是绝对误差，该值一般低于 1/2 最低位的权值。例如八位的单极性 D/A 转换器，当输入的数字量为 $(FF)_{16}$ 时，输出的模拟量的理论值应为 $\pm 255/256 U_{REF}$，而实际值不应超过 $\pm\left(\dfrac{255}{256}\pm\dfrac{1}{512}\right)U_{REF}$。

2. 分辨率

D/A 转换器能分辨出来的最小电压（即输入的数字代码只存最低位为 1）与最大输出电压（此时输入数字代码全为 1）之比为分辨率。如十位 D/A 转换器的分辨可表示为

$$\frac{1}{2^{10}-1}=\frac{1}{1\,023}\approx 0.001$$

3. 非线性度

两个相邻数码对应的模拟量之差均是 2^{-n}，这是理想的，实际是有偏差的。在全量程范围内，实际值偏离理想值的最大值称为非线性误差，有时将它

与满量程值之比称为非线性度。

4. 建立时间

当转换器的输入变化满度值时,即输入由全为 0 变为全为 1 时,或由全为 1 变成全为 0 时,输出达到稳定所需的时间为建立时间,也叫转换时间。目前在不包含参考电压源和运算放大器的单片的集成 D/A 转换器中,建立时间最短的可达 0.1 μs,在包括参考电压源和运算放大器的集成 D/A 转换器中,建立时间最短的可达 1.5 μs。

8.2 A/D 转换器

8.2.1 A/D 转换的一般步骤和采样定理

1. A/D 转换的一般步骤

A/D 转换器的输入是模拟信号,在时间上和数值上是连续的。A/D 转换器的输出信号是数字量,是离散的。因此在进行转换时只能在一系列选定的瞬间对模拟量进行采样,采来的瞬时值保持一段时间,对它进行量化和编码,才能输出数字量,然后再进行下一次采样,如此进行。可见,完成 A/D 转换的过程必须经采样、保持、量化和编码 4 个步骤。举例说明,如输入模拟量为 u_1,如图 8.2.1 所示。

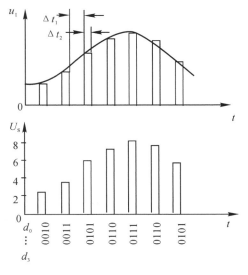

图 8.2.1 对输入模拟信号的采样

采样:用相等的时间间隔 Δt_1,在 u_1 上取瞬时值,就得到离散的模拟量,Δt_1 为采样时间(跟踪 u_1)。

保持:在相邻下次采样前一直保持采样来的值 U_S,Δt_2 为保持时间。

量化:将采样来的瞬时模拟值用等效的数字值表示,量化单位越小越精确(数字量最低位所代表的模拟量的数值叫量化单位)。

编码:对量化后的数字量进行编码,常用的编码有二进制码或 BCD 码。

2. 采样定理

为了准确地用一组采样信号表示一个模拟信号,采样信号的频率必须足够高。为了保证还能将采样信号恢复成原来的模拟信号,必须满足

$$f_\varepsilon \geqslant 2f_{imax} \tag{8.2.1}$$

式中:f_ε 为采样频率;f_{imax} 为模拟信号中的最高频率。

式(8.2.1)就是采样定理。

3. 采样保持电路

以单片集成采样保持电路 LF198 的电路原理图如图 8.2.2 所示,图中 A_1,A_2 为两个运算放大器,u_i 为输入的模拟电压,C_H 为外接的保持电容,L 为控制开关 S 的电路。

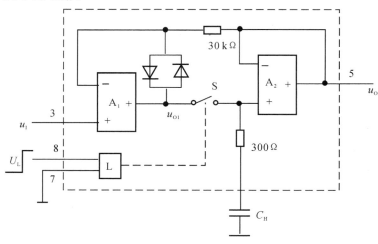

图 8.2.2 采样保持电路 LF198

当 U_L 为高电平时,开关 S 接通,整体电路构成电压跟随器,$u_O = u_{O1} = u_I$,这就是处于采样工作状态。

当 U_L 为低电平时,开关 S 断开,这时的输出电压 u_O 靠保持电容 C_H 上的电压(等于 u_{O1})来维持,这就是保持状态。

电容 C_H 的容值和漏电情况与采样和保持的质量密切相关,C_H 容值大和漏电小有利于保持,而 C_H 容值小有利于采样。通常采用聚苯乙烯电容或聚四氟乙烯电容,其容值为几千皮法到 0.01 μF。

图 8.2.2 所示两个二极管是起保护作用的,如无二极管,当 S 再次接通前 u_I 变化了,而 u_{O1} 就可能变化很大,有可能致使 A_1 饱和,会使开关承受较高电压。有了二极管后,u_{O1} 就被钳位于 $u_I + U_D$(U_D 是二极管压降)。在 S 接通的情况下,$u_O \approx u_{O1}$,两个二极管均不导通,保护电路不起作用。

4. 量化与编码

将采样来的离散模拟量变成数字量,因为任何一个数字量的大小只能是某个规定的最小单位量的整数倍,即是量化单位的整数倍。量化单位也就是数字量最低位为 1 所代表的模拟量,在此用 Δ 表示。

例如将 0~1 V 的模拟电压转成三位二进制代码的数字量,如图 8.2.3 所示,量化单位 $\Delta=1/8$ V。

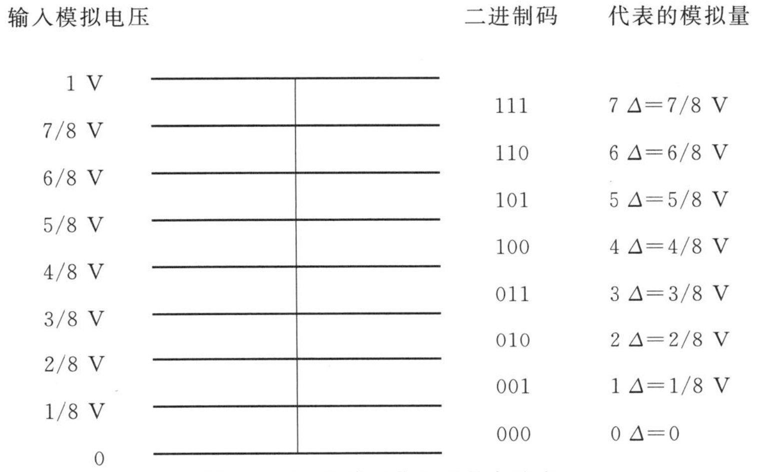

输入模拟电压		二进制码	代表的模拟量
1 V			
		111	7 $\Delta=7/8$ V
7/8 V			
		110	6 $\Delta=6/8$ V
6/8 V			
		101	5 $\Delta=5/8$ V
5/8 V			
		100	4 $\Delta=4/8$ V
4/8 V			
		011	3 $\Delta=3/8$ V
3/8 V			
		010	2 $\Delta=2/8$ V
2/8 V			
		001	1 $\Delta=1/8$ V
1/8 V			
		000	0 $\Delta=0$
0			

图 8.2.3　划分量化电平的方法之一

采样来的瞬时模拟量在 0~1/8 V 的范围内,数字化以后为 000,代表 0。同理,模拟量在 1/8~2/8 V 之间的二进制代码为 001,……,如图 8.2.3 所示,这种量化方法最大的量化误差为 $\Delta=1/8$ V。如果采用图 8.2.4 所示的方法,量化单位 $\Delta=2/15$ V,这种方法的最大量化误差为 $\frac{1}{2}=1/15$ V,精度就提高了。

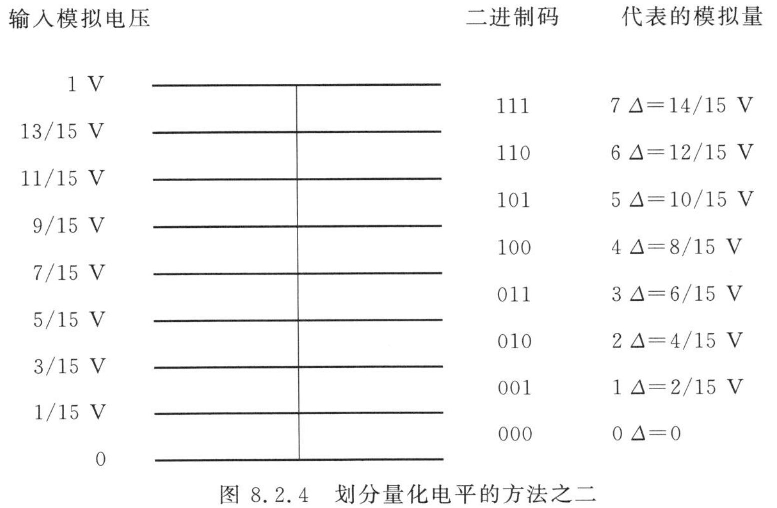

输入模拟电压		二进制码	代表的模拟量
1 V			
		111	7 $\Delta=14/15$ V
13/15 V			
		110	6 $\Delta=12/15$ V
11/15 V			
		101	5 $\Delta=10/15$ V
9/15 V			
		100	4 $\Delta=8/15$ V
7/15 V			
		011	3 $\Delta=6/15$ V
5/15 V			
		010	2 $\Delta=4/15$ V
3/15 V			
		001	1 $\Delta=2/15$ V
1/15 V			
		000	0 $\Delta=0$
0			

图 8.2.4　划分量化电平的方法之二

量化后的数字量可采用不同的编码来表示,通常较多的是二进制代码或 BCD 码。

8.2.2 直接 A/D 转换器

1. 并联比较型 A/D 转换器

输出三位二进制码的电路形式如图 8.2.5 所示。电路是由 $C_1, C_2, \cdots, C_7$ 7 个比较器及 7 个触发器构成的寄存器和优先编码器组成的。U_1 为采样保持电路提供的模拟信号,U_R 为基准电压,被转换的模拟电压 U_1 的范围是 $0 \leqslant U_1 \leqslant U_R$,输出量是三位二进制码 $d_2 d_1 d_0$。CP 为寄存器触发信号,它需要与采样保持电路协调工作。

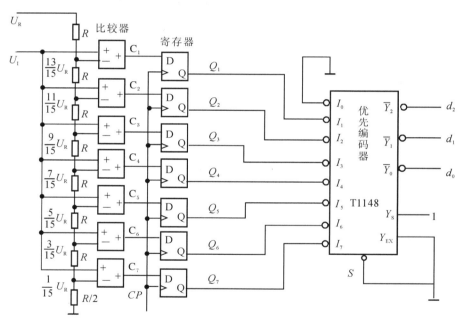

图 8.2.5 并联比较型 A/D 转换器

基准电压 U_R 经电阻分压为各比较器提供基准电压,分别为 $1/5 U_R$,$3/15 U_R, \cdots, 13/15 U_R$。对任何一个比较器来说,当 U_1 大于其基准电压时,比较器输出为高电平,否则为低电平。当一个 CP 到来时,便将比较器的输出存入寄存器,寄存器的输出就是优先编码器的输入。优先编码器的功能表见表 8.2.1。

表 8.2.1　功能表

S	I_7	I_6	I_5	I_4	I_3	I_2	I_1	I_0	$\overline{Y}_2$	$\overline{Y}_1$	$\overline{Y}_0$
1	Φ	Φ	Φ	Φ	Φ	Φ	Φ	Φ	1	1	1
0	0	Φ	Φ	Φ	Φ	Φ	Φ	Φ	0	0	0
0	1	0	Φ	Φ	Φ	Φ	Φ	Φ	0	0	1
0	1	1	0	Φ	Φ	Φ	Φ	Φ	0	1	0
0	1	1	1	0	Φ	Φ	Φ	Φ	0	1	1
0	1	1	1	1	0	Φ	Φ	Φ	1	0	0
0	1	1	1	1	1	0	Φ	Φ	1	0	1
0	1	1	1	1	1	1	0	Φ	1	1	0
0	1	1	1	1	1	1	1	0	1	1	1

如果 U_I 在 $1/15U_R \sim 3/15U_R$ 之间，$Q_7 = I_7 = 1$，其他 $I_1 = I_2 = \cdots = I_6 = 0$ 对应输出二进制码 $d_2 d_1 d_0 = 001$；如果 U_I 在 $11/15U_R \sim 13/15U_R$ 之间，$I_7 I_6 I_5 I_4 I_3 I_2 I_1 = 1111110$，则 $d_2 d_1 d_0 = 110\cdots$。这种输入输出对应关系见表8.2.2。

表 8.2.2　输入输出对应关系

输入模拟量 U_I	寄 存 器 状 态								编　　　码			代表的模拟电压
	Q_7	Q_6	Q_5	Q_4	Q_3	Q_2	Q_1	Q_0	d_2	d_1	d_0	
$(0 \sim 1/15)U_R$	0	0	0	0	0	0	0	0	0	0	0	0
$(1/15 \sim 3/15)U_R$	1	0	0	0	0	0	0	0	0	0	1	$2/15U_R$
$(3/15 \sim 5/15)U_R$	1	1	0	0	0	0	0	0	0	1	0	$4/15U_R$
$(5/15 \sim 7/15)U_R$	1	1	1	0	0	0	0	0	0	1	1	$6/15U_R$
$(7/15 \sim 9/15)U_R$	1	1	1	1	0	0	0	0	1	0	0	$8/15U_R$
$(9/15 \sim 11/15)U_R$	1	1	1	1	1	0	0	0	1	0	1	$10/15U_R$
$(11/15 \sim 13/15)U_R$	1	1	1	1	1	1	0	0	1	1	0	$12/15U_R$
$(13/15 \sim 1)U_R$	1	1	1	1	1	1	1	0	1	1	1	$14/15U_R$

这种直接 A/D 转换器中各比较器都是并行同时工作的，最大的优点是工作速度高，而且与位数无关。其缺点是位数越多用的比较器和触发器也越多，三位二进制码用 9(即 $2^3 - 1$)个比较器和 9 个触发器，若输出为十位二进制

码,就必须用 1 023 个比较器和 1 023 个触发器,显然是太复杂了。八位的 A/D 转换器每转换一次的时间在 50 ns 以内。

2. 反馈比较型 A/D 转换器

(1)计算式的 A/D 转换器。计数式的 A/D 转换器的原理图如图 8.2.6 所示,工作原理如下:首先计数器清零,D/A 转换器输出 $U_O=0$,输入的模拟电压 U_I 来自采样保持电路,转换控制为 1 时开始转换。当 $U_I>U_O$ 时,比较器输出 U_C 为高电平,与门打开,时钟脉冲进入,计数器进行计数,随着计数量的增加 U_O 也增大。当 $U_I=U_O$ 时,比较器输出 U_C 为低电平,与门关闭,停止计数。这时计数器中的二进制数就是 U_I 转换成的数字量。这种转换工作过程定期重复进行。

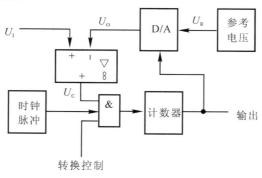

图 8.2.6　计数式 A/D 转换器的原理

转换器中 D/A 转换器的量化单位越小,则转换输出的数字量的位数就越多,精度就高。此种方式的缺点是转换时间长,若 n 位输出,则最长的转换一次用的时间为 2^n-1 个时钟脉冲的周期。在要求转换速度不高的场合这种方式还是可取的。

(2)逐次逼近式 A/D 转换器。逐次逼近式 A/D 转换器的原理图如图 8.2.7 所示,其组成有控制逻辑电路、寄存器、D/A 转换器、比较器和时钟脉冲源等 5 部分。U_I 为输入模拟电压,U_R 为基准电压。为了便于说明转换原理和转换过程,假定 $U_I=8.3$ V,$U_R=10$ V,输出数字量为八位即 $D_8=d_7d_6d_5d_4d_3d_2d_1d_0$,最高位 $d_7=1$,对应的模拟电压值为 $U_R/2$,$d_6=1$ 对应的模拟电压值为 $U_R/4$,…,$d_0=1$,对应模拟电压值为 $U_R/2^8$。转换过程如下:

1)转换开始前寄存器清零,输出数字量 $D_8=00000000$,加一个转换控制脉冲信号便开始转换。

2)第一个时钟脉冲进入控制逻辑电路,使寄存器最高位 $d_7=1$,其他位保持 0 不变,这时输出数字量 $D_8=10000000$,D/A 转换器的输出 $U_O=U_R/2=5$ V,由于 $U_I>U_O$,比较器的 U_a 为高电平,即 $a=1$。

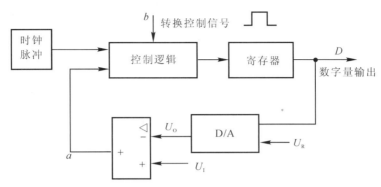

图 8.2.7　逐次逼近式 A/D 转换器原理图

3)第二个时钟脉冲进入控制逻辑电路,使寄存器次高位 $d_6=1$,由于 $a=1$,则 $d_7=1$ 被保留,这时寄存器输出 $D_8=11000000$,D/A 转换器输出 $U_O=U_R/2+U_R/4=(5+2.5+7.5)$ V,此时 $U_I>U_O$,比较器输出 $a=1$。

4)第三个时钟脉冲进入控制逻辑电路,使寄存器的 $d_5=1$,由于 $a=1$,则 $d_6=1$ 被保留,这时 $D_8=11100000$,D/A 转换器的输出 $U_O=U_R/2+U_R/4+U_R/8=(5+2.5+1.25)$ V$=8.75$ V,此时 $U_I<U_O$,则比较器输出 $a=0$。

5)第四个时钟脉冲进入,使寄存器的 $d_4=1$,由于 $a=0$,则 $d_5=1$ 被取消,这时 $D_8=11010000$,D/A 转换器的输出 $U_O=U_R/2+U_R/4+U_R/16=8.125$ V,$U_I>U_O$,比较器输出 $a=1$。

6)第五个时钟脉冲进入……,一直进入到八位。

最后数字量输出 $D=11010111$,对应的模拟量 $U_O\approx8.293$ V,数字量的位数越多越精确。

这种转换方式比计数式的快得多,但转换速度还不如并联比较型的,可是用的器件要少得多。因此这种转换器是目前集成 A/D 转换器中用得最多的一种电路,如 AD7574,ADC0809(八位)和 AD5770,TDC10135(十位)等。

8.2.3　间接 A/D 转换器

以电压-时间 A/D 转换为例将输入的模拟电压 U_I 转换成与其成比例的时间间隔,然后用固定频率的脉冲去充填这段时间间隔,充填的脉冲数就与 U_I 成比例,利用计数器输出即可,常用的是双积分式电压-时间 A/D 转换器,其原理图如图 8.2.8 所示。

图中运算放大器 A_1 和电容 C 构成积分电路,A_2 为检零比较器,S_0,S_1 为两个模拟开关,L_0 和 L_1 为两个开关的驱动电路,G_1,G_2 是两个门电路,其他组成部分如图 8.2.8 所示,其转换过程如下:

(1)转换开始前,由于转换控制信号 $U_S=0$,则计数器和附加触发器 F_n 均被置 0,同时开关 S_0 是闭合的,积分电容 C 被短路。

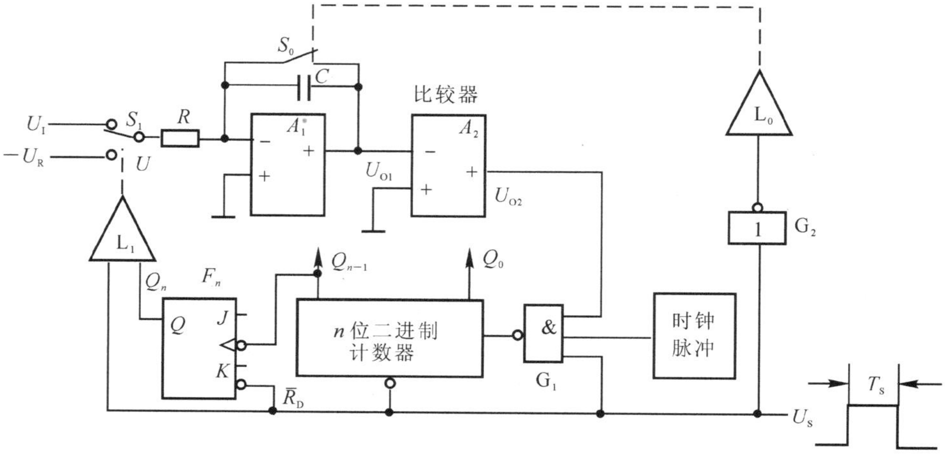

图 8.2.8 双积分式 A/D 转换器原理图

(2)当 U_S 为高电平时转换开始,S_0 断开,S_1 接通输入的模拟电压 U_I,积分器对 U_I 进行积分,因为 $U_I>0$,所以积分器输出 $U_{O1}<0$,比较器输出 U_{O2} 为高电平,与非门 G_1 打开,计数器对进入的时钟脉冲进行计数。当计数到计数器 n 位全为 1 时,下一个计数脉冲到来时,n 位计数器输出全部回零,利用最高位 Q_{n-1} 回零下跳去触发附加触发器 F_n,使 $Q_n=1$,经 L_1 使开关 S_1 与 U_I 断开,并接通基准电压 $-U_R$。

对 U_I 进行积分用的时间为

$$T_1=2^nT_C \tag{8.2.2}$$

式中:T_C 是时钟脉冲的周期,若 T_C 是常数,则 T_1 也为常数。

对 U_I 积分结束时,积分器的输出电压 U_{O1} 为

$$U_{O1}=-\frac{1}{RC}\int_0^{T_1}U_I\mathrm{d}t=-\frac{1}{RC}U_IT_1 \tag{8.2.3}$$

(3)在开关 S_1 接通基准电压 $-U_R$ 后,积分器在对 U_I 积分的基础上又开始对 $-U_R$ 进行积分,计数器又从零开始计数,一直积分到 $U_{O1}=0$,U_{O2} 为低电平,与非门 G_1 关闭才停止计数,计数的结果可输出或存入寄存器。然后转换控制信号 $U_S=0$ 就完成一次转换。对 $-U_R$ 积分用的时间为 T_2,满足下式

$$U_{O1}=-\frac{1}{RC}U_1T_1-\frac{1}{RC}(-U_R)T_2=0$$

即

$$U_IT_1=U_RT_2$$

$$T_2=\frac{T_1}{U_R}U_I=\frac{2^nT_C}{U_R}U_I \tag{8.2.4}$$

因为 U_R 和 T_1 为常数,故 T_2 与 U_1 成比例,这就是把输入的模拟电压 U_1 转换成与之成比例的时间间隔 T_2。完成一次转换后,计数器内存的数字量为

$$N=\frac{T_2}{T_C}=\frac{2^n}{U_R}U_1 \tag{8.2.5}$$

便得到

$$U_1=N\frac{U_R}{2^n} \tag{8.2.6}$$

从此式可看出输入的模拟量 U_1 与计数器计的数 N 成比例。上述转换对应的波形如图 8.2.9 所示。

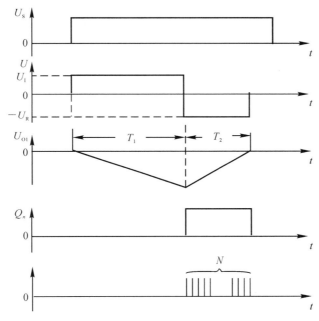

图 8.2.9 各点波形

这种转换器完成一次转换要分别对 U_1 和 $-U_R$ 进行两次积分,故又叫做双积分式 A/D 转换器。

假如是十位 A/D 转换器,若取基准电压 $U_R=1\,024$ mV,则有

$$U_1=N\frac{1\,024\ \text{mV}}{2^{10}}=N\ \text{mV}$$

此式表明十位二进制数最低位的 1 代表 1 mV 的模拟量,即量化单位 $\Delta=1$ mV。

这种转换器正常工作的条件是 $T_2<T_1$,也就是要满足 $U_1<|U_R|$。否则会发生第二次计数器回零。转换控制信号 U_S 的脉宽 $T_S>2T_1$,也就是说必

须完成一次转换后,方可终止转换。

双积分式 A/D 转换器的特点是:

(1)转换精度与积分时间常数 RC、时钟脉冲周期 T_c 无关,只要它们在一次转换过程中保持不变即可。

(2)抗干扰能力强。由于是对 U_1 的平均值积分,所以只要 T_1 是交流干扰信号周期的整数倍,这些干扰就不起作用。

(3)这种转换器中不使用 D/A 转换器,因而电路简单、经济。

(4)比较器和运算放大器的零点漂移对转换精度影响较大。

(5)转换速度慢,每转换一次用的时间不能小于 $2T_1$,再考虑到计数器清零等准备时间,转换时间还要长一些。目前生产的单片集成双积分型 A/D 转换器的工作速度是每秒几次到几十次。

这种 A/D 转换器尽管工作速度低,但其他优点突出,因此在对工作速度要求不高的场合被广泛地采用。

8.2.4　A/D 转换器的主要技术参数

1. 绝对精度

对应某一输出数字量的输入模拟电压理论值与实际值之差叫绝对精度。例如输出的数字量为 110(见图 8.2.4),它对应的模拟量是一个范围,11/15～13/15 V,其对应的理论值为 12/15 V,故最大的绝对误差为 1/15 V。

2. 转换时间和转换率

从接到输入信号到转换完成,且输出稳定所需要的时间叫转换时间,其倒数叫转换率。例如某 A/D 转换器转换时间为 2 μs,则其转换率为 0.5 MHz。由于 A/D 转换器的类型不同,所以转换时间相差比较悬殊。

3. 其他指标

其他指标如输入模拟电压范围、输入电阻、输出逻辑电平、带载能力、功耗、温度系数等。

小　　结

随着微处理器和微型计算机的迅速发展和广泛使用,也促进了 A/D 和 D/A 在控制、检测和信号处理中的发展与应用。本章只介绍了几种典型电路和基本原理。

在 D/A 转换器中由于 R-2RT 形网络只用两种阻值的电阻,且各支路的电流不变,因此基准电压源的负载变化较小,故应用的较多。

A/D 转换器种类也很多,最主要的参数是两个,一个工作速度,另一个是转换精度(即数字量的位数)。由于这两个参数不同,其价格也相差较大,所以这要根据需要合理地去选用。

习　题　八

8.1 如图题 8.1 所示的 $R-2R$ 梯形网络中有 10 个开关,对应有十位二进制数输入,即 $D_{10}=d_9d_8d_7\cdots d_0$,图中 $R=10\ \text{k}\Omega$, $R_F=10\ \text{k}\Omega$, $U_{REF}=10\ \text{V}$,当输入数字量分别为 $(0F8)_{16}$, $(0FF)_{16}$, $(18D)_{16}$ 时,试求对应的输出模拟电压 U_O 的值。

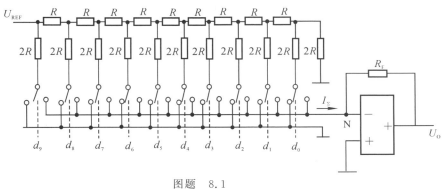

图题　8.1

8.2 权电阻和梯形网络相结合的 D/A 转换电路如图题 8.2 所示。试证明:

(1)当 $r=8R$ 时,该电路是八位二进制码 D/A 转换器。

(2)当 $r=4.8R$ 时,该电路为二位(个位和十位)BCD 码 D/A 转换器。

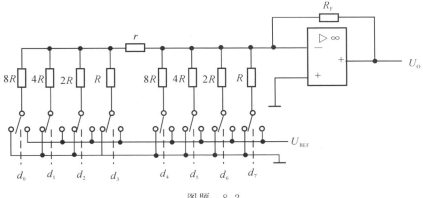

图题　8.2

8.3 试计算八位单极性 D/A 转换器的数字输入量分别为 $(7F)_{16}$,$(81)_{16}$ 和 $(F3)_{16}$ 时对应的输出模拟电压 U_O 值,基准电压 $U_{REF}=10$ V。

8.4 由 5G7520 组成的双极性输出 D/A 转换器如图题 8.4 所示,为了得到 ± 5 V 的最大输出模拟电压 $U_B=-10$ V,U_{REF} 和 R_B 应取何值。

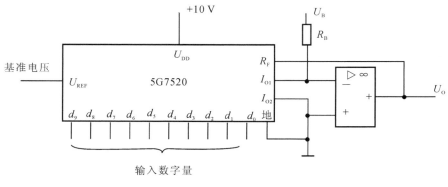

图题 8.4

8.5 利用 5G7520 将八位二进制数输入量转换成模拟电压输出,电路连接图如图题 8.5 所示,当输入为 $(01)_{16}$,$(15)_{16}$,$(F4)_{16}$ 时,求出对应的 U_O 电压值。

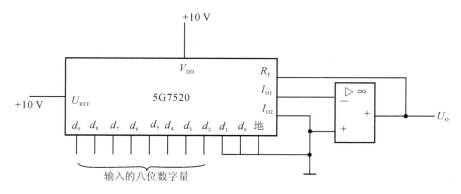

图题 8.5

8.6 在如图 8.2.6 所示的计数式 A/D 转换器中,若输出数字量为 10 位,时钟脉冲信号频率为 $f=1$ MHz,完成一次转换的最长时间约是多少? 如果希望转换时间不大于 100 μs,这时时钟脉冲信号的频率应约为多少?

8.7 如图 8.2.8 所示的双积分式 A/D 转换器的时钟脉冲频率为 100 kHz,若转换器为十位,则转换一次最长的转换时间约是多少?

第 9 章　存储器和可编程逻辑器件

通过介绍我国现场可编程门阵列（Field Programmable Gate Array,FPGA）技术的发展历程,特别是具有自主知识产权的FPGA,增强学生的民族自豪感,其次,让学生了解我国 FPGA 技术在半导体工艺和发达国家的差距,提升学生科技报国的责任感和使命感。

9.1　随机存取存储器

9.1.1　静态六管存储单元

一位存储单元的工作原理电路如图 9.1.1 所示,图中各场效应管均为 N 沟道增型强。T_1、T_2、T_3 和 T_4 组成基本 RS 触发器,T_5、T_6 组成单元的控制门（行选择门）,T_7、T_8 构成列选择门,X_i 是由行（字）地址译码器输出的第 i 行（字）的行选信号。$X_i=1$ 就是第 i 行被选中。Y_j 是由列（位）地址译码器输出的第 j 列（位）的列选信号,$Y_j=1$ 就是第 j 列被选中。下面介绍写入与读取的过程。

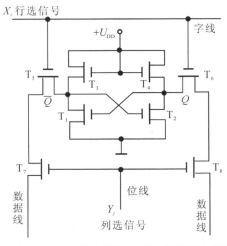

图 9.1.1　一位存储单元的工作原理电路图

（1）读取。输入行地址使行译码器输出 $X_i=1$,输入列地址使列译码器输出 $Y_j=1$,这时 T_5,T_6 和 T_7,T_8 均导通,该存储单元被选中,该单元的存储内容 Q 和 $\bar{Q}$ 便与数据线接通,即可输出。

(2)写入。欲将信息(0 或 1)写入第 i 行第 j 列的存储单元,先将信息放到数据线上,输入行地址使行地址译码器输出 $X_i=1$,输入列地址使列地址译码器输出 $Y_j=1$,T_5,T_6 和 T_7,T_8 均导通,欲写入的互反信息分别接到 Q 和 $\bar{Q}$ 点上,基本 RS 触发器通过交叉耦合就可保持这种状态,不管 T_5,T_6 和 T_7,T_8 是导通还是截止,基本 RS 触发器的状态不会改变,只有重新写入时才能改变。

当对该单元不写不读时,行选信号 X_i 和列选信号 Y_j 至少有一个为 0,则该单元便与外界处于断开状态。

9.1.2 随机存储器(RAM)

以容量为 256×1 为例,该存储器可存 16 行,每行 16 位,每个存储单元的电路与图 9.1.1 相同,只是 T_7,T_8 作为一列存储单元的公用管,电路图如图 9.1.2 所示。$R/\bar{W}$ 为读/写控制量,$R/\bar{W}=1$ 为读取,$R/\bar{W}=0$ 为写入。

如对第一行第 0 位进行读或写,输入地址 $A_7A_6A_5A_4A_3A_2A_1A_0=00010000=(10)_{16}$,就是第一行第 0 位存储单元被选中,由 $R/\bar{W}$ 来决定是写入或是读出。如输入地址 $A_7A_6A_5A_4A_3A_2a_1A_0=(FF)_{16}$,则第 15 行第 15 位被选中。依此类推,输入不同的地址,便可选中 256 位中的任何一位来进行读、写操作。

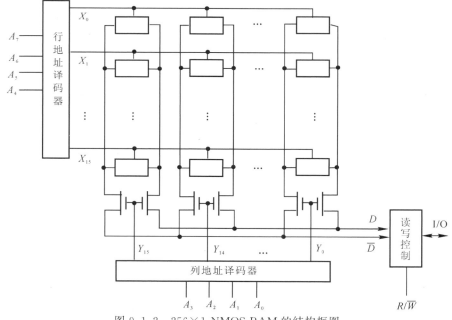

图 9.1.2 256×1 NMOS RAM 的结构框图

9.1.3 存储容量的扩展

在数字系统中,当使用一篇 ROM 或 RAM 器件不能满足存储容量要求时,必须将若干片 ROM 或 RAM 连在一起,以扩展存储容量,所需芯片数为: $d=$ 设计要求的存储容量/已知芯片的存储容量,扩充的方法有位扩展、字扩展和字位扩展。

1. 位扩展方式

若给定的芯片的字数(地址数)符合要求,但位数较短,不满足设计要求的存储器字长,则需要进行位扩展。

用 8 片 $1\ 024\times1$ 的 RAM 连成 $1\ 024\times8$ 的 RAM,如图 9.1.3 所示, $A_9A_8\cdots A_0$ 为 10 位地址码, $\overline{CS}$ 为选片信号,低电平有效, $R/\overline{W}$ 为读写操作信号,若 $R/\overline{W}=1$ 是读取,若 $R/\overline{W}=0$ 是写入。I/O 为输入、输出端。

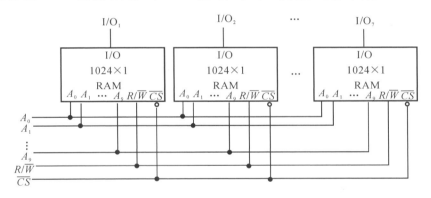

图 9.1.3 RAM 的位扩展接法

2. 字扩展方式

如果每一片 RAM 存储器的数据位数够用而字数不够用,就需要采用字扩展方式。

图 9.1.4 所示是用 4 片 256×8 位的 RAM 接成 $1\ 024\times8$ 位的 RAM 示意图。其容量有 $1\ 024$ 个字,每个字有 8 位。而每片的地址只有八位($A_7A_6\cdots A_0$),无法区别 4 片中的相同地址,因此,必须增加两位地址码 A_9A_8 ,通过 2 线 -4 线译码电路的输出端连接各 RAM 的片选端 $\overline{CS}$ 。当 $A_9A_8=00$, $\overline{Y}_0=0$ 选中 RAM(I);当 $A_9A_8=01$, $\overline{Y}_1=0$ 时,选中 RAM(II),当 $A_9A_8=10$, $\overline{Y}_2=0$ 时,选中 RAM(III);当 $A_9A_8=11$, $\overline{Y}_3=0$,选中 RAM(IV)。

数据的输入、输出端(I/O)都设置了由 $\overline{CS}$ 控制的三态缓冲器,任何时刻只能有一片工作,因此,各片 RAM 的 I/O 端可并联使用。

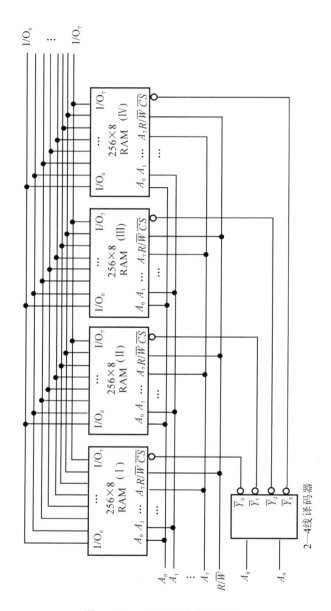

图 9.1.4 RAM 的字扩展接法

3.字位扩展

若给定芯片的字长和位数均不符合要求,则需要先进行位扩展,再进行字扩展。

9.2　只读存储器

9.2.1　读存储器概述

半导体只读存储器最大的特点是非易失性,其访问速度比 RAM 稍低,可以按地址随机访问。"只读"的意思是在其工作时只能读出,不能写入。早期的只读存储器中,存储的原始数据必须在其工作以前离线存入芯片中,现代的许多只读存储器都能够支持在线更新其存储的内容,但更新操作与 RAM 的写操作完全不同,不仅控制复杂,而且耗时长,更新所需要的时间比 ROM 的读操作时间长很多,可以重新更新的次数也相对较少。

狭义的 ROM 仅指掩膜 ROM。掩膜 ROM 实际上是一个存储容量固定的 ROM,由半导体生产厂家根据用户提供的信息代码在生产过程中将信息存入芯片中。一旦 ROM 芯片做成,就不能改变其中存储的内容。

为了让用户更新 ROM 中存储的内容,可以使用可编程 ROM(PROM)。一次性编程 ROM、紫外线擦除 PROM、E^2PROM 和快闪存储器均可由用户编程。

9.2.2　固定只读存储器(掩模 ROM)

固定只读存储器是由地址译码器、存储矩阵和输出电路三部分组成的,以 4(行)×4(位)二极管只读存储器为例,如图 9.2.1 所示。

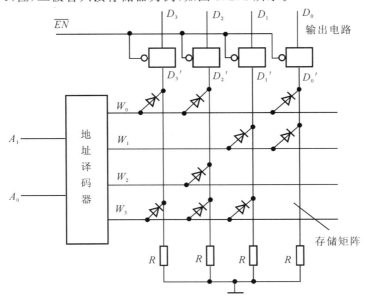

图 9.2.1　二极管只读存储器

地址译码器输出 $W_3W_2W_1W_0$ 四根线,这四根水平线叫字线(或行),而垂直的 $D_3'D_2'D_1'D_0'$ 四根线叫位线(数据线或列线)。字线与位线交叉处是一个存储单元,可存储一位信息(0 或 1),有二极管的存储单元存的是 1,无二极管的存储单元存的是 0。

输出电路是由输出缓冲器构成的。使用缓冲器的目的是提高带载能力,并使输出电平与 TTL 电路的逻辑电平兼容,同时利用缓冲器的三态功能可将存储器的输出与系统的数据总线相连接。每一条数据线的输出数据都是一个门电路的输出,以位线 D_3' 为例,如图 9.2.2 所示。在 $\overline{EN}=0$ 时:它满足下式(最小项表达式)

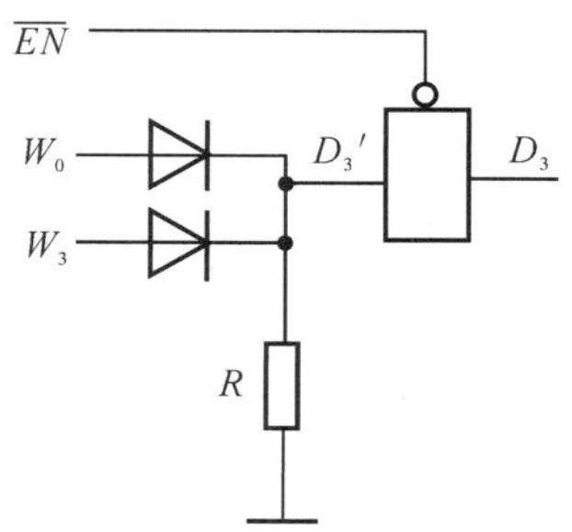

$$D_3 = D_3' = W_3 + W_0$$

同理

$$D_2 = D_2' = W_3 + W_2 + W_0$$

$$D_1 = D_1' = W_3 + W_1$$

$$D_0 = D_0' = W_1 + W_0$$

图 9.2.2 位线 D_3' 的逻辑结构

地址译码器的输出由下式确定:

$$W_0 = \overline{A_1}\,\overline{A_0}\,;\,W_1 = \overline{A_1}A_0$$

$$W_2 = A_1\overline{A_0}\,;\,W_3 = A_1A_0$$

地址与存储内容的对应关系,见表 9.2.1。要读取数时,先使 $\overline{EN}=0$,三态缓冲器与外部接通,再输入地址,如 $A_1A_0=00$,则地址译码器输出 $W_3W_2W_1W_0=0001$,数据输出为 $D_3D_2D_1D_0=1101$,把该地址存储的数据经三态缓冲器输向外部。同理,如地址 $A_1A_0=01$ 则输出 $D_3D_2D_1D_0=0011$,…,见表 9.2.2。

表 9.2.1　地址与存储内容的对应关系

地　　址		存　储　内　容			
A_1	A_0	D_3'	D_2'	D_1'	D_0'
0	0	1	1	0	1
0	1	0	0	1	1
1	0	0	1	0	0
1	1	1	1	1	0

表 9.2.2　地址与数据输出的对应关系

地　　址		字　　　　线				数　据　输　出			
A_1	A_0	W_3	W_2	W_1	W_0	D_3	D_2	D_1	D_0
0	0	0	0	0	1	1	1	0	1
0	1	0	0	1	0	0	0	1	1
1	0	0	1	0	0	0	1	0	0
1	1	1	0	0	0	1	1	1	0

再介绍一种由 MOS 管组成的存储矩阵,如图 9.2.3 所示,图中 MOS 管均为 NMOS 型。

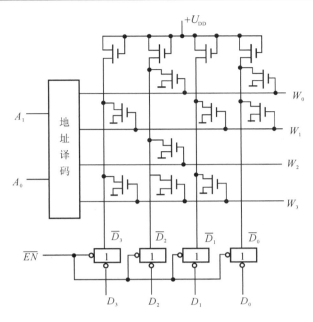

图 9.2.3　NMOS 管组成的存储矩阵

每一条数据线的输出数据都是一个或非门电路的输出，以位线 D_3 为例，如图 9.2.4 所示，电路满足：

$$\overline{D_3} = \overline{W_3 + W_1}; D_3 = W_3 + W_1$$

同时

$$\overline{D_2} = \overline{W_3 + W_2 + W_0}; D_2 = W_3 + W_2 + W_0$$

$$\overline{D_2} = \overline{W_3 + W_1}; D_1 = W_3 + W_1$$

$$\overline{D_0} = \overline{W_1 + W_0}; D_0 = W_1 + W_0$$

以数据 $D_3 D_2 D_1 D_0$ 为输出，有 NMOS 管的存储单元存的是 1，无 NMOS 管的存储单元存的是 0。如果要读取数，使 $\overline{EN} = 0$ 和输入相应的地址 $A_1 A_0$，便可输出数据。

这种固定 ROM 存储器的存储内容是一出厂就设定好了的，它适用存储固定不变的信息，如常数表、数据转换表及固定程序等，用户只能读取而不能改存。

通过以上的分析可知，ROM 的结构实际就是与逻辑阵列和或逻辑阵列的结合，也就是说，地址译码器实际就是与逻辑阵列。它给出的是全部最小项（见图 9.2.1），存储矩阵就是或逻辑阵列。图 9.2.1 可简化成图 9.2.5 的形式。

利用 ROM 可实现任何组合逻辑电路。

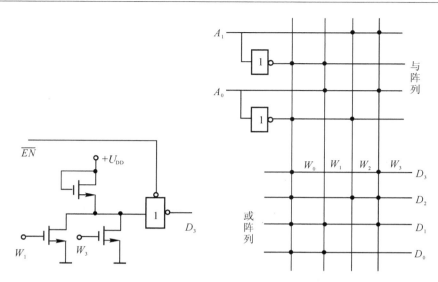

图 9.2.4　位线 D_3 的逻辑结构　　图 9.2.5　二极管只读存储器的简化电路

9.2.3　可编程只读存储器

　　PROM 存储器出厂时,存储单元全为 1 或全为 0,使用时由用户写入要存的内容,不过只能存入一次,以后就不可改动了。下面以 16(字)×8(位)的双极型熔丝结构的 PROM 为例加以说明,如图 9.2.6 所示。

　　$A_3A_2A_1A_0$ 为四位地址输入,$\overline{CS}$ 为选片信号,当 $\overline{CS}=0$ 时,表示输入地址有效,该存储矩阵被选中。译码器的输出 $W_0W_1 \cdots W_{15}$ 为字线,位线是通过读/写控制电路与数据线相连的。$D_7D_6 \cdots D_0$ 为输入或输出数据。存储矩阵所有三极管的发射极均通过熔断丝与位线相连接,熔断丝是由低熔点的合金或很细的多晶硅导线做成的,出厂时熔断丝均是完好的,各存储单元存的全为 0,用户要改存 1 时,可将欲存 1 的单元三极管的熔断丝熔断即可。下面简单叙述写入与读取的过程。

　　(1)写入 1 的过程。假如使第 15 个字的最高位写入 1。这时将 D_7 端断开,$D_6D_5D_4D_3D_2D_1D_0$ 6 个端接地,输入地址 $A_3A_2A_1A_0=1111$,使 $W_{15}=1$,U_{CC} 接 +12 V 直流电源,$+U_1$ 处加正脉冲 ⊓ (约 20 V),稳压管 D_Z 被击穿且工作在稳压状态,三极管 T_2 导通且电流较大,存储矩阵中三极管 T_{15-7} 的熔断丝被熔断,就将 1 写入该单元了。本字的其他单元由于数据输入端 $D_6 \cdots D_0$ 均接地,各自相应的 T_2 均不导通,熔断丝中无电流,故不会熔断,保持存储值为 0。同理可以达到在任一字中的任一位存储单元写入 1 的目的。

　　(2)读取过程。假如欲读取第 15 个字,U_{CC} 和 U_1 接 +5 V 电源,输入地址 $A_3A_2A_1A_0=1111$,$W_{15}=1$,读/写控制电路中的稳压管 D_Z 不被击穿,三极管

T_2 截止,对应熔断丝已被熔断了的位的读/写控制电路中的 T_1 截止,则由 $+U_{CC}$ 经过 R 使 $D_7=1$。对应熔断丝未熔断的位的读/写控制电路中的三极管 T_1 导通,而使相应的输出为 0。

这种可编程的只读存储器(PROM),用户可根据自己的需要而存储,但只能存储一次,如果需要更改就做不到了,只能另换一片,因此对于科研、研制就不太方便了。

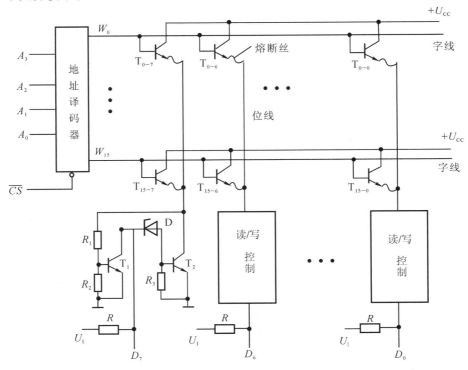

图 9.2.6　双极型熔丝结构可编程只读存储器

9.2.4　可擦编程只读存储器

1. 可擦写存储器(EPROM)

EPROM 可多次擦除和改存,对于科研调试较方便。下面以一个存储单元为例说明其工作原理,图 9.2.7 所示的是存储矩阵中的第 j 字第 i 位。T_1 为负载管,T_2 为工作管,两管都是 N 沟道增强型。T_2 是浮置栅 MOS 管,浮置栅被 SiO_2 绝缘层隔离,T_2 管的转移特性如图 9.2.8 中的曲线①所示,如果浮置栅带负电荷(电子),其转移特性就变成了曲线②。

如果浮置栅不带电荷(电子),当 $W_j=1$ 时,即控制栅加高电平 U_j,U_j 大于 T_2 的开启电压 U_{T2},T_2 便导通,该单元存的是 0,则 $D_i=0$。如浮置栅带电荷(电子),使得 T_2 的开启电压 U_{T2} 抬高到 U'_{T2},当 $W_j=1$ 时,控制栅的高电平 $U_j<U'_{T2}$,T_2 就不会导通,则 $D_i=1$。

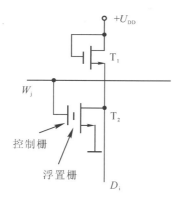

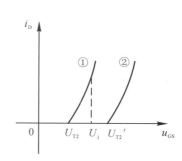

图 9.2.7　EPROM 的存储单元　　图 9.2.8　工作管 T_2 的一个转移特性

　　存储器出厂时浮置栅均不带电,因此,全部单元存储的都是 0。如要存入 1,就要给 T_2 管的漏一源极间加＋25 V 高电压,以便发生雪崩击穿 ,与此同时,在控制栅加 20～25 V 的正脉冲,使击穿时产生的、运动速度很快的电子穿越 SiO_2 层进入浮置栅,并使之带负电,这样就存入 1 了。因为浮置栅被绝缘隔离,带的电荷可以保存 7～10 年。

　　如要修改存储内容,可用紫外线灯管透过存储器的石英罩照射 T_2,使 SiO_2 层内产生电子-空穴对时,有了载流子就为浮置栅上的电荷提供了泄放的通路,泄放电荷以后,存储器就恢复了全部为零的状态。一般需要照射 10～20 min 才能擦除干净,然后便可存入的新的内容。如 EPROM 2716 存储容量为 2KB×8,2732 的存储容量为 4KB×8。

　　EPROM 的存取过程完全由计算机操作完成的,用户将欲存储的内容按要求的格式输入计算机,并把空白的 EPROM 插入计算机的固定插座内,接通规定的电源(20～25 V),启动固化程序,就会自动地存入所要存储的内容。

　　2. 电可擦除存储器(E^2PROM)

　　前面介绍的 EPROM 虽然可多次擦除重复使用,但操作麻烦,且擦除速度慢。因此,又制成了可以用电信号擦除的可编程的 ROM,这就是通常所说的 E^2PROM。这种存储器出厂时的存储内容全为 1 状态。

　　(1)写入状态。欲给某单元存 0,给控制栅加低电平,字线和位线加＋20 V 左右、宽度约为 10 ms 的脉冲电压。

　　(2)读出状态。控制栅加＋3 V 的电压即可。

　　(3)擦除状态。控制栅和字线加＋20 V 左右、宽度约为 10 ms 的脉冲电压。

3. 快闪存储器

快闪存储器既吸收了 EPROM 结构简单、编程可靠的优点,又保留了 $E^2 PROM$ 擦除的快捷性,而且集成度较高。

9.3　可编程逻辑器件

9.3.1　概述

从逻辑功能的特点上来分类数字集成电路,可以分成通用型和专用型。前面几章讲到的中、小规模的数字集成电路(TTL 和 CMOS)都是属于通用型的,它们的逻辑功能都比较简单,而且是固定不变的。用它们可组成各种复杂的数字系统,因而通用性很强。

用中、小规模集成电路组成一个复杂的数字系统,当然不如做一个大规模集成数字电路,不仅可以减小体积、质量和功耗,还能提高工作的可靠性,因此为某种专门用途而设计的集成电路叫专用型集成电路,不过这样的专用数字集成电路由于应用范围有限,就显得设计和制造成本较高,为了解决这个矛盾,就开发研制了可编程的逻辑器件(简称 PLD),它具有通用性,其逻辑功能可通过用户编程来设定。

自 20 世纪 80 年代以来 PLD 的发展非常迅速,目前生产和使用的 PLD 产品主要有 FPLA,PAL,GAL,EPLD 和 FPGA 等。

在前面存储器的章节中所讲述的 PROM,EPROM,EEPROM 实际上是一种可编程的组合逻辑器件,是由与阵列和或阵列组成的,其中只有或阵列是可编程的,而与阵列(地址译码器)是不可编程的。

在发展各种类型 PLD 的同时,设计手段的自动化程度也日益提高。用于 PLD 编程的开发系统由硬件和软件两部分组成。硬件部分包括计算机和专门的编程器,软件部分是有各种编程软件。这些编程软件都有较强的功能,操作也很简便,而且一般都可以在普通的计算机上运行。利用这些开发系统几小时内就能完成 PLD 的编程工作,这就大大提高了设计工作的效率。

新一代的系统可编程(ISP)器件的编程就更加简单了,编程时不需要使用专门的编程器,只要将计算机运行产生的编程数据直接写入 PLD 就行了。

为便于画图,在这一章采用了如图 9.3.1 所示的逻辑图形符号,这也是目前国际、国内通行的画法。与前 7 章的国家标准符号不相同。

任何一个组合逻辑函数都可以用与或式来表示,也就是可以用与逻辑电路和或逻辑电路来实现。

图 9.3.2 所示是由一个可编程的与逻辑阵列和一个可编程的或逻辑阵列及输出缓冲出器所组成的。

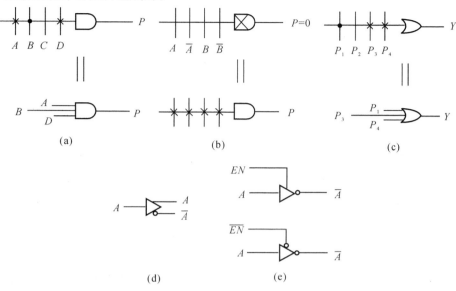

(a)　　　　　(b)　　　　　(c)

图 9.3.1　PLD 电路中门电路的习惯画法

（a）与门；（b）输出恒等于 0 的与门；（c）或门

（d）互补输出的缓冲器；（e）三态输出的缓冲器

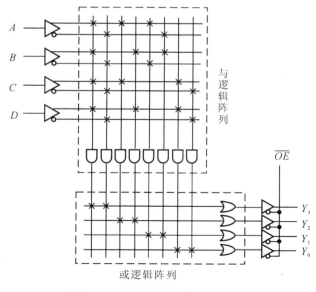

图 9.3.2　FPLA 的基本电路结构

输入量 A,B,C,D,通过互补输出缓冲器可提供 $A,\overline{A},B,\overline{B},C,\overline{C},D$ 和 $\overline{D}$ 八个量输给与逻辑阵列,与逻辑阵列的输出为若干个积项。作为或逻辑阵列的输入,或逻辑阵列经三态缓冲器输出所要求的逻辑函数。

图 9.3.2 所表示的逻辑函数是

$$Y_3 = ABCD + \overline{A}\,\overline{B}\,\overline{C}\,\overline{D}$$
$$Y_2 = AC + BD$$
$$Y_1 = A \oplus B$$
$$Y_0 = C \odot D$$

9.3.2　可编程阵列逻辑

PAL 是 20 世纪 70 年代末期由 MMI 公司率先推出的一种可编程逻辑器件。它采用双极型工艺制作,熔丝编程方式。

PAL 器件由可编程的与逻辑阵列、固定的或逻辑阵列和输出电路 3 部分组成。通过对与逻辑阵列编程可以获得不同形式的组合逻辑函数。另外,在有些型号的 PAL 器件中,输出电路中设置有触发器和由触发器输出到与逻辑阵列的反馈线,利用这种 PAL 器件还可以很方便地构成各种时序逻辑电路。

1. PAL 的基本电路结构

图 9.3.3 所示电路是 PAL 器件中最简单一种电路结构形式,它仅包含一个可编程的与逻辑阵列和一个固定的或逻辑阵列,没有附加其他的输出电路。

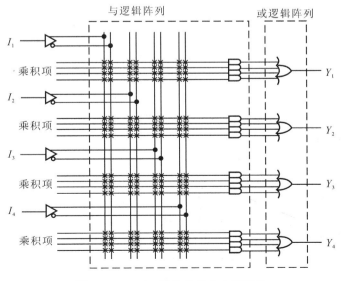

图 9.3.3　PAL 器件的基本电路结构

由图可见,在尚未编程之前,与逻辑阵列的所有交叉点上均有熔丝接通。编程将有用的熔丝保留,将无用的熔丝熔断,即得到所需的电路。图 9.3.4 所示是经编程后的一个 PAL 器件的结构图。它所产生的逻辑函数为

$$Y_1 = I_1 I_2 I_3 + I_2 I_3 I_4 + I_1 I_3 I_4 + I_1 I_2 I_4$$

$$Y_2 = \bar{I}_1 \bar{I}_2 + \bar{I}_2 \bar{I}_3 + \bar{I}_3 \bar{I}_4 + \bar{I}_4 \bar{I}_1$$

$$Y_3 = I_1 \bar{I}_2 + \bar{I}_1 I_2$$

$$Y_4 = I_1 I_2 + \bar{I}_1 \bar{I}_2$$

在目前常见的 PAL 器件中,输入变量最多的可达 20 个,与逻辑阵列乘积项最多的有 80 个,或逻辑阵列输出端最多的有 10 个,每个或门输入端最多的达 16 个。为了扩展电路的功能并增加使用的灵活性,在许多型号的 PAL 器件中还增加了各种形式的输出电路。

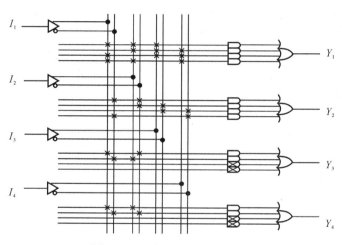

图 9.3.4　编程后的 PAL 电路

2.PAL 的几种输出电路结构和反馈形式

根据 PAL 器件输出电路结构和反馈方式的不同,可将它们大致分成专用输出结构、可编程输入/输出结构、寄存器输出结构、异或输出结构、运算选通反馈输出结构等几种类型。

(1) 专用输出结构。图 9.3.3 给出的 PAL 电路就属于这种专用输出的结构,它的输出端是一个或门。在有些 PAL 器件中,输出端还采用了与或非门结构或者互补输出结构。如图 9.3.5 所示的互补输出的电路结构。专用输出结构的共同特点是所有设置的输出端只能用做输出使用。还有一些 PAL 器件的输出结构中,输出端在一定的条件下还可以当做输入端使用。

这种专用输出结构的 PAL 器件只能用来产生组合逻辑函数。PAL10H8,PAL14H4,PAL10L8,PAL14L4,PAL16C1 等都是专用输出结构

的器件。其中 PAL10H8 和 PAL14H4 的输
出端是与或门结构,以高电平作为输出信号
(高电平有效);PAL10L8 和 PAL14L4 的输出
端是与或非门结构,以低电平作为输出信号
(低电平有效);PAL16C1 的输出端是互补输
出的或门结构,同时输出一对互补的信号。

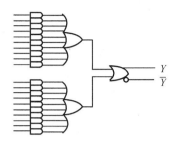

图 9.3.5　具有互补输出的
专用输出结构

　　(2) 可编程输入/输出结构。可编程输
入/输出结构(简称可编程 I/O 结构)的电路结
构图如图 9.3.6 所示。它的输出端是一个具
有可编程控制端的三态缓冲器,控制端由与逻
辑阵列的一个乘积项给出。同时,输出端又经过一个互补输出的缓冲器反馈
到与逻辑阵列上。

　　在图 9.3.6 所示的编程情况下,当 $I_1 = I_2 = 1$ 时,上边一个缓冲器 G_1 的
控制端 $C_1 = 1$,I/O_1 处于输出工作状态。对下边一个缓冲器 G_2 而言,它的控
制端 C_2 恒等于零,G_2 处于高阻态,因此可以把 I/O_2 作为变量输入端使用,这
时加到 I/O_2 上的输入信号经 G_3 接到与逻辑阵列的输入端(见图 9.3.6 中的
第 6、7 列)。属于这种输出结构的器件有 PAL16L8、PAL20L10 等。

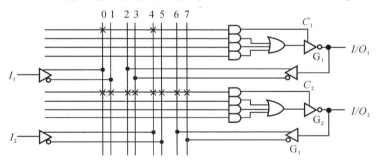

图 9.3.6　PAL 的可编程输入/输出结构

　　在有些可编程 I/O 结构的 PAL 器件中,在与逻辑阵列的输出和三态缓
冲器之间还设置有可编程的异或门,如图
9.3.7 所示。通过对异或门一个可编程输
入端的编程可以控制输出的极性。当
$XOR = 0$ 时,Y 与 S 同相;而当 $XOR = 1$
时,Y 与 S 反相。在用 PAL 设计组合逻辑
电路时经常会遇到求反函数的情况。例如
所设计的与或逻辑函数的乘积项数多于或

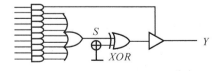

图 9.3.7　带有异或门的可编程
输入/输出结构

门的输入端个数,而它的反函数包含的乘积项数小于或门的输入端数目时,可以先通过对与逻辑阵列的编程产生反函数,然后再利用对异或门编程求反,最后得到所求的函数。

例如:某逻辑函数 Y 的卡诺图如图 9.3.8 所示。

其逻辑函数为

$$Y = \overline{A}B + CD + \overline{A}D + BC$$
$$\overline{Y} = A\overline{C} + \overline{B}\,\overline{D}$$

可见用反函数 $\overline{Y}$ 来设计更简单,最后输出再求反就得到原函数。

(3)寄存器输出结构。PAL 的寄存器输出结构如图 9.3.9 所示,它

$Y\quad CD$ AB	00	01	11	10
00	0	1	1	0
01	1	1	1	1
11	0	0	1	1
10	0	0	1	0

图 9.3.8 卡诺图

在输出三态缓冲器和与或逻辑阵列的输出之间串接了由 D 触发器组成的寄存器。同时,触发器的状态又经过互补输出的缓冲器反馈到与逻辑阵列的输入端。

利用这种结构不仅可以存储与或逻辑阵列输出的状态,而且能很方便地组成各种时序逻辑电路。例如将与逻辑阵列按图 9.3.9 所示的情况编程,则得到 $D_1 = I_1$,$D_2 = Q_1$。因此,两个触发器和与或逻辑阵列一起组成了移位寄存器。属于寄存器输出的 PAL 器件有 PAL16R4,PAL16R6,PAL16R8 等。

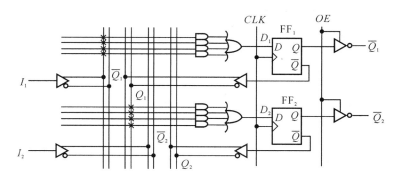

图 9.3.9 PAL 的寄存器输出结构

3. PAL 的应用举例

例 9-1 用 PAL 器件设计一个数值判别电路。要求判断四位二进制数 DCBA 的大小属于 $0 \sim 5$,$6 \sim 10$,$11 \sim 15$ 三个区间的哪一个。

解 若以 $Y_0 = 1$ 表示 DCBA 的数值在 $0 \sim 5$ 之间;以 $Y_1 = 1$ 表示 DCBA 的数值在 $6 \sim 10$ 之间;以 $Y_2 = 1$ 表示 DCBA 的数值在大 $11 \sim 15$ 之间,则得到表 9.3.1 所示的函数真值表。

表 9.3.1　真值表

十进制数	二进制数				Y_0	Y_1	Y_2
	D	C	B	A			
0	0	0	0	0	1	0	0
1	0	0	0	1	1	0	0
2	0	0	1	0	1	0	0
3	0	0	1	1	1	0	0
4	0	1	0	0	1	0	0
5	0	1	0	1	1	0	0
6	0	1	1	0	0	1	0
0	0	1	1	1	0	1	0
8	1	0	0	0	0	1	0
9	1	0	0	1	0	1	0
10	1	0	1	0	0	1	0
11	1	0	1	1	0	0	1
12	1	1	0	0	0	0	1
13	1	1	0	1	0	0	1
14	1	1	1	0	0	0	1
15	1	1	1	1	0	0	1

从真值表写出 Y_0，Y_1，Y_2 的逻辑函数式，经化简后得到

$$\begin{cases} Y_0 = \overline{D}\,\overline{C} + \overline{D}\,\overline{B} \\ Y_1 = \overline{D}\,CB + D\,\overline{C}\,\overline{B} + D\,\overline{C}\,\overline{A} \\ Y_2 = DC + DBA \end{cases}$$

这是一组有四个输入变量，3 个输出的组合逻辑函数。如果用一片 PAL 器件产生这一组逻辑函数，就必须选用有 4 个以上输入端和 3 个以上输出端的器件。而且由函数式可以看到，至少还应当有一个输出包含 3 个以上的乘积项。

根据上述理由，选用 PAL14H4 比较合适。PAL14H4 有 14 个输入端、4 个输出端。每个输出包含 4 个乘积项。图 9.3.10 所示是按照函数式编程后的逻辑图。

图中画"×"的与门表示编程时没有利用。由于未编程时这些与门所有的

输入端均有熔丝与列线相连,所以它们的输出恒为 0。为简化作图起见,所有输入端交叉点上的"×"就不画了,而用与门符号里面的"×"来代替。

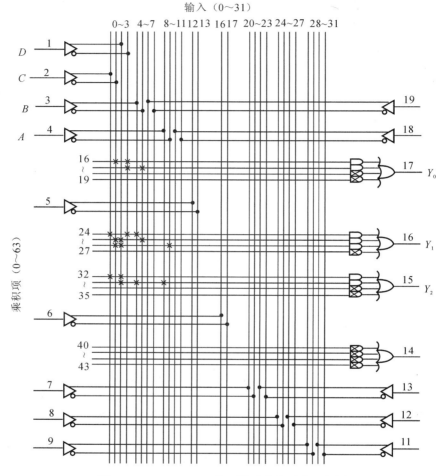

图 9.3.10 PAL14H4 按函数式编程后的逻辑图

9.3.3 通用阵列逻辑

PAL 器件的出现为数字电路的研制工作和小批量产品的生产提供了很大的方便。但是,由于它采用的是双极型熔丝工艺,一旦编程以后不能修改,因而不适应研制工作中经常修改电路的需要。采用 CMOS 可擦除编程单元的 PAL 器件克服了不可改写的缺点,然而 PAL 器件输出电路结构的类型繁多,仍给设计和使用带来一些不便。

为了克服 PAL 器件存在的缺点,LATTICE 公司于 1985 年首先推出了另一种新型的可编程逻辑器件——通用阵列逻辑 GAL。GAL 采用可擦除的 CMOS(E^2CMOS)制作,可以用电压信号擦除并可重新编程。GAL 器件的输出端设置了可编程的输出逻辑宏单元 OLMC(Output Logic Macro Cell)。通过编程可将 OLMC 设置成不同的工作状态,这样就可以用同一种型号的 GAL 器件实现 PAL 器件所有的各种输出电路工作模式,从而增强了器件的通用性。

1. GAL 的电路结构

现以常见的 GAL16V8 为例,介绍 GAL 器件的一般结构形式和工作原理。

图 9.3.11 是 GAL16V8 的电路结构图。它有一个 32×64 位的可编程与逻辑阵列,8 个 OLMC,8 个输入缓冲器、8 个三态输出缓冲器和 8 个反馈/输入缓冲器。

与逻辑阵列的每个交叉点上设有 E^2CMOS 编程单元。这种编程单元的结构和工作原理和 E^2PROM 的存储单元相同。

组成或逻辑阵列的 8 个或门分别包含在 8 个 OLMC 中,它们和与逻辑阵列的连接是固定的。

在 GAL16V8 中除了与逻辑阵列以外还有一些编程单元。编程单元的地址分配和功能划分情况如图 9.3.12 所示。因为这并不是编程单元实际的空间布局,所以又把图 9.3.12 叫做行址映射图。

第 0~31 行对应与逻辑阵列编程单元,编程后可产生 0~63 共 64 个乘积项。

第 32 行是电子标签,供用户存放各种备查的信息。如器件的编号、电路的名称、编程日期、编程次数等。

第 33~59 行是制造厂家保留的地址空间,用户不能利用。

第 60 行是结构控制字,共有 82 位,用于设定 8 个 OLMC 的工作模式和 64 个乘积项的禁止。

第 61 行是一位加密单元。这一位被编程以后,将不能对与逻辑阵列作进一步的编程或读出验证,因此可以实现对电路设计结果的保密。只有在与逻辑阵列被整体擦除时,才能将加密单元同时擦除。但是电子标签的内容不受加密单元的影响,在加密单元被编程后电子标签的内容仍可读出。

第 63 行是一位整体擦除时,对这一位单元寻址并执行擦除命令,则所有编程单元全被擦除,器件返回到编程前的初始状态。

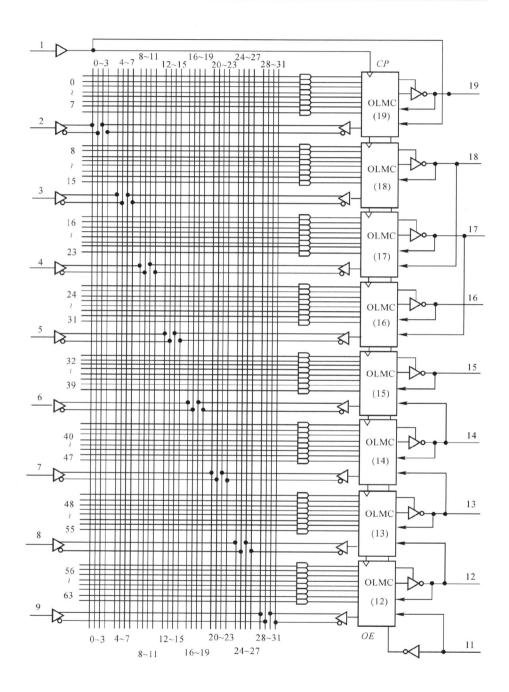

图 9.3.11 GAL16V8 的电路结构图

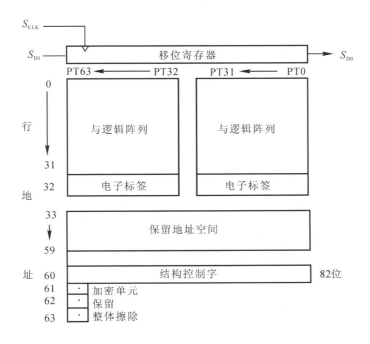

图 9.3.12　GAL16V8 编程单元的地址分配

　　对 GAL 的编程是在开发系统的控制下完成的。在编程状态下,编程数据由第 9 脚串行送入 GAL 器件内部的移位寄存器。移位寄存器有 64 位,装满一次就向编程单元地址中写入一行。编程是逐行进行的。

　　2. 输出逻辑宏单元

　　图 9.3.13 是输出逻辑宏单元的结构框图。OLMC 中包含一个或门、一个 D 触发器和由 4 个数据选择器及一些门电路组成的控制电路。

　　图中的 $AC0$,$AC1(n)$,$XOR(n)$ 都是结构控制字中的一位数据,通过对结构控制字编程,便可设定 OLMC 的工作模式。GAL16V8 结构控制字的组成如图 9.3.14 所示,其中的 (n) 表示 OLMC 的编号,这个编号与每个 OLMC 连接的引脚号码一致。

　　图 9.3.13 中的或门有 8 个输入端,它们来自与逻辑阵列的输出,在或门的输出端能产生不超过八项的与或逻辑函数。

　　异或门用于控制输出函数的极性。当 $XOR(n)=0$ 时,异或门的输出和或门的输出同相;当 $XOR(n)=1$ 时,异或门的输出和或门的输出相反。

　　输出电路结构的形式受 4 个数据选择器控制。输出数据选择器 OMUX 是二选一数据选择器,它根据 $AC0$ 和 $AC1(n)$ 的状态决定 OLMC 是工作在组合输出模式还是寄存器输出模式。当 G_2 的输出为 0 时,异或门输出的与或逻辑函数直接经 OMUX 送到输出端的三态缓冲器,而当 G_2 的输出为 1 时,触发器的状态经 OMUX 送到输出三态缓冲器。因此 G_2 输出为 0 时是组合逻辑输出,G_2 输出为 1 时是寄存器输出。

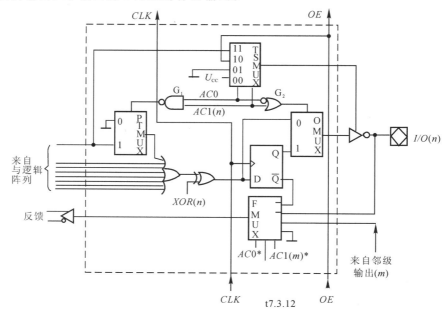

图 9.3.13　OLMC 的结构框图

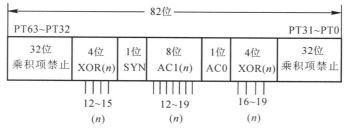

图 9.3.14　GAL16V8 结构控制字的组成

乘积项数据选择器 PTMUX 也是二选一数据选择器,它根据 $AC0$,$AC1(n)$ 的状态来自与逻辑阵列的第一乘积项是否作为或门的一个输入。当 G_1 输出为 1 时,第一乘积项经过 PTMUX 加到或门的输入;而 G_1 输出为 0 时,第一乘积项不作为或门的一个输入。

三态数据选择器 TSMUX 是四选一数据选择器,用来控制输出端三态缓冲器的工作状态。它根据 $AC0$,$AC1(n)$ 的状态从 U_{cc},地,OE 和来自与逻辑阵列的第一乘积项当中选择一个作为输出三态缓冲器的控制信号,见表 9.3.2。

表 9.3.2　TSMUX 的控制功能表

AC0	AC1(n)	TSMUX 的输出	输出三态缓冲器工作状态
0	0	U_{CC}	工作状态
0	1	地电平	高阻态
1	0	OE	$OE=1$ 为工作态 $OE=0$ 为高阻态
1	1	第一乘积项	取值为 1,工作态 取值为 0,高阻态

反馈数据选择器 FMUX 是八选一数据选择器,但输入信号只有四个。它的作用是根据 $AC0,AC1(n)$ 和 $AC1(m)$ 的状态从触发器的 $\overline{Q}$ 端,I/O(n)端、邻级输出和地电平中选择一个作为反馈信号接回到与逻辑阵列的输入,见表 9.3.3。这时的(m)是相邻 OLMC 的编号。由图 9.3.11 所示的电路结构图可见,对 OLMC(16),OLMC(17),PLMC(18)而言,相邻的 PLMC 分别为 OLMC(17), OLMC(18), OLMC(19)。而对 OLMC(13), OLMC(14),OLMC(15)而言,相邻的 OLMC 分别为 OLMC(12), OLMC(13),OLMC(14)。OLMC(12)和 OLMC(19)的邻级输入分别由 11 号引脚和 1 号引脚的输入代替,同时这两个单元的 $AC0$ 和 $AC1(m)$ 又被 $\overline{SYN}$ 和 SYN 所取代。SYN 是结构控制字中的一位。

表 9.3.3　FMUX 的控制功能表

AC0 *	AC1(n) *	AC1(n) *	反馈信号来源
1	0	×	本单元触发 $\overline{Q}$ 端
1	1	×	本单元 I/O 端
0	×	1	邻级(m)输出
0	×	0	地电平

注：* OLMC(12)和 OLMC(19)中 SYN 代替 AC0,SYN 代替 AC1(m)。

OLMC 的工作模式有表 9.3.4 所示的 5 种,它们由结构控制字中的 $SYN,AC0,AC1(n),XOR(n)$ 的状态指定。

当 $SYN=1,AC0=0,AC1(n)=1$ 时,OLMC(n)工作在专用输入模式上,简化电路结构如图 9.3.15(a)所示。因为这时输出端的三态缓冲器为禁止态,所以 I/O(n)只能作为输入端使用。这时加到 I/O(n)上输入信号作为相邻 OLMC 的"来自邻级输出(m)"信号经过邻级的 FMUX 接到与逻辑阵列的输入上。

当 $SYN=1, AC0=0, AC1(n)=0$ 时,OLMC 工作在专用组合输出模式上,简化的电路结构如图 9.3.15(b)所示。这时输出三态缓冲器处于选通(工作)状态,异或门的输出经 OMUX 送到三态缓冲器。因为输出缓冲器是一个反相器,所以 $XOR(n)=0$ 时输出的组合逻辑函数为低电平有效,而 $XOR(n)=1$ 时为高电平有效。由于相邻 OLMC 的 $AC1(m)$ 也是 0,故反馈选择器的输出为地电平,即没有反馈信号。

表 9.3.4 OLMC 的 5 种工作模式

SYN	AC0	AC1(n)	XOR(n)	工作模式	输出极性	备 注
1	0	1	/	专用输入	/	1 和 11 脚为数据输入,三态门禁止
1	0	0	0	专用组合输出	低电平有效	1 和 11 脚为数据输入,三态门被选通
			1		高电平有效	
1	1	1	0	反馈组合输出	低电平有效	1 和 11 脚为数据输入,三态门选通信号是第一乘积项,反馈信号取自 I/O 端
			1		高电平有效	
0	1	1	0	时序电路中的组合输出	低电平有效	1 脚接 CLK,11 脚脚接 $\overline{OE}$,至少另有一个 OLMC 为寄存器输出模式
			1		高电平有效	
0	1	0	0	寄存器输出	低电平有效	1 脚接 CLK,11 脚接 $\overline{OE}$
			1		高电平有效	

当 $SYN=1, AC0=1, AC1(n)=1$ 时,OLMC 工作在反馈组合输出模式上,简化的电路结构如图 9.3.15(c)所示。它与专用组合输出模式的区别在于三态缓冲器是由第一乘积项选通的,而且输出信号经过 FUMX 又反馈到与逻辑阵列的输入线上。

当 $SYN=0, AC0=1, AC1(n)=1$ 时,OLMC(n)工作在时序电路中的组合输出模式上。这时 GAL16V8 构成一个时序逻辑电路,这个 OLMC(n)是时序电路中的组合逻辑部分的输出,而其余的七个 OLMC 中至少会有一个是寄存器输出模式。由图 9.3.15(d)可知,在这种工作模式下,异或门的输出不经过触发器而直接送往输出端。输出三态缓冲器由第一乘积项选通,输出信号经 FMUX 反馈到与逻辑阵列上。

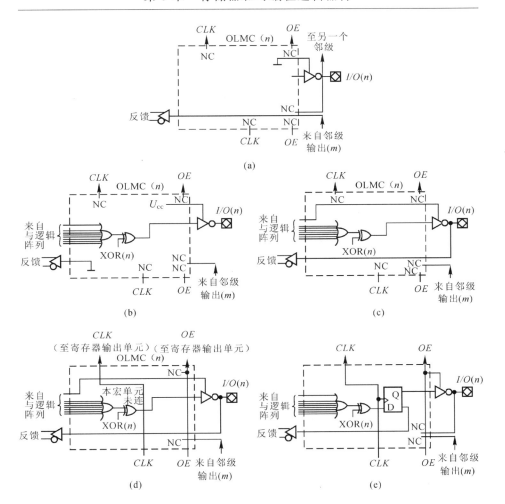

图 9.3.15 OLMC 的 5 种工作模式下的简化电路(图中 NC 表示不连接)
(a) 专用输入模式; (b) 专用组合输出模式; (c) 反馈组合输出模式;
(d) 时序电路中的组合输出模式; (e) 寄存器输出模式

　　因为这时整个 GAL16V8 是一个时序逻辑电路,所以 1 脚作为时钟信号 CLK 的输入端使用,11 脚作为输出三态缓冲器的选通信号 $\overline{OE}$ 的输入端使用。这两个信号供给工作在寄存器输出模式下的那些 OLMC 使用。

　　当 $SYN=0,AC0=1,AC1(n)=0$ 时,OLMC(n)工作在寄存器输出模式上,简化的电路结构如图 9.3.15(e)所示。这时异或门的输出作为 D 的触发器的输入,触发器的 Q 端经三态缓冲器送至输出端。三态缓冲器由外加的 OE 信号控制。反馈信号来自 $\overline{Q}$ 端。时钟信号由 1 脚输入,11 脚接三态控制信号 $\overline{OE}$。

　　综上所述,只要给 GAL 器件写入不同的结构控制字,就可以得到不同类型的输出电路结构。这些电路结构完全可以取代 PAL 器件的各种输出电路结构。

9.3.4 现场可编程门阵列(FPGA)

1. FPGA 的基本结构

在前面所讲的几种 PLD 电路中,都采用了与或逻辑阵列加上输出逻辑单元的结构形式。而 FPGA 的电路结构形式则完全不同,它由若干独立的可编程逻辑模块组成。用户可以通过编程将这些模块连接成所需要的数字系统。因为这些模块的排列形式和门阵列(GA)中单元的排列形式相似,所以沿用了门阵列这个名称。FPGA 属于高密度 PLD,其集成度可达 3 万门/片以上。

图 9.3.16 是 FPGA 基本结构形式的示意图。它由 3 种可编程单元和一个用于存放编程数据的静态存储器组成。这 3 种可编程的单元是输入/输出模块(I/O Block,IOB)、可编程逻辑块(Configurable Logic Block,CLB)和互连资源(Interconnect Resource,IR)。它们的工作状态全都由编程数据存储器中的数据设定。

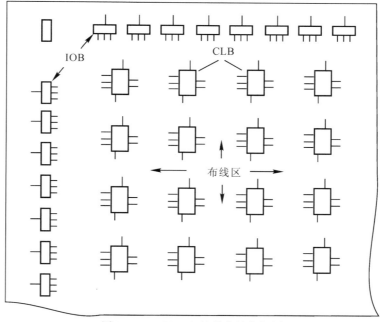

图 9.3.16 FPGA 的基本结构框图

FPGA 中除了个别的几个引脚以外,大部分引脚都与可编程的 IOB 相连,均可根据需要设置成输入端或输出端。因此,FPGA 器件最大可能的输入端数和输出端数要比同等规模的 FPLD 多。

每个 CLB 中都包含组合逻辑电路和存储电路(触发器)两部分,可以设置成规模不大的组合逻辑电路或时序逻辑电路。

为了能将这些 CLB 灵活地连接成各种应用电路,在 CLB 之间的布线区内配备了丰富的连线资源。这些互连资源包括不同类型的金属线、可编程的开关矩阵和可编程的连接点。

静态存储器的存储单元由两个 CMOS 反相器和一个控制管 T 组成,如图 9.3.17 所示。由于采用了独特的工艺设计,这种存储单元有很强的抗干扰能力和很高的可靠性。但停电以后存储器中的数据不能保存,因而每次接通电源以后

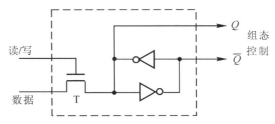

图 9.3.17　FPGA 内静态存储器的存储单元

必须重新给存储器"装载"编程数据。装载的过程是在 FPGA 内部的一个时序电路的控制下自动进行的。这些数据通常都需要存放在一片 EPROM 当中。

FPGA 的这种 CLB 阵列结构形式克服了 PLA 等 PLD 中那种固定的与或逻辑阵列结构的局限性,在组成一些复杂的、特殊的数字系统时显得更加灵活。同时,由于加大了可编程 I/O 端的数目,也使得各引脚信号的安排更加方便和合理。

但 FPGA 本身也存在着一些明显的缺点。首先,它的信号传输延迟时间不是确定的。在构成复杂的数字系统时一般总要将若干个 CLB 组合起来才能实现。因为每个信号的传输途径各异,所以传输延迟时间也就不可能相等。这不仅会给设计工作带来麻烦,而且也限制了器件的工作速度。在 FPLD 中就不存在这个问题。

其次由于 FPGA 中的编程数据存储器是一个静态随机存储器结构,所以断电后数据便随之丢失,因此,每次开始工作时都要重新装载编程数据,并需要配备保存编程数据的 EPROM,这些都给使用带来一些不便。

此外,FPGA 的编程数据一般是存放 EPROM 中的,而且要读取并送到 FPGA 的 SRAM 中,因而不便于保密。而 EPLD(可擦除的可编程逻辑器件)中设有加密编程单元,加密后可以防止编程数据被读取。

可见,FPGA 和 EPLD 各有不能取代的优点,这也正是两种器件目前都得到了广泛应用的原因所在。

2.FPGA 的互连资源

为了能将 FPGA 中数目很大的 CLB 和 IOB 连结成各种复杂的系统,因

此在布线区内布置了丰富的连线资源。这些互连资源可以分为 3 类,即金属线、开关矩阵(Switehing Matrices,SM)和可编程连接点(Programmable Interconnect Points,PIP)。在图 9.3.18 中显示出了这些互连资源的布局状况。

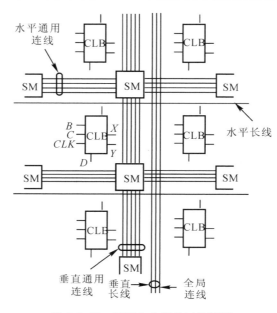

图 9.3.18　FPGA 内部的互连资源

　　布线区里的金属线分为水平通用连线、垂直通用连线、水平长线、垂直长线、全局连线和直接连线等几种。这些金属线经可编程的连接点与 CLB,IOB 和开关矩阵相连。其中的通用连线主要用于 CLB 之间的连接,长线主要用于长距离或多分支信号的传送,全局连线则用于输送一些公共信号(如公用的 $\overline{\text{RESET}}$ 信号)等。

9.3.5　PLD 的编程

　　随着 PLD 集成度的不断提高,PLD 的编程也日益复杂,设计的工作量也越来越大。在这种情况下,PLD 的编程工作必须在开发系统的支持下才能完成。为此,一些 PLD 的生产厂商和软件公司相继研制成了各种功能完善、高效率的 PLD 开发系统。其中一些系统还具有较强的通用性,可以支持不同厂家生产的、各种型号的 PAL,GAL,EPLD,FPGA 产品的开发。

　　PLD 开发系统包括软件和硬件两部分。开发系统软件是指 PLD 专用的编程语言和相应的汇编程序或编译程序。开发系统软件大体上可以分为汇编型、编译型和原理图收集型 3 种。

　　早期使用的多为一些汇编型软件。这类软件要求以化简后的与或逻辑式输入,不具备自动化简功能,而且对不同类型 PLD 的兼容性较差。例如由 MMI 公司研制的 PALASM 以及随后出现的 FM(Fast - Map)等就属于这一类。

进入 20 世纪 80 年代以后,功能更强、效率更高、兼容性更好的编译型开发系统软件很快地得到了推广应用。其中比较流行的有 Data I/O 公司研制的 ABEL 和 Logical Device 公司的 CUPL。这类软件输入的源程序采用专用的高级编程语言(也称为硬件描述语言 HDL)编写,有自动化简和优化设计功能。除了能自动完成设计以外,还有电路模拟和自动测试等附加功能。

20 世纪 80 年代后期又出现了功能更强的开发系统软件。这种软件不仅可以用高级编程语言输入,而且可以用电路原理图输入。这对于想把已有的电路(例如用中、小规模集成器件组成的一个数字系统)写入 PLD 来说,提供了最便捷的设计手段。例如 DataI/O 公司的 Synario 就属于这样的软件。

20 世纪 90 年代以来,PLD 开发系统软件开始向集成化方向发展。为了给用户提供更加方便的设计手段,一些生产 PLD 产品的主要公司都推出了自己的集成化开发系统软件(软件包)。这些集成化开发系统软件通过一个设计程序管理软件把一些已经广为应用的优秀 PLD 开发软件集成为一个大的软件系统,在设计时技术人员可以灵活地调用这些资源完成设计工作。属于这种集成化的软件系统有 Xilinx 公司的 XACT5.0,Lattice 公司的 ISP Snario System 等。

所有这些 PLD 开发系统软件都可以在 PC 机或工作站上运行。虽然它们对计算机内存容量的要求不同,但都没有超过目前 PC 机一般的内存容量。

开发系统的硬件部分包括计算机和编程器。编程器是对 PLD 进行写入和擦除的专用装置,能提供写入或擦除操作所需要的电源电压和控制信号,并通过串行接口从计算机接收编程数据,最终写进 PLD 中。早期生产的编程器往往只适用于一种或少数几种类型的 PLD 产品,而目前生产的编程器都有较强的通用性。

PLD 的编程工作大体上可按如下步骤进行:

(1)进行逻辑抽象。首先要把需要实现的逻辑功能表示为逻辑函数的形式——逻辑方程、真值表或状态转换表(图)。

(2)选定 PLD 的类型和型号。选择时应考虑到是否需要擦除改写;是组合逻辑电路还是时序逻辑电路;电路的规模和特点(有多少输入端和输出端,多少个触发器,与或函数中乘积项的最大数目,是否要求对输出进行三态控制等);对工作速度、功耗的要求;是否需要加密等.

(3)选定开发系统。选用的开发系统必须能支持选定器件的开发工作。与 PLD 器件相比,开发系统的价格要昂贵得多。因此,应该充分利用现有的开发系统,在系统所能支持的 PLD 种类和类型中选择合用的器件。

(4)按编程语言的规定格式编写源程序。鉴于 PLD 编程语言种类较多,而且发展、变化很快,本书中就不作具体讲解了。这些专用编程语言的语法都比较简单,通过阅读使用手册和练习,很容易掌握。

(5)上机运行。将源程序输入计算机,并运行相应的编译程序或汇编程序,产生 JEDEC 下载文件和其他程序说明文件。

所谓 JEDEC 文件是一种由电子器件工程联合会制定的记录 PLD 编程数据的标准文件格式。一般的编程器都要求以这种文件格式输入编程数据。

(6)卸载。所谓卸载,就是将 JEDEC 文件由计算机送给编程器,再由编程器将编程数据写入 PLD 中。

(7)测试。将写好数据的 PLD 从编程器上取下,用实验方法测试它的逻辑功能,检查它是否达到了设计要求。

9.3.6 在系统可编程逻辑器件(ISP-PLD)

在系统可编程逻辑器件(In-System Programmable PLD,通常简称为 ISP-PLD)是 Lattice 公司于 20 世纪 90 年代初首先推出的一种新型可编程逻辑器件。这种器件的最大特点是编程时既不需要使用编程器,也不需要将它从所在系统的电路板上取下,可以在系统内进行编程。

前面已经讲过,在对 FPLA,PAL,GAL 以及 EPLD 编程时,无论这些器件是采用熔丝工艺制作的还是采用 UVPROM 或 E^2CMOS 工艺制作的,都要用到高于 5 V 的编程电压信号。因此,必须将它们从电路板上取下,插到编程器上,由编程器产生这些高压脉冲信号,最后完成编程工作。这种必须使用编程器的“离线”编程方式,仍然不太方便。FPGA 的装载过程虽然可以“在系统”进行,但与之配合使用的 EPROM 在编程时仍然离不开编程器。

为了克服这个缺点,Lattice 公司成功地将原属于编程器的写入/擦除控制电路及高压脉冲发生电路集成于 PLD 芯片中,这样在编程时就不需要使用编程器了。而且,由于编程时只需外加 5V 电压,不必将 PLD 从系统中取出,从而实现了“在系统”编程。目前生产 PLD 产品的主要公司都已推出了各自的 ISP-PLD 产品。

小　　结

半导体存储器是一种能存储大量数据或数字信号的半导体器件。由于存储量大而引脚数目又不能无限增加,因而采用按地址来读/写的方法,这种结构形式就有别于第 5 章学过的寄存器。

半导体存储器的组成有 3 部分,即地址译码器、存储矩阵和输入/输出电路(或读/写控制电路)。

半导体存储器在读/写功能上可分为只读存储器(ROM)和随机存储器(RAM)。在 ROM 中又有掩模 ROM,PROM,EPROM,E^2PROM 和快闪存储器等。在 RAM 中又分静态和动态两种。

PLD 是一种新型半导体数字集成电路,其最大的特点是可以通过编程的方法来设置其逻辑功能。

到目前为止,已经开发出的可编程逻辑器件有 FPLA,PAL,GAL,EPLD,FPGA 等,其中 FPLA 和 PAL 是较早应用的可编程逻辑器件,多采用双极型熔丝工艺,不能改写。采用 UVCMOS 工艺的擦除和改写也不太方便。

GAL 是继 PAL 之后出现的一种可编程逻辑器件,可用电脉冲擦除和改写。

EPLD 是一种高密度的集成电路,集成度可达数千门,信号传送速度也快。

近几年出现的 ISP－PLD,采用 E^2PROS 工艺,克服了 FPGA 中数据易失的缺点。

各种 PLD 的编程工作都需要在开发系统的支持下进行。

习　题　九

9.1　随机存储器如图题 9.1 所示。问当输入 $R/\overline{W}=1$,$A_7A_6A_5A_4A_3A_2A_1A_0=00111110$ 时,是对哪一行哪一位进行操作? 是读取还是写入? 当输入 $R/\overline{W}=0$,$A_7A_6A_5A_4A_3A_2A_1A_0=11100000$ 时,是对哪一行哪一位进行操作? 是读取还是写入?

9.2　由 16 个存储器芯片 2114(1 K×4 位)和一个 3 线－8 线译码器 74LS138 组成的 RAM 存储系统如图题 9.2 所示。图中 $\overline{CS}$ 为选片信号,当 $\overline{CS}=0$ 时,该芯片被选中,输入地址信号为十六位,$A_{15}A_{14}\cdots A_1A_0$,$R/\overline{W}$ 为读写操作信号,$R/\overline{W}=0$ 时是写入,$R/\overline{W}=1$ 时是读取。试回答下列问题:

(1)该存储系统被选中,是由十六位地址信号中的哪几位? 值是多少?

(2)当输入地址 $A_{15}\cdots A_0=(0000)_{16}$ 和 $R/\overline{W}=1$ 时,哪些存储芯片被选中? 是写入还是读取? 是几位数据?

(3)当地址 $A_{15}\cdots A_0=(1C00)_{16}$ 和 $R/\overline{W}=0$ 时,哪些芯片被选中? 是写入还是读取?

(4)本系统存储容量是多少?

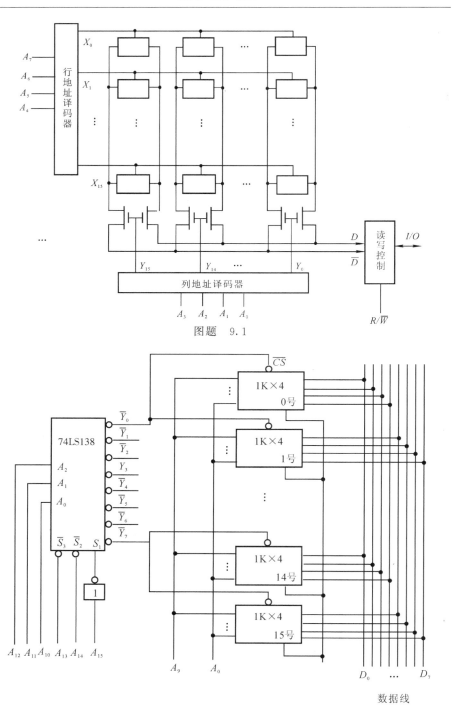

图题 9.1

图题 9.2

（5）用这 16 位地址最多可容纳多少个这样的存储系统？

9.3　16×4 位 ROM 如图题 9.3 所示，$A_3A_2A_1A_0$ 为地址输入，$D_3D_2D_1D_0$ 为数据输出。现在的输入为 a_1a_0 和 b_1b_0 具均为二进制数，输出 $D_3D_2D_1D_0$ 为四位二进制数，试分析其逻辑功能，列出真值表。

9.4　将图题 9.3 中给出的由 ROM 构成的逻辑函数，改成由 PLA 与或阵列实现。

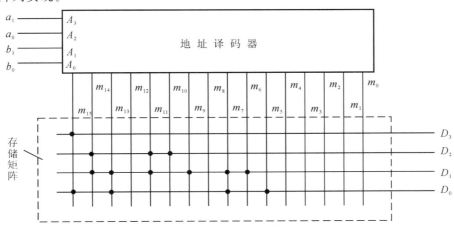

图题　9.3

参 考 文 献

[1] 江晓安,周慧鑫.数字电子技术[M].西安:西安电子科技大学出版社,2015.

[2] 张俊涛.数字电路与逻辑设计[M].北京:清华大学出版社,2020.

[3] 杨照辉,梁宝娟,黄美娟,等.数字电子技术基础[M].西安:西安电子科技大学出版社,2020.

[4] 万国春.数字电路与逻辑设计[M].北京:机械工业出版社,2019.

[5] 冯建文,章复嘉.数字电路设计[M].西安:西安电子科技大学出版社,2018.